令和元年産

野　菜　生　産　出　荷　統　計

大臣官房統計部

令　和　3　年　3　月

農林水産省

目　　次

[付:品目別目次]

利用者のために

1 調査の概要

(1) 調査の目的

本調査は、作物統計調査の作付面積調査及び作況調査の野菜調査として実施したものであり、野菜の作付面積、収穫量、出荷量等の現状とその動向を明らかにし、食料・農業・農村基本計画における野菜の生産努力目標の策定及びその達成に向けた各種対策の推進、農業保険法（昭和22年法律第185号）に基づく畑作物共済事業の適正な運営等のための資料を整備することを目的としている。

(2) 調査の根拠

作物統計調査は、統計法（平成19年法律第53号）第９条第１項に基づく総務大臣の承認を受けて実施した基幹統計調査である。

(3) 調査の機構

調査は、農林水産省大臣官房統計部及び地方組織を通じて行った。

(4) 調査の体系（枠で囲んだ部分が本書に掲載する範囲）

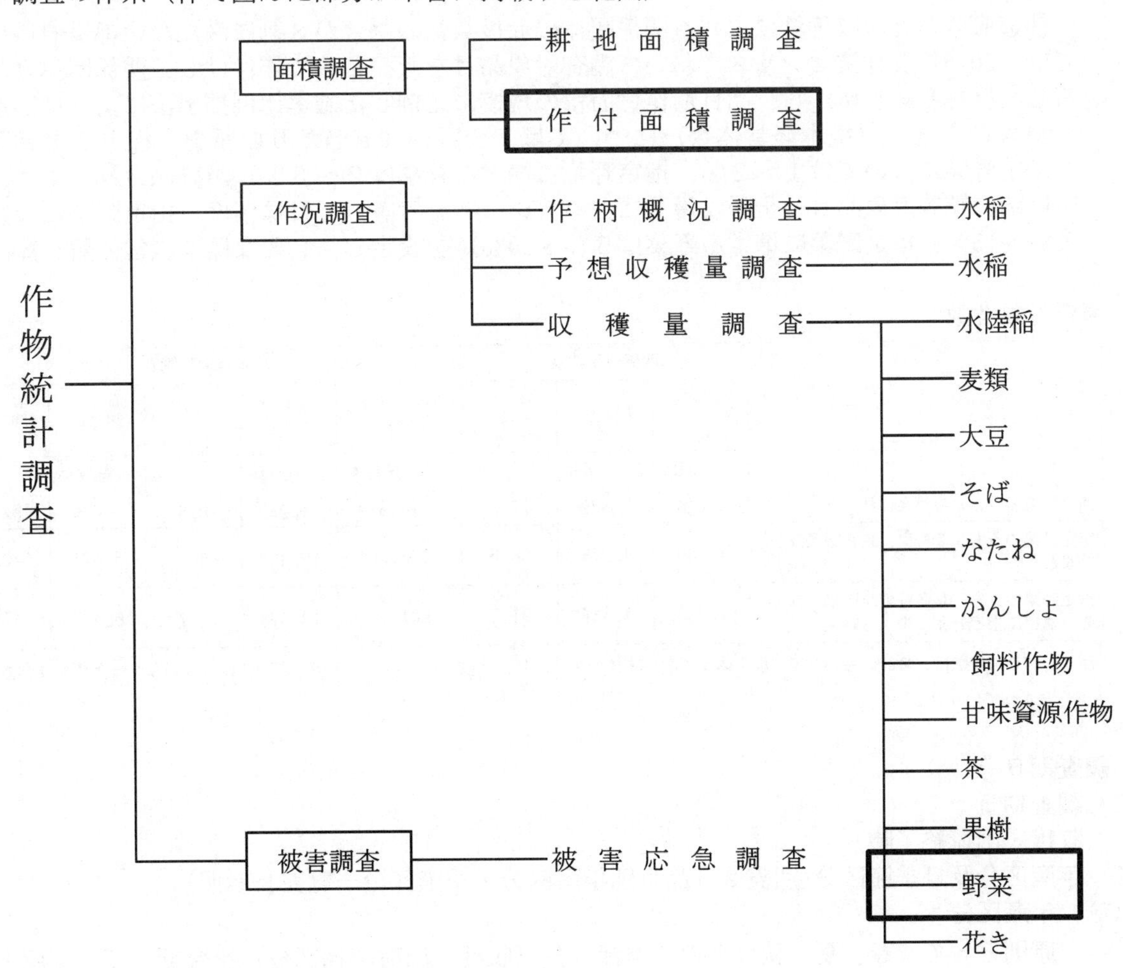

(5)　調査の対象(別表１「品目別調査対象都道府県（主産県）一覧表」参照)

令和元年産については、作付面積調査は全国、収穫量調査は主産県を調査の対象としている。

なお、全ての都道府県を調査対象とする全国調査を作付面積調査は３年、収穫量調査は６年ごとに実施（直近は平成28年産）しており、全国調査以外の年にあっては、全国調査年における作付面積の全国値のおおむね 80%を占めるまでの上位都道府県、野菜指定産地に指定された区域を含む都道府県、畑作物共済事業を実施する都道府県及び特定野菜等供給産地育成価格差補給事業を実施する都道府県を調査対象（主産県）としている。

(6)　調査対象者の選定

ア　作付面積調査

関係団体調査（全数調査）

調査対象品目を取り扱っている全ての農協等及び野菜生産出荷安定法（昭和41年法律第103号）第10条第１項に規定する登録生産者とした。

イ　収穫量調査

(ｱ)　関係団体調査（全数調査）

調査対象品目を取り扱っている全ての農協等及び野菜生産出荷安定法第10条第１項に規定する登録生産者とした。

(ｲ)　標本経営体調査（標本調査）

都道府県ごとの収穫量に占める関係団体の取扱数量の割合が８割に満たない都道府県については、2015年農林業センサスにおいて調査対象品目を販売目的で作付けし、関係団体以外に出荷した農林業経営体から、品目別作付面積の規模に比例した確率比例抽出法により抽出をした。

標本の大きさ（標本経営体数）については、全国の10ａ当たり収量を指標とした目標精度（指定野菜については１～２%、指定野菜に準ずる野菜は２～３%）が確保されるよう、都道府県別に調査対象品目の全国収穫量に占めるシェアを考慮して目標精度（指定野菜については３%～15%、指定野菜に準ずる野菜は５%～20%）を設定し、必要な標本経営体数を算出した。

(7)　調査対象者数

	関係団体調査			標本経営体調査				
	団体数 ①	有　効 回収数 ②	有　効 回収率 ③=②/①	母 集 団 の大きさ ④	標本の 大きさ ⑤	抽出率 ⑥=⑤/④	有　効 回収数 ⑦	有　効 回収率 ⑧=⑦/⑤
	団体	団体	%	経営体	経営体	%	経営体	%
指定野菜のうち、春植えばれいしょ	436	339	77.8	14,510	1,282	8.8	670	52.3
指定野菜のうち、春野菜、夏秋野菜及びたまねぎ	1,439	1,275	88.6	468,554	12,433	2.7	5,077	40.8
指定野菜のうち、秋冬野菜及びほうれんそう並びに指定野菜に準ずる野菜	1,433	1,314	91.7	501,368	13,574	2.7	6,485	47.8

注：　有効回収数は、集計に用いた標本経営体及び関係団体の数であり、回収されたが、当年産において作付けがなかった標本経営体等は含まれていない。

(8)　調査期日等

ア　調査期日

収穫・出荷終了時

イ　年産区分及び季節区分(別表２「品目別年産区分・季節区分一覧表」参照)

(ｱ)　年産区分

原則として、春、夏、秋、冬の４季節区分（収穫・出荷時期区分）を合計して１年産として取り扱った。

なお、この基準に合わない品目については、主な作型と主たる出荷期間により年産を区分した。

(ｲ)　季節区分

年間を通じて栽培される品目については、産地、作型によって特定期間に出荷が集中するので、これらを考慮し、主たる出荷期間により季節区分を設定した。
具体的には、野菜生産出荷安定法施行令第１条に定められた区分である。

(9) 調査品目（41品目）
ア 指定野菜（14品目）

類　別	品　目
根 菜 類	だいこん、にんじん、ばれいしょ（じゃがいも）、さといも
葉茎菜類	はくさい、キャベツ、ほうれんそう、レタス、ねぎ、たまねぎ
果 菜 類	きゅうり、なす、トマト、ピーマン

イ 指定野菜に準ずる野菜（27品目）

類　別	品　目
根 菜 類	かぶ、ごぼう、れんこん、やまのいも
葉茎菜類	こまつな、ちんげんさい、ふき、みつば、しゅんぎく、みずな、セルリー、アスパラガス、カリフラワー、ブロッコリー、にら、にんにく
果 菜 類	かぼちゃ、スイートコーン、さやいんげん、さやえんどう、グリーンピース、そらまめ（乾燥したものを除く。）、えだまめ
香辛野菜	しょうが
果実的野菜	いちご、メロン（温室メロンを含む。）、すいか

(10) 調査事項
ア 作付面積調査
調査品目別及び季節区分別の作付面積
イ 収穫量調査
(ｱ) 関係団体調査
調査品目別及び季節区分別の作付面積、収穫量、出荷量及び用途別出荷量（指定野菜に限る。）
(ｲ) 標本経営体調査
調査品目別及び季節区分別の作付面積、出荷量及び自家用、無償の贈与の量

(11) 調査方法
調査は、関係団体に対する往復郵送調査又はオンライン調査及び標本経営体に対する往復郵送調査により行った。

(12) 集計方法
ア 都道府県値
農林水産省地方組織に提出された調査票は、農林水産省地方組織において集計した。
(ｱ) 作付面積の集計は、関係団体調査結果を基に、職員又は統計調査員による巡回・見積り及び職員による情報収集により補完している。
(ｲ) 収穫量の集計は、関係団体調査及び標本経営体調査結果から得られた10ａ当たり収量に作付面積を乗じて算出し、必要に応じて職員又は統計調査員による巡回及び職員による情報収集により補完している。
(ｳ) 出荷量の集計は、関係団体調査結果から得られた出荷量及び標本経営体調査結果から得られた10ａ当たり出荷量等を基に算出している。

なお、季節区分の一部のみの調査を行っている品目の年間計の都道府県値は、全国調査を行った平成28年産の調査結果に基づき、次により推計した。
都道府県値（収穫量）＝ 10ａ当たり収量（Ｘ）×当該都道府県の作付面積
都道府県値（出荷量）＝ 都道府県値（収穫量）×出荷率（Ｙ）
Ｘ ： 直近の全国調査年における10ａ当たり収量×10ａ当たり収量の比率（Ｚ）
Ｙ ： 直近の全国調査年における当該都道府県の出荷量÷直近の全国調査年における

当該都道府県の収穫量

Ｚ　：　主産県の10ａ当たり収量÷直近の全国調査年における主産県の10ａ当たり収量

(ｴ)　用途別出荷量の集計は、関係団体調査結果から得られた用途別出荷量等を基に算出している。

また、季節区分のある品目であって、主産県調査年において調査を行っていない季節区分がある場合の品目計は、全国調査を行った平成28年産の調査結果に基づき、次により推計した。

$$\text{品目計} = \frac{\text{平成28年産の年間計出荷量} \times \text{当年産の調査対象季節区分の用途別出荷量}}{\text{平成28年産の調査対象季節区分の出荷量}}$$

イ　全国値

農林水産省地方組織から報告された都道府県値を用い、農林水産省大臣官房統計部において集計した。

(ｱ)　作付面積については、都道府県値の積み上げにより算出した。

(ｲ)　収穫量及び出荷量については、全国調査を行った平成28年産の調査結果に基づき、次により推計した。

ａ　収穫量

収穫量＝ 主産県の収穫量＋非主産県の収穫量（Ｙ）

Ｙ　：　直近の全国調査年における非主産県の10ａ当たり収量×10ａ当たり収量の比率（Ｚ）×非主産県の作付面積

Ｚ　：　主産県の10ａ当たり収量÷直近の全国調査年における主産県の10ａ当たり収量

ｂ　出荷量

出荷量＝ 主産県の出荷量＋非主産県の出荷量（ｙ）

ｙ　：　非主産県の収穫量×非主産県の出荷率（ｚ）

ｚ　：　直近の全国調査年における非主産県の出荷量÷非主産県の収穫量

(13)　市町村別の作付面積、収穫量及び出荷量

指定野菜（14品目）のうち野菜指定産地に含まれる市町村並びにばれいしょの北海道については全市町村を表章した。

(14)　調査の実績精度

ア　作付面積調査

関係団体に対する全数調査結果を用いて全国値を算出していることから、実績精度の算出は行っていない。

イ　収穫量調査

本調査の10ａ当たり収量に係る調査結果（主産県計）の実績精度を標準誤差率（標準誤差率の推定値÷推定値×100）により示すと、次表のとおりである。

(ｱ) 指定野菜

類別	品目	季節区分	標準誤差率(%)
根菜類	だいこん	春	1.5
		夏	1.6
		秋冬	1.7
	にんじん	春夏	1.8
		秋	2.6
		冬	1.6
	ばれいしょ	春植え	0.3
		秋植え	5.5
	さといも	秋冬	2.0
葉茎菜類	はくさい	春	1.8
		夏	0.6
		秋冬	1.3
	キャベツ	春	1.2
		夏秋	0.5
		冬	0.9
	ほうれんそう	-	1.5
葉茎菜類	レタス	春	2.0
		夏秋	0.7
		冬	1.4
	ねぎ	春	3.6
		夏	2.2
		秋冬	1.4
	たまねぎ	-	1.3
果菜類	きゅうり	冬春	1.8
		夏秋	2.0
	なす	冬春	1.6
		夏秋	2.3
	トマト	冬春	1.9
		夏秋	1.8
	ピーマン	冬春	2.1
		夏秋	3.3

(ｲ) 指定野菜に準ずる野菜

類別	品目	標準誤差率(%)
根菜類	かぶ	4.2
	ごぼう	3.1
	れんこん	1.5
	やまのいも	2.7
葉茎菜類	こまつな	1.9
	ちんげんさい	2.1
	ふき	6.2
	しゅんぎく	3.8
	みずな	5.2
	アスパラガス	2.0
	カリフラワー	2.7
	ブロッコリー	0.8
	にら	2.1
	にんにく	1.2
果菜類	かぼちゃ	1.4
	スイートコーン	1.2
	さやいんげん	5.0
	さやえんどう	5.4
	グリーンピース	4.0
	そらまめ	2.9
	えだまめ	1.7
香辛野菜	しょうが	3.9
果実的野菜	いちご	1.6
	メロン	3.6
	すいか	1.4

注：　みつば及びセルリーについては、主要な都道府県において関係団体の取扱数量の割合が８割を超え、標本経営体調査を行っていないことから実績精度の計算は行っていない。

2　用語の説明

(1)　作付面積

は種又は植付けをしたもののうち、発芽又は定着した延べ面積をいう。

また、温室、ハウス等の施設に作付けされている場合の作付面積は、作物の栽培に直接必要な土地を含めた利用面積とした。したがって、温室・ハウス等の施設間の通路等は施設の管理に必要な土地であり、作物の栽培には直接的に必要な土地とみなされないことから作付面積には含めていない。

なお、れんこん、ふき、みつば、アスパラガス及びにらの作付面積は、株養成期間又は育苗中で、は種又は植付けをしたその年に収穫がない面積を除いた。

(2)　10ａ当たり収量

実際に収穫された10ａ当たりの収穫量をいい、具体的には作付面積の10ａ当たりの収穫量とする。

(3)　収穫量

収穫したもののうち、生食用又は加工用として流通する基準を満たすものの重量をいう。

また、収穫量の計量形態は、出荷の関連から出荷形態による重量とした。例えば、だいこんの出荷形態が葉付きの場合は、収穫量も葉付きで、えだまめの出荷形態が枝付きの場合は、収穫量も枝付きで計上した。

(4) 出荷量

収穫量のうち、生食用、加工用又は業務用として販売した量をいい、生産者が自家消費した量及び種子用、飼料用として販売したものは含めない。

また、出荷量の計量形態は、集出荷団体等の送り状の控え又は出荷台帳に記入された出荷時点における出荷荷姿の表示数量（レッテルの表示量目）を用いる。

なお、野菜需給均衡総合推進対策事業及び都道府県等が独自に実施した需給調整事業により産地廃棄された量は、収穫量に含めたが出荷量には含めていない。

(5) 生食向け出荷、加工向け出荷及び業務用向け出荷

用途別出荷量については、調査時における仕向けにより区分した。

ア 「生食向け出荷」とは、生食用として出荷したものをいう。

なお、生食向け出荷量は、(4)の出荷量からイの加工向け及びウの業務用向け（ばれいしょを除く。）の出荷量を差し引いた重量である。

イ 「加工向け出荷」とは、加工場又は加工する目的の業者に出荷したもの及び加工されることが明らかなものをいう。この場合、長期保存に供する冷凍用は加工向けに含めた。

ウ 「業務用向け出荷」とは、学校給食、レストラン等の外・中食業者へ出荷したものをいう。

(6) 指定野菜

野菜生産出荷安定法第２条に規定する「消費量が相対的に多く又は多くなることが見込まれる野菜であって、その種類、通常の出荷時期等により政令で定める種別に属するもの」をいう。

具体的には、野菜生産出荷安定法施行令（昭和41年政令第224号）第１条に掲げる次の品目をいう。

なお、本調査においては、ピーマンにはししとう、レタスにはサラダ菜を含むものとして調査を行っている。

キャベツ（春キャベツ、夏秋キャベツ及び冬キャベツ）、きゅうり（冬春きゅうり及び夏秋きゅうり）、さといも（秋冬さといも）、だいこん（春だいこん、夏だいこん及び秋冬だいこん）、たまねぎ、トマト（冬春トマト及び夏秋トマト）、なす（冬春なす及び夏秋なす）、にんじん（春夏にんじん、秋にんじん及び冬にんじん）、ねぎ（春ねぎ、夏ねぎ及び秋冬ねぎ）、はくさい（春はくさい、夏はくさい及び秋冬はくさい）、ばれいしょ、ピーマン（冬春ピーマン及び夏秋ピーマン）、ほうれんそう及びレタス（春レタス、夏秋レタス及び冬レタス）

(7) 指定野菜に準ずる野菜

本調査における「指定野菜に準ずる野菜」とは、野菜生産出荷安定法施行規則（昭和41年農林省令第36号）第８条に掲げる品目のうち次に掲げるものをいう。

なお、本調査においては、メロンの数値には温室メロンの数値を含むものとして調査を行っている。

アスパラガス、いちご、えだまめ、かぶ、かぼちゃ、カリフラワー、グリーンピース、ごぼう、こまつな、さやいんげん、さやえんどう、しゅんぎく、しょうが、すいか、スイートコーン、セルリー、そらまめ（乾燥したものを除く。）、ちんげんさい、にら、にんにく、ふき、ブロッコリー、みずな、みつば、メロン、やまのいも及びれんこん

(8) 野菜指定産地

野菜生産出荷安定法第４条の規定に基づき農林水産大臣が指定し告示した産地をいう（令和元年５月５日農林水産省告示第31号）。

(9) 集出荷団体

生産者から青果物販売の委託を受けて青果物を出荷する総合農協、専門農協又は有志で組織する任意組合をいう。

3　利用上の注意

(1)　全国農業地域の区分とその範囲

本書に掲載した統計の全国農業地域及び地方農政局の区分とその範囲は、次のとおりである。

ア　全国農業地域

全国農業地域名	所　属　都　道　府　県　名
北海道	北海道
東北	青森、岩手、宮城、秋田、山形、福島
北陸	新潟、富山、石川、福井
関東・東山	茨城、栃木、群馬、埼玉、千葉、東京、神奈川、山梨、長野
東海	岐阜、静岡、愛知、三重
近畿	滋賀、京都、大阪、兵庫、奈良、和歌山
中国	鳥取、島根、岡山、広島、山口
四国	徳島、香川、愛媛、高知
九州	福岡、佐賀、長崎、熊本、大分、宮崎、鹿児島
沖縄	沖縄

イ　地方農政局

地方農政局名	所　属　都　道　府　県　名
東北農政局	アの東北の所属都道府県名と同じ。
北陸農政局	アの北陸の所属都道府県名と同じ。
関東農政局	茨城、栃木、群馬、埼玉、千葉、東京、神奈川、山梨、長野、静岡
東海農政局	岐阜、愛知、三重
近畿農政局	アの近畿の所属都道府県名と同じ。
中国四国農政局	鳥取、島根、岡山、広島、山口、徳島、香川、愛媛、高知
九州農政局	アの九州の所属都道府県名と同じ。

注：　東北農政局、北陸農政局、近畿農政局及び九州農政局の結果については、全国農業地域区分における各地域の結果と同じであることから、統計表章はしていない。

(2)　統計数値の四捨五入について

本書に掲載した統計数値は、次の方法により四捨五入しており、合計値と内訳の計が一致しない場合がある。

原　数		7桁以上 (100万)	6桁 (10万)	5桁 (1万)	4桁 (1,000)	3桁以下 (100)
四捨五入する桁(下から)		3桁	2桁		1桁	四捨五入しない
例	四捨五入する前(原数)	1,234,567	123,456	12,345	1,234	123
	四捨五入した数値(統計数値)	1,235,000	123,500	12,300	1,230	123

(3)　「（参考）対平均収量比」について

統計表の「（参考）対平均収量比」とは、10ａ当たり平均収量（原則として、直近７か年のうち最高及び最低を除いた５か年の平均値）に対する当年産の10ａ当たり収量の比率である。

なお、10ａ当たり平均収量について、直近７か年の実収量のデータが得られない場合は次の方法により作成するものとし、３か年分の実収量のデータが得られない場合は作成していない。
ア　６年分の実収量のデータが得られた場合は、最高及び最低を除いた４か年の平均値
イ　５年分の実収量のデータが得られた場合は、最高及び最低を除いた３か年の平均値
ウ　３年又は４年分の実収量のデータが得られた場合は、それらの単純平均

(4)　統計表中に使用した記号は、次のとおりである。
「０」：　単位に満たないもの（例：0.4ha → 0ha）
「－」：　事実のないもの
「…」：　事実不詳又は調査を欠くもの
「ｘ」：　個人又は法人その他の団体に関する秘密を保護するため、統計数値を公表しないもの
「nc」：　計算不能

(5)　秘匿方法について
統計調査結果について、生産者数が２以下の場合には、個人又は法人その他の団体に関する調査結果の秘密保護の観点から、当該結果を「ｘ」表示とする秘匿措置を施している。
なお、全体（計）からの差引きにより、秘匿措置を講じた当該結果が推定できる場合には、本来秘匿措置を施す必要のない箇所についても「ｘ」表示としている。

(6)　この統計表に掲載された数値を他に転載する場合は、「野菜生産出荷統計」（農林水産省）による旨を記載してください。

(7)　本統計の累年データについては、農林水産省ホームページの統計情報に掲載している分野別分類の「作付面積・生産量、被害、家畜の頭数など」、品目別分類「野菜」の「作況調査（野菜）」で御覧いただけます。
【 https://www.maff.go.jp/j/tokei/kouhyou/sakumotu/sakkyou_yasai/index.html#l 】

４　お問合せ先

農林水産省　大臣官房統計部　生産流通消費統計課　園芸統計班
電話：（代表）０３－３５０２－８１１１　内線３６８０
（直通）０３－６７４４－２０４４
ＦＡＸ:　０３－５５１１－８７７１

※　本調査に関する御意見、御要望は、上記問合せ先のほか、農林水産省ホームページでも受け付けております。
【 https://www.contactus.maff.go.jp/j/form/tokei/kikaku/160815.html 】

別表１

品目別調査対象都道府県（主産県）一覧表

１　指定野菜（14品目）

都道府県	だいこん			にんじん			ばれいしょ		さといも		はくさい			キャベツ		
	春	夏	秋冬	春夏	秋	冬	春植え	秋植え	秋冬	その他	春	夏	秋冬	春	夏秋	冬
北海道	○	○	○	○	○		○	○			○	○	○		○	○
青森	○	○	○	○	○	○	○	○				○			○	
岩手		○	○	○					○				○		○	
宮城			○				○	○					○	○	○	
秋田			○										○		○	
山形			○						○				○			
福島			○			○	○	○	○				○	○		
茨城	○		○	○		○	○	○	○		○		○	○	○	○
栃木	○	○	○						○				○			
群馬		○	○						○			○	○	○	○	
埼玉	○		○	○		○			○				○	○		○
千葉	○		○	○		○	○	○	○				○	○	○	○
東京			○			○			○					○	○	○
神奈川	○		○						○					○	○	○
新潟			○	○		○			○				○			
富山		○	○						○				○	○		
石川			○			○										
福井	○		○						○							○
山梨															○	
長野		○	○				○	○			○	○	○	○	○	
岐阜	○	○	○	○		○			○				○	○		
静岡	○		○	○			○	○	○					○		○
愛知	○		○	○		○			○		○		○	○		○
三重						○	○	○	○				○	○		○
滋賀			○										○			○
京都														○		
大阪									○					○		○
兵庫		○	○	○									○	○		○
奈良			○													
和歌山			○	○							○		○	○		○
鳥取						○							○		○	○
島根															○	○
岡山	○	○	○	○		○	○	○			○		○	○	○	○
広島	○	○	○				○	○					○		○	○
山口	○	○	○						○		○		○	○		○
徳島			○	○									○	○		○
香川	○		○			○								○		○
愛媛									○				○	○		○
高知																
福岡	○		○						○				○	○		○
佐賀							○	○								○
長崎	○		○	○		○	○	○			○		○	○		○
熊本	○	○	○	○		○	○	○	○		○		○	○	○	○
大分			○	○		○			○		○		○	○		
宮崎			○	○		○	○	○	○				○	○		○
鹿児島	○		○	○		○	○	○	○		○		○	○		○
沖縄				○		○				○						

注：　収穫量調査における品目別の調査対象都道府県である。なお、令和元年産の作付面積調査は全国調査年であり、全ての都道府県を調査対象としている。

1　指定野菜（14品目）（続き）

都道府県	ほうれんそう	レタス			ね　ぎ			たまねぎ	きゅうり		な　す		トマト		ピーマン	
		春	夏秋	冬	春	夏	秋冬		冬春	夏秋	冬春	夏秋	冬春	夏秋	冬春	夏秋
北海道	○		○			○	○	○		○			○	○		○
青森			○			○	○			○			○	○		○
岩手	○	○	○			○	○		○	○		○		○		○
宮城	○				○	○	○		○	○		○		○		
秋田	○					○	○			○		○		○		○
山形						○	○		○	○		○		○		○
福島	○						○		○	○		○	○	○		○
茨城	○	○	○	○	○	○	○	○	○	○		○	○	○	○	○
栃木	○	○		○		○	○	○	○	○	○	○	○	○		
群馬	○	○	○		○	○	○	○	○	○	○	○	○	○		
埼玉	○	○		○	○	○	○	○	○	○	○	○	○			
千葉	○	○		○	○	○	○	○	○	○	○	○	○	○		○
東京	○															
神奈川	○						○		○	○		○	○	○		
新潟						○	○		○	○		○	○	○		○
富山	○					○	○	○		○		○		○		
石川						○	○			○			○	○		
福井	○					○	○					○		○		
山梨									○	○		○	○	○		
長野	○	○	○			○	○	○		○		○		○		○
岐阜	○						○	○	○	○		○	○	○		○
静岡				○	○	○	○	○					○	○		
愛知	○			○	○	○	○	○	○		○	○	○	○		○
三重					○	○	○	○	○			○	○	○		○
滋賀	○								○	○		○	○	○		
京都	○				○					○		○		○		○
大阪				○	○	○		○		○	○	○				
兵庫	○	○		○	○		○	○		○		○	○	○		○
奈良	○	○					○			○	○	○	○	○		
和歌山								○	○	○			○		○	○
鳥取	○				○	○	○							○		○
島根							○	○	○	○		○	○	○		○
岡山		○		○	○	○	○	○		○	○	○		○		○
広島	○				○	○	○		○	○		○	○	○		○
山口	○							○	○	○		○		○		○
徳島	○	○		○	○		○		○		○	○	○	○		○
香川		○		○	○	○	○	○	○	○	○	○	○	○		
愛媛	○			○			○	○	○	○	○	○	○	○		○
高知					○		○		○		○		○		○	○
福岡	○	○		○	○	○	○	○	○	○	○	○	○	○		
佐賀	○	○		○	○		○	○	○	○	○	○	○			
長崎	○	○		○	○	○	○	○	○	○	○		○	○		
熊本	○	○		○			○	○	○	○	○	○	○	○	○	○
大分		○	○		○	○	○			○		○		○		○
宮崎	○						○	○	○	○	○	○	○	○	○	○
鹿児島				○	○	○	○		○		○		○		○	○
沖縄		○		○									○		○	

品目別調査対象都道府県（主産県）一覧表（続き）

2　指定野菜に準ずる野菜（27品目）

都道府県	かぶ	ごぼう	れんこん	やまのいも	こまつな	ちんげんさい	ふき	みつば	しゅんぎく	みずな	セルリー	アスパラガス	カリフラワー	ブロッコリー
北海道	○	○		○	○	○	○	○		○	○	○	○	○
青森	○	○		○			○		○			○	○	○
岩手				○			○		○			○		○
宮城					○	○			○	○				
秋田				○			○					○	○	
山形	○				○		○					○	○	
福島	○					○	○	○	○			○	○	○
茨城	○	○	○	○	○	○		○	○	○			○	○
栃木	○	○					○		○			○		○
群馬		○		○	○	○	○		○	○				○
埼玉	○			○	○	○		○	○	○			○	○
千葉	○	○		○	○	○	○	○	○		○		○	○
東京	○				○								○	○
神奈川	○				○								○	○
新潟	○				○		○		○			○	○	
富山	○													
石川					○									○
福井														
山梨				○										
長野				○		○	○		○		○	○	○	○
岐阜	○				○				○					
静岡					○	○	○	○			○		○	○
愛知	○		○		○	○	○	○	○		○		○	○
三重	○													○
滋賀	○								○	○				
京都	○				○		○		○	○				○
大阪					○		○	○	○	○			○	○
兵庫			○		○	○			○	○				○
奈良					○				○	○				
和歌山					○				○					○
鳥取				○	○	○								○
島根	○											○		○
岡山			○	○					○			○	○	○
広島					○		○		○	○		○		○
山口			○						○					○
徳島	○		○		○	○	○						○	○
香川					○						○	○		○
愛媛							○		○			○		○
高知														○
福岡	○				○	○		○	○	○	○	○	○	○
佐賀			○									○		○
長崎					○							○		○
熊本		○	○			○			○			○	○	○
大分								○				○		○
宮崎		○												
鹿児島		○				○				○				○
沖縄						○								

2　指定野菜に準ずる野菜（27品目）（続き）

都道府県	にら	にんにく	かぼちゃ	スイートコーン	さやいんげん	さやえんどう	グリーンピース	そらまめ	えだまめ	しょうが	いちご	メロン	すいか
北海道	○	○	○	○	○	○	○		○		○	○	○
青森		○	○	○	○	○		○	○		○	○	○
岩手		○		○	○	○			○				
宮城			○	○	○	○		○	○		○		
秋田		○	○		○	○		○	○			○	○
山形	○		○		○				○			○	○
福島	○	○	○	○	○	○	○		○		○		
茨城	○		○	○	○	○		○		○	○	○	○
栃木	○			○	○						○		
群馬	○			○	○				○		○		
埼玉				○	○				○	○	○		
千葉	○		○	○	○	○		○	○	○	○	○	○
東京													
神奈川			○		○				○				○
新潟			○		○	○		○	○		○		○
富山									○				
石川			○									○	○
福井												○	○
山梨				○	○								
長野			○	○	○	○							○
岐阜					○		○		○		○		
静岡				○		○				○	○	○	○
愛知				○		○				○	○	○	○
三重			○			○					○		
滋賀							○						○
京都						○			○				
大阪							○	○	○				
兵庫	○			○		○	○	○	○		○		○
奈良							○				○		○
和歌山			○			○	○	○					○
鳥取				○				○				○	○
島根													
岡山			○			○	○			○		○	○
広島			○		○	○							
山口			○								○		○
徳島		○		○		○		○	○	○			
香川		○		○	○			○	○		○		
愛媛			○		○	○		○	○		○		○
高知	○				○					○			
福岡	○				○	○	○	○			○		○
佐賀			○								○		
長崎	○		○		○			○		○	○		○
熊本	○	○	○		○		○	○		○	○	○	○
大分	○	○	○			○							
宮崎	○	○	○	○					○	○	○		
鹿児島		○	○		○	○	○	○		○			○
沖縄			○		○								

別表２

品目別年産区分・季節区分一覧表

類別	品目名	年産区分（主たる収穫・出荷期間）	季節区分 季節区分名	（主たる収穫・出荷期間）	備考
根菜類		平成　令和			
	だいこん	31年４月～２年３月	春	４月 ～ ６月	
			夏	７月 ～ ９月	
			秋冬	10月 ～ ３月	
	かぶ	30年９月～元年８月	－	－	
	にんじん	31年４月～２年３月	春夏	４月 ～ ７月	
			秋	８月 ～ 10月	
			冬	11月 ～ ３月	
	ごぼう	31年４月～２年３月	－	－	
	れんこん	31年４月～２年３月	－	－	
	ばれいしょ	31年４月～２年３月	春植え	都府県産 ４月 ～ ８月	
	（じゃがいも）		〃	北海道産 ９月 ～ 10月	
			秋植え	11月 ～ ３月	
	さといも	31年４月～２年３月	秋冬	６月 ～ ３月	
			その他	４月 ～ ５月	
	やまのいも	31年４月～２年３月	－	－	
葉茎菜類	はくさい	31年４月～２年３月	春	４月 ～ ６月	
			夏	７月 ～ ９月	
			秋冬	10月 ～ ３月	
	こまつな	31年１月～元年12月	－	－	
	キャベツ	31年４月～２年３月	春	４月 ～ ６月	
			夏秋	７月 ～ 10月	
			冬	11月 ～ ３月	
	ちんげんさい	31年１月～元年12月	－	－	
	ほうれんそう	31年４月～２年３月	－	－	
	ふき	31年１月～元年12月	－	－	
	みつば	31年１月～元年12月	－	－	
	しゅんぎく	31年１月～元年12月	－	－	
	みずな	31年１月～元年12月	－	－	
	セルリー	31年１月～元年12月	－	－	
	アスパラガス	31年１月～元年12月	－	－	
	カリフラワー	31年４月～２年３月	－	－	
	ブロッコリー	31年４月～２年３月	－	－	
	レタス	31年４月～２年３月	春	４月 ～ ５月	レタスには、サラダ菜を含む。
			夏秋	６月 ～ 10月	
			冬	11月 ～ ３月	
	ねぎ	31年４月～２年３月	春	４月 ～ ６月	
			夏	７月 ～ ９月	
			秋冬	10月 ～ ３月	
	にら	31年１月～元年12月	－	－	
	たまねぎ	31年４月～２年３月	－	都府県産 ４月 ～ ３月	
			－	北海道産 ８月 ～ ３月	
	にんにく	31年１月～元年12月	－	－	
果菜類	きゅうり	30年12月～元年11月	冬春	12月 ～ ６月	
			夏秋	７月 ～ 11月	
	かぼちゃ	31年１月～元年12月	－	－	
	なす	30年12月～元年11月	冬春	12月 ～ ６月	
			夏秋	７月 ～ 11月	
	トマト	30年12月～元年11月	冬春	12月 ～ ６月	トマトには、加工用トマト、ミニトマトを含む。
			夏秋	７月 ～ 11月	
	ピーマン	30年11月～元年10月	冬春	11月 ～ ５月	ピーマンには、ししとうを含む。
			夏秋	６月 ～ 10月	
	スイートコーン	31年１月～元年12月	－	－	
	さやいんげん	31年１月～元年12月	－	－	
	さやえんどう	30年９月～元年８月	－	－	
	グリーンピース	30年９月～元年８月	－	－	
	そらまめ	31年１月～元年12月	－	－	
	えだまめ	31年１月～元年12月	－	－	
香辛野菜	しょうが	31年４月～２年３月	－	－	
果実的野菜	いちご	30年10月～元年９月	－	－	
	メロン	31年１月～元年12月	－	－	メロンには、温室メロンを含む。
	すいか	31年１月～元年12月	－	－	

注：季節区分名欄で「その他」とは、統計処理上品目別に設定した季節区分の主たる収穫・出荷期間以外の月を一括したものである。

I　調査結果の概要

1　令和元年産野菜の作付面積、収穫量及び出荷量の動向

令和元年産の野菜（41品目）の作付面積は45万7,900haで、前年産に比べ6,200ha（１％）減少した。

収穫量は1,340万7,000ｔ、出荷量は1,157万4,000ｔで、前年産に比べそれぞれ37万1,000ｔ（３％）、37万7,000ｔ（３％）増加した。

図１　野菜の作付面積、収穫量及び出荷量の推移

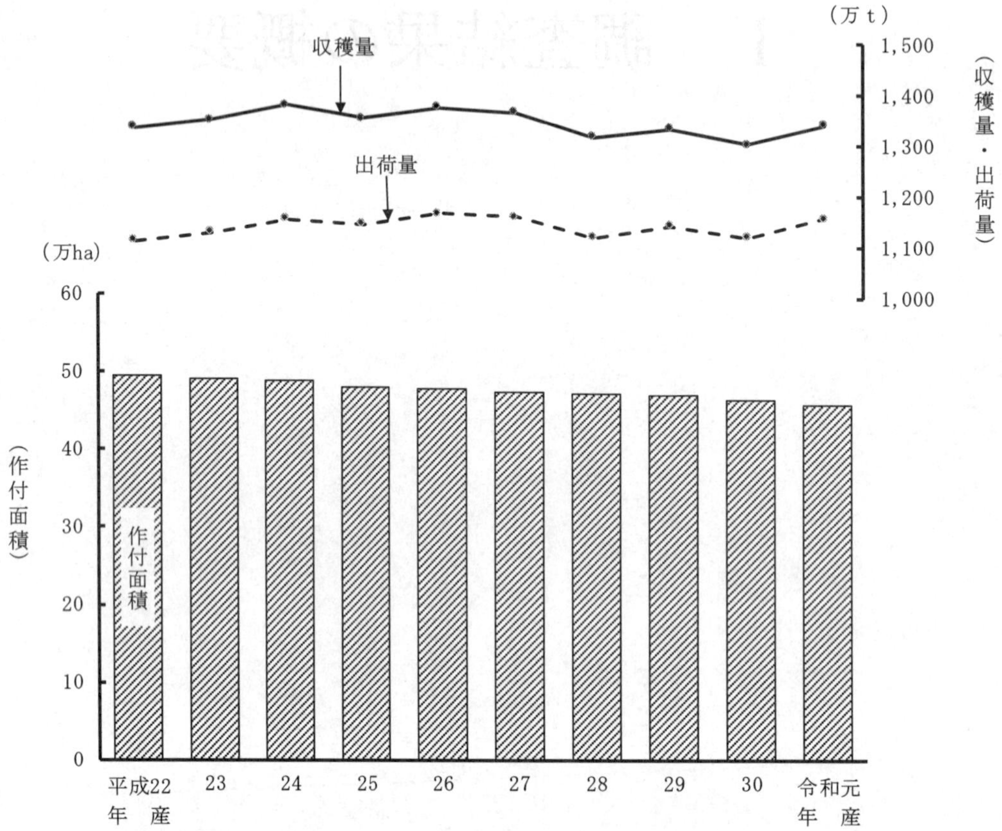

（万ｔ）
収穫量
出荷量
（収穫量・出荷量）
1,500
1,400
1,300
1,200
1,100
1,000
（万ha）
60
50
40
30
20
10
0
（作付面積）
作付面積
平成22年産　23　24　25　26　27　28　29　30　令和元年産

表１　令和元年産野菜の作付面積、10ａ当たり収量、収穫量及び出荷量（全国）

品目	作付面積	10ａ当たり収量	収穫量	出荷量	対前年産比 作付面積	対前年産比 10ａ当たり収量	対前年産比 収穫量	対前年産比 出荷量	（参考）対平均収量比
	ha	kg	t	t	%	%	%	%	%
計	**457,900**	…	**13,407,000**	**11,574,000**	**99**	**nc**	**103**	**103**	**nc**
根菜類	**156,200**	…	**4,909,000**	**4,129,000**	**98**	**nc**	**103**	**104**	**nc**
だいこん	30,900	4,210	1,300,000	1,073,000	98	100	98	99	98
かぶ	4,210	2,670	112,600	93,300	98	97	96	95	96
にんじん	17,000	3,500	594,900	533,800	99	105	104	104	105
ごぼう	7,540	1,810	136,800	119,400	98	103	101	102	98
れんこん	3,910	1,350	52,700	44,500	98	88	86	86	89
ばれいしょ（じゃがいも）	74,400	3,220	2,399,000	2,027,000	97	109	106	107	106
さといも	11,100	1,260	140,400	92,100	97	100	97	97	100
やまのいも	7,130	2,420	172,700	145,500	100	110	110	108	110
葉茎菜類	**183,200**	…	**5,521,000**	**4,890,000**	**99**	**nc**	**103**	**104**	**nc**
はくさい	16,700	5,240	874,800	726,500	98	100	98	99	102
こまつな	7,300	1,570	114,900	102,100	101	99	99	100	96
キャベツ	34,600	4,250	1,472,000	1,325,000	100	100	100	100	101
ちんげんさい	2,140	1,920	41,100	36,100	99	99	98	96	97
ほうれんそう	19,900	1,090	217,800	184,900	98	97	95	95	92
ふき	518	1,800	9,300	7,850	96	95	91	92	93
みつば	891	1,570	14,000	13,200	96	98	93	94	102
しゅんぎく	1,830	1,470	26,900	21,800	97	99	96	96	96
みずな	2,480	1,790	44,400	39,800	99	104	103	102	105
セルリー	552	5,690	31,400	30,000	96	105	101	102	103
アスパラガス	5,010	535	26,800	23,600	97	104	101	102	104
カリフラワー	1,230	1,740	21,400	18,300	103	106	109	110	102
ブロッコリー	16,000	1,060	169,500	153,700	104	106	110	111	106
レタス	21,200	2,730	578,100	545,600	98	101	99	99	101
ねぎ	22,400	2,080	465,300	382,500	100	103	103	103	100
にら	2,000	2,920	58,300	52,900	99	101	100	100	102
たまねぎ	25,900	5,150	1,334,000	1,211,000	99	117	115	116	112
にんにく	2,510	829	20,800	15,000	102	101	103	104	95
果菜類	**95,600**	…	**2,286,000**	**1,946,000**	**99**	**nc**	**102**	**103**	**nc**
きゅうり	10,300	5,320	548,100	474,700	97	103	100	100	105
かぼちゃ	15,300	1,210	185,600	149,700	101	115	117	120	98
なす	8,650	3,490	301,700	239,500	96	104	100	101	105
トマト	11,600	6,210	720,600	653,800	98	101	100	99	102
ピーマン	3,200	4,550	145,700	129,500	99	104	104	104	104
スイートコーン	23,000	1,040	239,000	195,000	100	110	110	112	105
さやいんげん	5,190	738	38,300	25,800	97	105	102	104	106
さやえんどう	2,870	697	20,000	12,800	99	103	102	102	105
グリーンピース	731	860	6,290	5,000	96	110	106	107	112
そらまめ	1,790	788	14,100	9,970	99	98	97	99	96
えだまめ	13,000	508	66,100	50,500	102	102	104	104	97
香辛野菜									
しょうが	1,740	2,670	46,500	36,400	99	100	100	100	99
果実的野菜	**21,200**	…	**645,400**	**573,100**	**97**	**nc**	**102**	**102**	**nc**
いちご	5,110	3,230	165,200	152,100	98	104	102	102	109
メロン	6,410	2,430	156,000	141,900	97	105	102	102	107
すいか	9,640	3,360	324,200	279,100	97	104	101	101	103

注：「（参考）対平均収量比」とは、10ａ当たり平均収量（原則として直近７か年のうち、最高及び最低を除いた５か年の平均値）に対する当年産の10ａ当たり収量の比率である。

2　指定野菜の品目別の概要

(1)　だいこん

ア　作付面積

作付面積は３万900haで、前年産に比べ500ha（２％）減少した。

イ　10ａ当たり収量

10ａ当たり収量は4,210kgで、前年産並みとなった。

ウ　収穫量

収穫量は130万ｔで、前年産に比べ２万8,000ｔ（２％）減少した。

エ　出荷量

出荷量は107万3,000ｔで、前年産に比べ１万6,000ｔ（１％）減少した。

図２　だいこんの作付面積、収穫量及び出荷量の推移

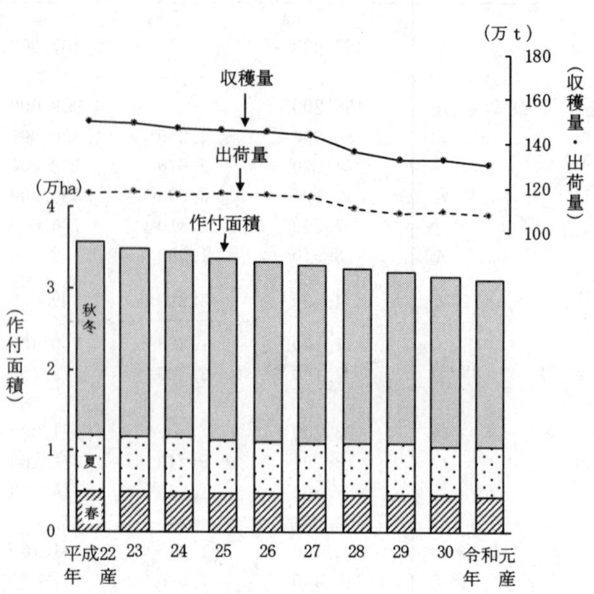

オ　季節区分別の概況

(ｱ)　春だいこん

作付面積は4,350haで、前年産に比べ100ha（２％）減少した。

10ａ当たり収量は4,730kgで、前年産並みとなった。

収穫量は20万5,600ｔ、出荷量は18万7,000ｔで、前年産に比べそれぞれ4,800ｔ（２％）、4,700ｔ（２％）減少した。

(ｲ)　夏だいこん

作付面積は6,050haで、前年産に比べ60ha（１％）増加した。

10ａ当たり収量は4,150kgで、前年産に比べ140kg（３％）上回った。

収穫量は25万800ｔ、出荷量は23万900ｔで、前年産に比べそれぞれ１万600ｔ（４％）、１万2,000ｔ（５％）増加した。

(ｳ)　秋冬だいこん

作付面積は２万500haで、前年産に比べ500ha（２％）減少した。

10ａ当たり収量は4,110kgで、前年産に比べ70kg（２％）下回った。

収穫量は84万3,500ｔ、出荷量は65万4,900ｔで、前年産に比べそれぞれ３万3,400ｔ（４％）、２万3,400ｔ（３％）減少した。

表２　令和元年産だいこんの作付面積、収穫量及び出荷量（全国）

品目	作付面積	10ａ当たり収量	収穫量	出荷量	対前年産比				(参考)対平均収量比
					作付面積	10ａ当たり収量	収穫量	出荷量	
	ha	kg	t	t	%	%	%	%	%
だいこん	**30,900**	**4,210**	**1,300,000**	**1,073,000**	**98**	**100**	**98**	**99**	**98**
春	4,350	4,730	205,600	187,000	98	100	98	98	99
夏	6,050	4,150	250,800	230,900	101	103	104	105	105
秋冬	20,500	4,110	843,500	654,900	98	98	96	97	96

(2) にんじん

ア　作付面積

作付面積は１万7,000haで、前年産に比べ200ha（１％）減少した。

イ　10ａ当たり収量

10ａ当たり収量は3,500kgで、前年産に比べ160kg（５％）上回った。

ウ　収穫量

収穫量は59万4,900ｔで、前年産に比べ２万200ｔ（４％）増加した。

エ　出荷量

出荷量は53万3,800ｔで、前年産に比べ２万1,300ｔ（４％）増加した。

図３　にんじんの作付面積、収穫量及び出荷量の推移

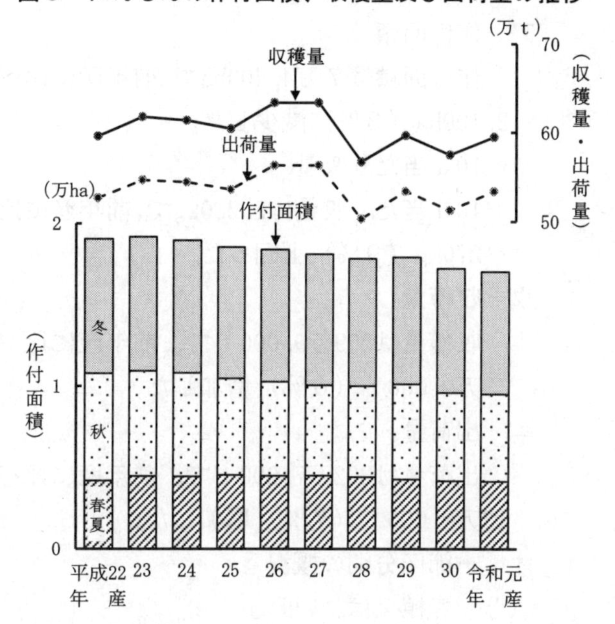

オ　季節区分別の概況

(ｱ)　春夏にんじん

作付面積は4,150haで、前年産に比べ40ha（１％）減少した。

10ａ当たり収量は3,900kgで、前年産に比べ190kg（５％）上回った。これは、暖冬の影響により生育が良好であったためである。

収穫量は16万1,800ｔ、出荷量は14万8,900ｔで、前年産に比べそれぞれ6,300ｔ（４％）、6,000ｔ（４％）増加した。

(ｲ)　秋にんじん

作付面積は5,370haで、前年産に比べ40ha（１％）減少した。

10ａ当たり収量は3,910kgで、前年産に比べ610kg（18％）上回った。これは、北海道及び青森県において、おおむね天候に恵まれ生育が良好となったためである。

収穫量は21万100ｔ、出荷量は19万1,500ｔで、前年産に比べそれぞれ３万1,600ｔ（18％）、３万100ｔ（19％）増加した。

(ｳ)　冬にんじん

作付面積は7,520haで、前年産に比べ110ha（１％）減少した。

10ａ当たり収量は2,970kgで、前年産に比べ190kg（６％）下回った。これは、９月及び10月の台風、長雨等により、生育が抑制されたためである。

収穫量は22万3,000ｔ、出荷量は19万3,400ｔで、前年産に比べそれぞれ１万8,000ｔ（７％）、１万4,800ｔ（７％）減少した。

表３　令和元年産にんじんの作付面積、収穫量及び出荷量（全国）

品目	作付面積	10ａ当たり収量	収穫量	出荷量	対前年産比				(参考)対平均収量比
					作付面積	10ａ当たり収量	収穫量	出荷量	
	ha	kg	t	t	%	%	%	%	%
にんじん	**17,000**	**3,500**	**594,900**	**533,800**	**99**	**105**	**104**	**104**	**105**
春夏	4,150	3,900	161,800	148,900	99	105	104	104	104
秋	5,370	3,910	210,100	191,500	99	118	118	119	118
冬	7,520	2,970	223,000	193,400	99	94	93	93	95

(3) ばれいしょ（じゃがいも）

ア　作付面積

作付面積は７万4,400haで、前年産に比べ2,100ha（３％）減少した。

イ　10ａ当たり収量

10ａ当たり収量は3,220kgで、前年産に比べ270kg（９％）上回った。

ウ　収穫量

収穫量は239万9,000ｔで、前年産に比べ13万9,000ｔ（６％）増加した。

エ　出荷量

出荷量は202万7,000ｔで、前年産に比べ13万8,000ｔ（７％）増加した。

図４　ばれいしょの作付面積、収穫量及び出荷量の推移

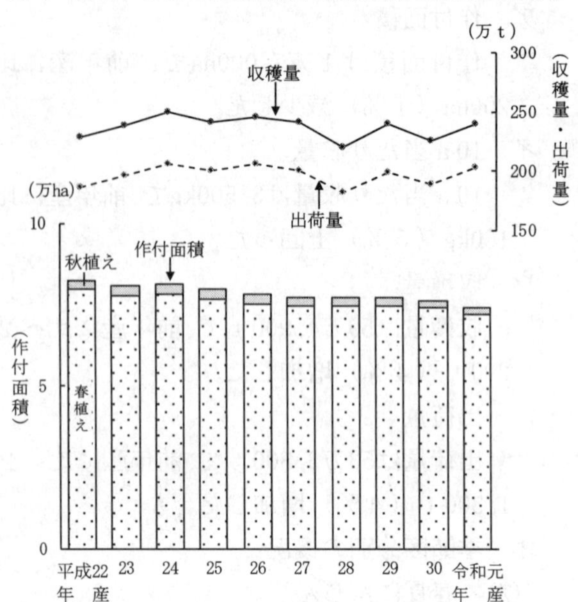

オ　季節区分別の概況

(ア)　春植えばれいしょ

作付面積は７万2,000haで、前年産に比べ2,000ha（３％）減少した。これは、主に北海道において、小麦や小豆への転換等があったためである。

10ａ当たり収量は3,270kgで、前年産に比べ280kg（９％）上回った。これは、主に北海道において、生育期間全般において天候に恵まれ、いもの肥大が良好であったためである。

収穫量は235万7,000ｔ、出荷量は199万6,000ｔで、前年産に比べそれぞれ14万2,000ｔ（６％）、14万1,000ｔ（８％）増加した。

(イ)　秋植えばれいしょ

作付面積は2,410haで、前年産に比べ100ha（４％）減少した。これは、長崎県において、他野菜への転換等があったためである。

10ａ当たり収量は1,730kgで、前年産に比べ90kg（５％）下回った。これは、鹿児島県において、植付け後の高温の影響で生育が抑制されたためである。

収穫量は４万1,800ｔ、出荷量は３万1,400ｔで、前年産に比べそれぞれ3,800ｔ（８％）、3,300ｔ（10％）減少した。

表４　令和元年産ばれいしょの作付面積、収穫量及び出荷量（全国）

品目	作付面積	10ａ当たり収量	収穫量	出荷量	対前年産比				(参考)対平均収量比
					作付面積	10ａ当たり収量	収穫量	出荷量	
	ha	kg	t	t	%	%	%	%	%
ばれいしょ	**74,400**	**3,220**	**2,399,000**	**2,027,000**	**97**	**109**	**106**	**107**	**106**
春植え	72,000	3,270	2,357,000	1,996,000	97	109	106	108	105
秋植え	2,410	1,730	41,800	31,400	96	95	92	90	105

(4) さといも

ア　作付面積

作付面積は１万1,100haで、前年産に比べ400ha（３％）減少した。

イ　10ａ当たり収量

10ａ当たり収量は1,260kgで、前年産並みとなった。

ウ　収穫量

収穫量は14万400ｔで、前年産に比べ4,400ｔ（３％）減少した。

エ　出荷量

出荷量は９万2,100ｔで、前年産に比べ3,200ｔ（３％）減少した。

オ　季節区分別の概況

秋冬さといも

作付面積は１万1,100haで、前年産に比べ400ha（３％）減少した。これは、生産者の高齢化により作付け中止や規模縮小等があったためである。

10ａ当たり収量は1,260kgで、前年産並みとなった。

収穫量は14万300ｔ、出荷量は９万2,100ｔで、前年産に比べそれぞれ4,400ｔ（３％）、3,200ｔ（３％）減少した。

図５　さといもの作付面積、収穫量及び出荷量の推移

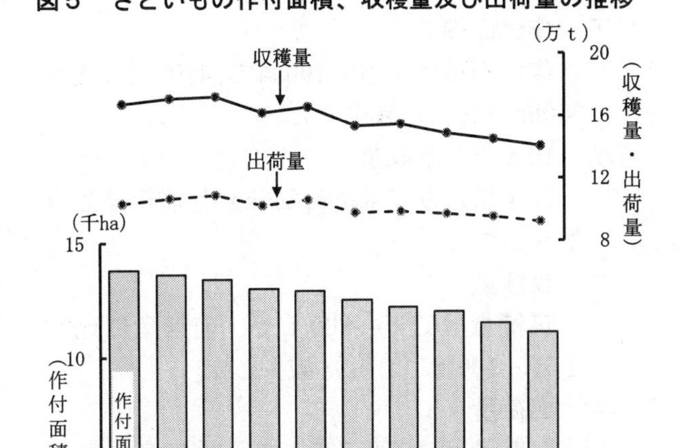

表５　令和元年産さといもの作付面積、収穫量及び出荷量（全国）

品目	作付面積	10ａ当たり収量	収穫量	出荷量	対前年産比 作付面積	10ａ当たり収量	収穫量	出荷量	(参考) 対平均収量比
	ha	kg	t	t	%	%	%	%	%
さといも	**11,100**	**1,260**	**140,400**	**92,100**	**97**	**100**	**97**	**97**	**100**
うち秋冬	11,100	1,260	140,300	92,100	97	100	97	97	100

(5) はくさい

ア　作付面積

作付面積は１万6,700haで、前年産に比べ300ha（２％）減少した。

イ　10ａ当たり収量

10ａ当たり収量は5,240kgで、前年産並みとなった。

ウ　収穫量

収穫量は87万4,800ｔで、前年産に比べ１万5,100ｔ（２％）減少した。

エ　出荷量

出荷量は72万6,500ｔで、前年産に比べ7,900ｔ（１％）減少した。

オ　季節区分別の概況

(ア)　春はくさい

作付面積は1,810haで、前年産に比べ30ha（２％）減少した。

10ａ当たり収量は6,450kgで、前年産に比べ140kg（２％）上回った。

収穫量は11万6,800ｔ、出荷量は10万7,600ｔで、前年産に比べそれぞれ700ｔ（１％）、700ｔ（１％）増加した。

(イ)　夏はくさい

作付面積は2,460haで、前年産に比べ40ha（２％）増加した。

10ａ当たり収量は7,300kgで、前年産に比べ100kg（１％）下回った。

収穫量は17万9,500ｔ、出荷量は16万3,200ｔで、それぞれ前年産並みとなった。

(ウ)　秋冬はくさい

作付面積は１万2,500haで、前年産に比べ200ha（２％）減少した。

10ａ当たり収量は4,630kgで、前年産に比べ50kg（１％）下回った。

収穫量は57万8,500ｔ、出荷量は45万5,700ｔで、前年産に比べそれぞれ１万6,300ｔ（３％）、9,100ｔ（２％）減少した。

図６　はくさいの作付面積、収穫量及び出荷量の推移

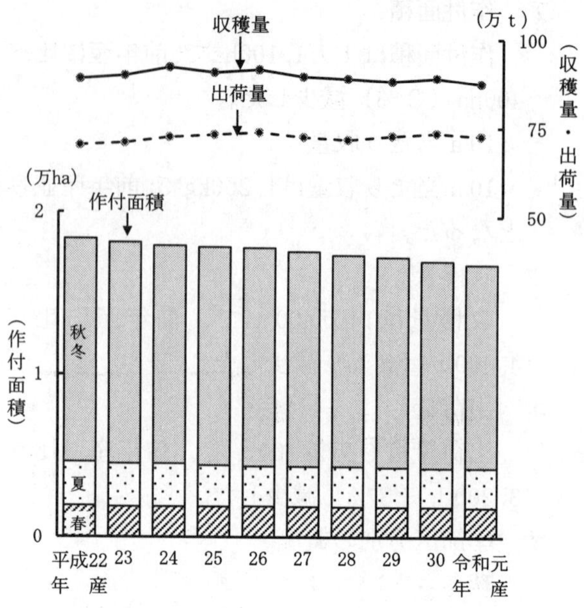

表６　令和元年産はくさいの作付面積、収穫量及び出荷量（全国）

品目	作付面積	10ａ当たり収量	収穫量	出荷量	対前年産比 作付面積	対前年産比 10ａ当たり収量	対前年産比 収穫量	対前年産比 出荷量	（参考）対平均収量比
	ha	kg	t	t	%	%	%	%	%
はくさい	**16,700**	**5,240**	**874,800**	**726,500**	**98**	**100**	**98**	**99**	**102**
春	1,810	6,450	116,800	107,600	98	102	101	101	106
夏	2,460	7,300	179,500	163,200	102	99	100	100	101
秋冬	12,500	4,630	578,500	455,700	98	99	97	98	101

(6) キャベツ

ア　作付面積

作付面積は３万4,600haで、前年産並みとなった。

イ　10ａ当たり収量

10ａ当たり収量は4,250kgで、前年産並みとなった。

ウ　収穫量

収穫量は147万2,000ｔで、前年産並みとなった。

エ　出荷量

出荷量は132万5,000ｔで、前年産並みとなった。

オ　季節区分別の概況

(ア)　春キャベツ

作付面積は8,860haで、前年産に比べ180ha（２％）減少した。

10ａ当たり収量は4,020kgで、前年産に比べ150kg（４％）下回った。

収穫量は35万6,500ｔ、出荷量は32万3,700ｔで、前年産に比べそれぞれ２万300ｔ（５％）、１万6,900ｔ（５％）減少した。

(イ)　夏秋キャベツ

作付面積は１万300haで、前年産に比べ100ha（１％）増加した。

10ａ当たり収量は4,860kgで、前年産に比べ40kg（１％）下回った。

収穫量は50万800ｔ、出荷量は44万9,900ｔで、それぞれ前年産並みとなった。

(ウ)　冬キャベツ

作付面積は１万5,400haで、前年産並みとなった。

10ａ当たり収量は3,990kgで、前年産に比べ160kg（４％）上回った。

収穫量は61万4,300ｔ、出荷量は55万1,400ｔで、前年産に比べそれぞれ２万4,200ｔ（４％）、２万1,300ｔ（４％）増加した。

図７　キャベツの作付面積、収穫量及び出荷量の推移

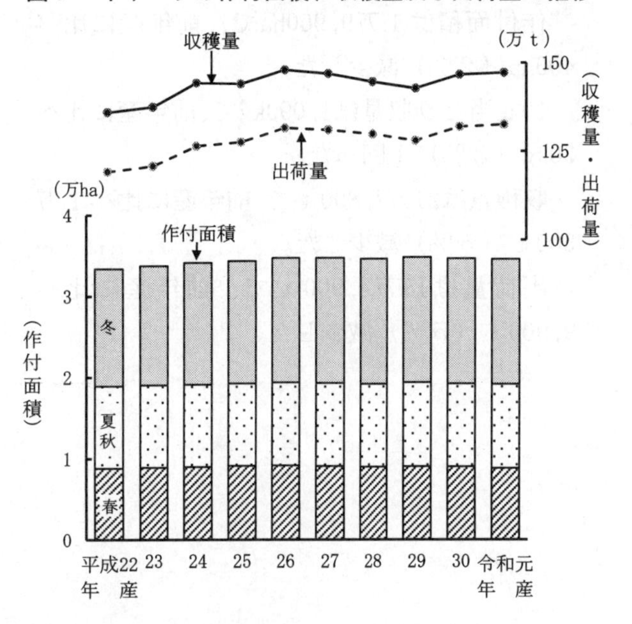

表７　令和元年産キャベツの作付面積、収穫量及び出荷量（全国）

品目	作付面積	10ａ当たり収量	収穫量	出荷量	対前年産比 作付面積	対前年産比 10ａ当たり収量	対前年産比 収穫量	対前年産比 出荷量	（参考）対平均収量比
	ha	kg	t	t	%	%	%	%	%
キャベツ	**34,600**	**4,250**	**1,472,000**	**1,325,000**	**100**	**100**	**100**	**100**	**101**
春	8,860	4,020	356,500	323,700	98	96	95	95	97
夏秋	10,300	4,860	500,800	449,900	101	99	100	100	104
冬	15,400	3,990	614,300	551,400	100	104	104	104	101

(7) ほうれんそう

作付面積は１万9,900haで、前年産に比べ400ha（２％）減少した。

10ａ当たり収量は1,090kgで、前年産に比べ30kg（３％）下回った。

収穫量は21万7,800ｔで、前年産に比べ１万500ｔ（５％）減少した。

出荷量は18万4,900ｔで、前年産に比べ9,900ｔ（５％）減少した。

図８　ほうれんそうの作付面積、収穫量及び出荷量の推移

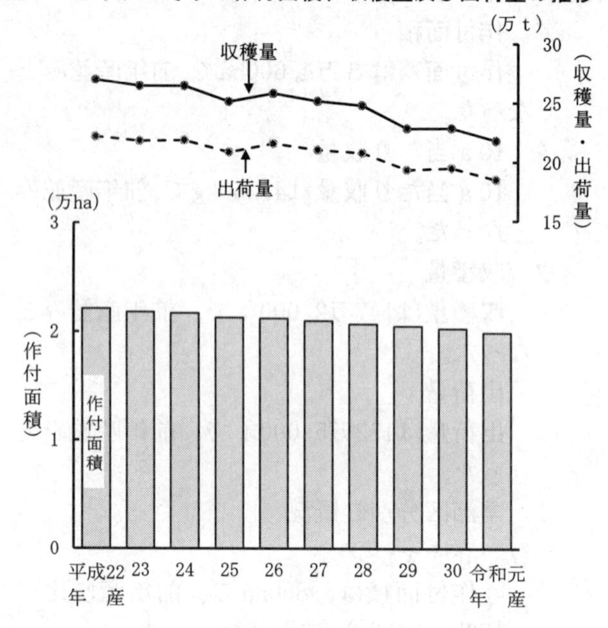

表８　令和元年産ほうれんそうの作付面積、収穫量及び出荷量（全国）

品目	作付面積	10ａ当たり収量	収穫量	出荷量	対前年産比 作付面積	対前年産比 10ａ当たり収量	対前年産比 収穫量	対前年産比 出荷量	(参考) 対平均収量比
	ha	kg	t	t	%	%	%	%	%
ほうれんそう	19,900	1,090	217,800	184,900	98	97	95	95	92

(8) レタス

ア 作付面積

作付面積は２万1,200haで、前年産に比べ500ha（２％）減少した。

イ 10ａ当たり収量

10ａ当たり収量は2,730kgで、前年産に比べ30kg（１％）上回った。

ウ 収穫量

収穫量は57万8,100ｔで、前年産に比べ7,500ｔ（１％）減少した。

エ 出荷量

出荷量は54万5,600ｔで、前年産に比べ7,600ｔ（１％）減少した。

図９ レタスの作付面積、収穫量及び出荷量の推移

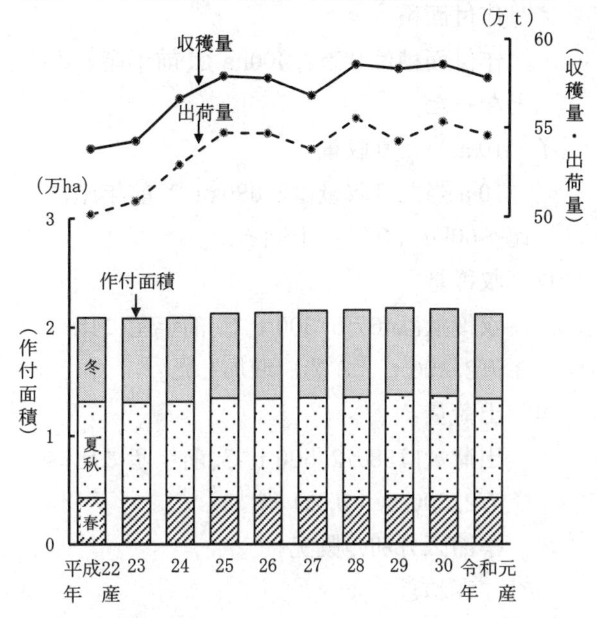

オ 季節区分別の概況

(ｱ) 春レタス

作付面積は4,310haで、前年産に比べ80ha（２％）減少した。

10ａ当たり収量は2,750kgで、前年産並みとなった。

収穫量は11万8,500ｔ、出荷量は11万1,200ｔで、前年産に比べそれぞれ2,200ｔ（２％）、2,200ｔ（２％）減少した。

(ｲ) 夏秋レタス

作付面積は9,100haで、前年産に比べ160ha（２％）減少した。

10ａ当たり収量は3,010kgで、前年産並みとなった。

収穫量は27万3,600ｔ、出荷量は26万2,100ｔで、前年産に比べそれぞれ4,900ｔ（２％）、5,100ｔ（２％）減少した。

(ｳ) 冬レタス

作付面積は7,790haで、前年産に比べ240ha（３％）減少した。これは、茨城県において、他作物への転換等があったためである。

10ａ当たり収量は2,390kgで、前年産に比べ70kg（３％）上回った。

収穫量は18万6,000ｔ、出荷量は17万2,300ｔで、それぞれ前年産並みとなった。

表９ 令和元年産レタスの作付面積、収穫量及び出荷量（全国）

品目	作付面積	10ａ当たり収量	収穫量	出荷量	対前年産比 作付面積	対前年産比 10ａ当たり収量	対前年産比 収穫量	対前年産比 出荷量	（参考）対平均収量比
	ha	kg	t	t	%	%	%	%	%
レタス	**21,200**	**2,730**	**578,100**	**545,600**	**98**	**101**	**99**	**99**	**101**
春	4,310	2,750	118,500	111,200	98	100	98	98	103
夏秋	9,100	3,010	273,600	262,100	98	100	98	98	98
冬	7,790	2,390	186,000	172,300	97	103	100	100	104

(9) ね　ぎ

ア　作付面積

作付面積は２万2,400haで、前年産並みとなった。

イ　10ａ当たり収量

10ａ当たり収量は2,080kgで、前年産に比べ60kg（３％）上回った。

ウ　収穫量

収穫量は46万5,300ｔで、前年産に比べ１万2,400ｔ（３％）増加した。

エ　出荷量

出荷量は38万2,500ｔで、前年産に比べ１万2,200ｔ（３％）増加した。

オ　季節区分別の概況

(ｱ)　春ねぎ

作付面積は3,410haで、前年産に比べ20ha（１％）減少した。

10ａ当たり収量は2,370kgで、前年産に比べ110kg（５％）上回った。これは、千葉県において、低温の影響により作柄の悪かった前年産に比べて生育が良好であったためである。

収穫量は８万900ｔ、出荷量は７万1,800ｔで、前年産に比べそれぞれ3,400ｔ（４％）、3,100ｔ（５％）増加した。

(ｲ)　夏ねぎ

作付面積は4,910haで、前年産並みとなった。

10ａ当たり収量は1,840kgで、前年産に比べ90kg（５％）上回った。これは、おおむね天候に恵まれ生育が良好であったためである。

収穫量は９万500ｔ、出荷量は８万700ｔで、前年産に比べそれぞれ4,300ｔ（５％）、4,100ｔ（５％）増加した。

(ｳ)　秋冬ねぎ

作付面積は１万4,100haで、前年産に比べ100ha（１％）増加した。

10ａ当たり収量は2,080kgで、前年産並みとなった。

収穫量は29万3,900ｔ、出荷量は23万100ｔで、前年産に比べそれぞれ4,600ｔ（２％）、5,000ｔ（２％）増加した。

図10　ねぎの作付面積、収穫量及び出荷量の推移

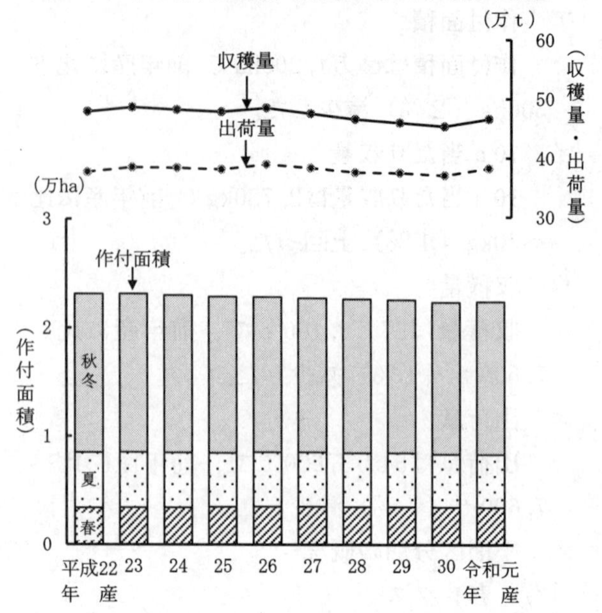

表10　令和元年産ねぎの作付面積、収穫量及び出荷量（全国）

品目	作付面積	10ａ当たり収量	収穫量	出荷量	対前年産比 作付面積	対前年産比 10ａ当たり収量	対前年産比 収穫量	対前年産比 出荷量	(参考)対平均収量比
	ha	kg	t	t	%	%	%	%	%
ねぎ	22,400	2,080	465,300	382,500	100	103	103	103	100
春	3,410	2,370	80,900	71,800	99	105	104	105	98
夏	4,910	1,840	90,500	80,700	100	105	105	105	102
秋冬	14,100	2,080	293,900	230,100	101	100	102	102	100

(10) たまねぎ

作付面積は2万5,900haで、前年産に比べ300ha（1％）減少した。

10ａ当たり収量は5,150kgで、前年産に比べ740kg（17％）上回った。これは、北海道において、7月下旬から8月上旬の高温・多照により、たまねぎの球肥大が良好であったためである。

収穫量は133万4,000ｔで、前年産に比べ17万9,000ｔ（15％）増加した。

出荷量は121万1,000ｔで、前年産に比べ16万9,000ｔ（16％）増加した。

図11　たまねぎの作付面積、収穫量及び出荷量の推移

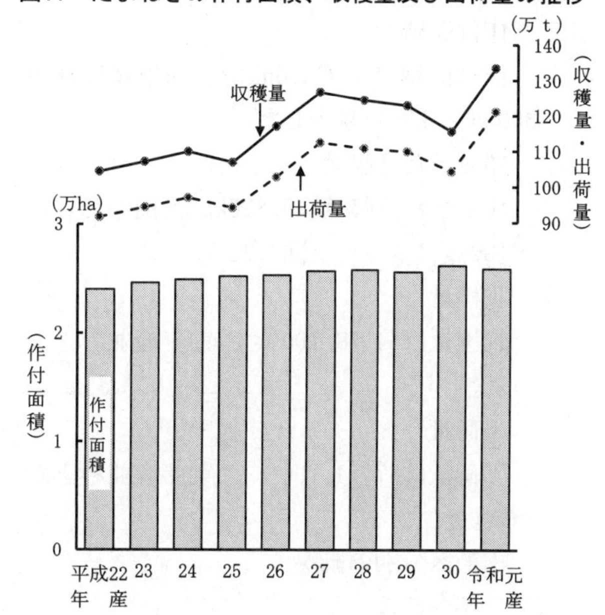

表11　令和元年産たまねぎの作付面積、収穫量及び出荷量（全国）

品目	作付面積	10ａ当たり収量	収穫量	出荷量	対前年産比				（参考）対平均収量比
					作付面積	10ａ当たり収量	収穫量	出荷量	
	ha	kg	t	t	%	%	%	%	%
たまねぎ	25,900	5,150	1,334,000	1,211,000	99	117	115	116	112

(11) きゅうり

ア 作付面積

作付面積は１万300haで、前年産に比べ300ha（３％）減少した。

イ 10ａ当たり収量

10ａ当たり収量は5,320kgで、前年産に比べ130kg（３％）上回った。

ウ 収穫量

収穫量は54万8,100ｔで、前年産並みとなった。

エ 出荷量

出荷量は47万4,700ｔで、前年産並みとなった。

オ 季節区分別の概況

(ア) 冬春きゅうり

作付面積は2,720haで、前年産に比べ40ha（１％）減少した。

10ａ当たり収量は１万700kgで、前年産に比べ100kg（１％）下回った。

収穫量は29万100ｔ、出荷量は27万2,100ｔで、前年産に比べそれぞれ8,000ｔ（３％）、8,400ｔ（３％）減少した。

(イ) 夏秋きゅうり

作付面積は7,580haで、前年産に比べ230ha（３％）減少した。これは、生産者の高齢化により作付け中止や規模縮小等があったためである。

10ａ当たり収量は3,400kgで、前年産に比べ180kg（６％）上回った。これは、おおむね天候に恵まれ生育が良好であったためである。

収穫量は25万8,000ｔ、出荷量は20万2,600ｔで、前年産に比べそれぞれ6,200ｔ（２％）、7,000ｔ（４％）増加した。

図12 きゅうりの作付面積、収穫量及び出荷量の推移

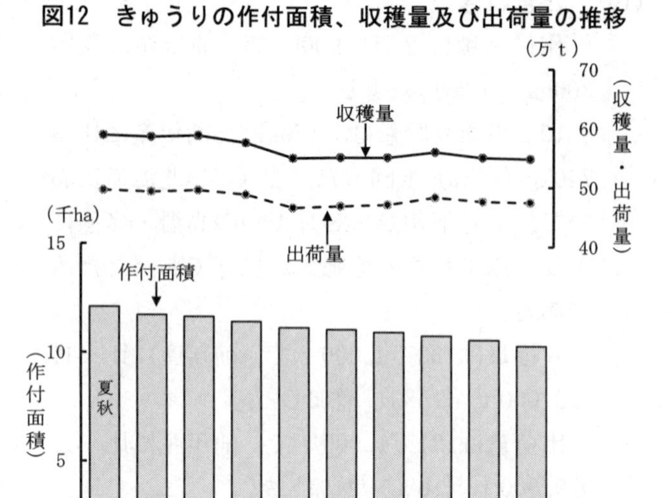

表12 令和元年産きゅうりの作付面積、収穫量及び出荷量（全国）

品目	作付面積	10ａ当たり収量	収穫量	出荷量	対前年産比				(参考)対平均収量比
					作付面積	10ａ当たり収量	収穫量	出荷量	
	ha	kg	t	t	%	%	%	%	%
きゅうり	**10,300**	**5,320**	**548,100**	**474,700**	**97**	**103**	**100**	**100**	**105**
冬春	2,720	10,700	290,100	272,100	99	99	97	97	104
夏秋	7,580	3,400	258,000	202,600	97	106	102	104	107

(12) な　す

図13　なすの作付面積、収穫量及び出荷量の推移

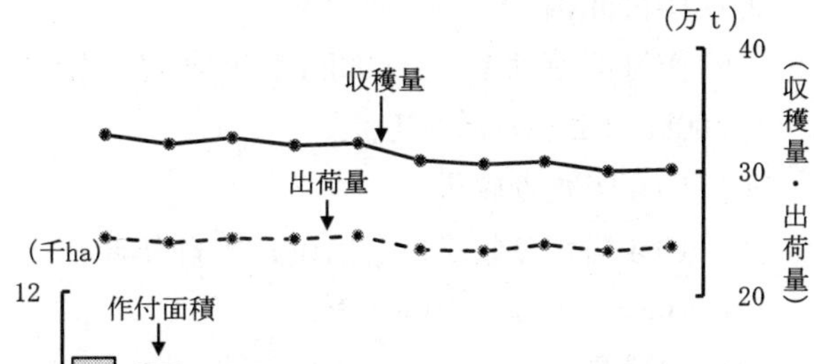

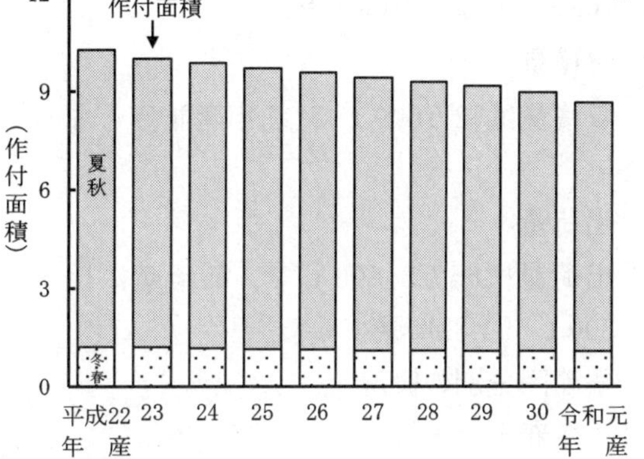

ア　作付面積

作付面積は8,650haで、前年産に比べ320ha（４％）減少した。

イ　10ａ当たり収量

10ａ当たり収量は3,490kgで、前年産に比べ140kg（４％）上回った。

ウ　収穫量

収穫量は30万1,700ｔで、前年産並みとなった。

エ　出荷量

出荷量は23万9,500ｔで、前年産に比べ3,400ｔ（１％）増加した。

オ　季節区分別の概況

(ｱ)　冬春なす

作付面積は1,070haで、前年産に比べ10ha（１％）減少した。

10ａ当たり収量は１万1,200kgで、前年産に比べ400kg（４％）上回った。

収穫量は11万9,700ｔ、出荷量は11万2,900ｔで、前年産に比べそれぞれ2,800ｔ（２％）、2,600ｔ（２％）増加した。

(ｲ)　夏秋なす

作付面積は7,580haで、前年産に比べ310a（４％）減少した。これは、生産者の高齢化により作付け中止や規模縮小等があったためである。

10ａ当たり収量は2,400kgで、前年産に比べ70kg（３％）上回った。

収穫量は18万2,000ｔで前年産に比べ1,500ｔ（１％）減少し、出荷量は12万6,500ｔで前年産に比べ700ｔ（１％）増加した。

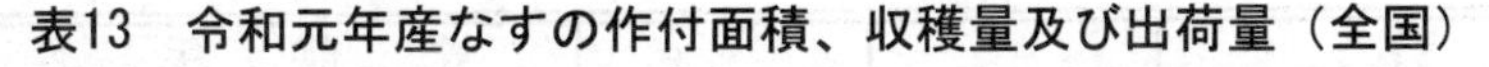

表13　令和元年産なすの作付面積、収穫量及び出荷量（全国）

品目	作付面積	10ａ当たり収量	収穫量	出荷量	対前年産比 作付面積	対前年産比 10ａ当たり収量	対前年産比 収穫量	対前年産比 出荷量	(参考)対平均収量比
	ha	kg	t	t	%	%	%	%	%
なす	**8,650**	**3,490**	**301,700**	**239,500**	**96**	**104**	**100**	**101**	**105**
冬春	1,070	11,200	119,700	112,900	99	104	102	102	107
夏秋	7,580	2,400	182,000	126,500	96	103	99	101	102

(13) トマト

ア　作付面積

作付面積は１万1,600haで、前年産に比べ200ha（２%）減少した。

イ　10ａ当たり収量

10ａ当たり収量は6,210kgで、前年産に比べ70kg（１%）上回った。

ウ　収穫量

収穫量は72万600ｔで、前年産並みとなった。

エ　出荷量

出荷量は65万3,800ｔで、前年産に比べ3,300ｔ（１%）減少した。

オ　季節区分別の概況

図14　トマトの作付面積、収穫量及び出荷量の推移

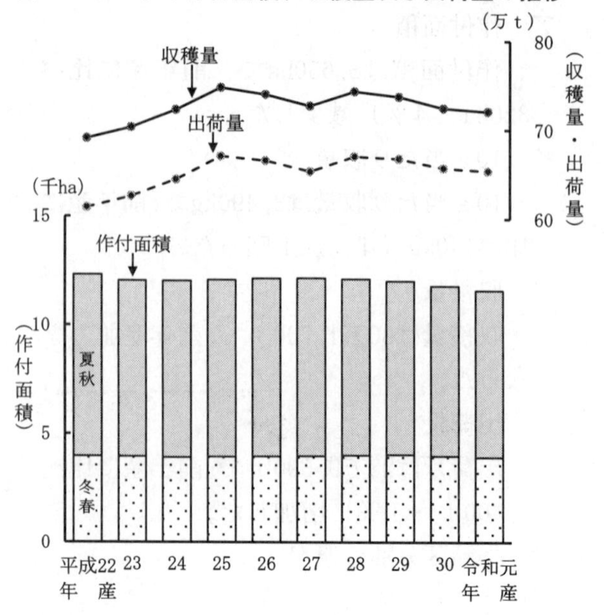

(ｱ)　冬春トマト

作付面積は3,920haで、前年産に比べ50ha（１%）減少した。

10ａ当たり収量は１万200kgで、前年産に比べ100kg（１%）下回った。

収穫量は40万400ｔ、出荷量は37万9,600ｔで、前年産に比べそれぞれ9,200ｔ（２%）、9,200ｔ（２%）減少した。

(ｲ)　夏秋トマト

作付面積は7,660haで、前年産に比べ150ha（２%）減少した。

10ａ当たり収量は4,180kgで、前年産に比べ150kg（４%）増加した。

収穫量は32万200ｔ、出荷量は27万4,200ｔで、前年産に比べそれぞれ5,600ｔ（２%）、5,900ｔ（２%）増加した。

表14　令和元年産トマトの作付面積、収穫量及び出荷量（全国）

品目	作付面積	10ａ当たり収量	収穫量	出荷量	対前年産比 作付面積	対前年産比 10ａ当たり収量	対前年産比 収穫量	対前年産比 出荷量	(参考)対平均収量比
	ha	kg	t	t	%	%	%	%	%
トマト	**11,600**	**6,210**	**720,600**	**653,800**	**98**	**101**	**100**	**99**	**102**
冬春	3,920	10,200	400,400	379,600	99	99	98	98	103
夏秋	7,660	4,180	320,200	274,200	98	104	102	102	99

(14) ピーマン

ア　作付面積

作付面積は3,200haで、前年産に比べ20ha（１％）減少した。

イ　10ａ当たり収量

10ａ当たり収量は4,550kgで、前年産に比べ190kg（４％）上回った。

ウ　収穫量

収穫量は14万5,700ｔで、前年産に比べ5,500ｔ（４％）増加した。

エ　出荷量

出荷量は12万9,500ｔで、前年産に比べ5,000ｔ（４％）増加した。

図15　ピーマンの作付面積、収穫量及び出荷量の推移

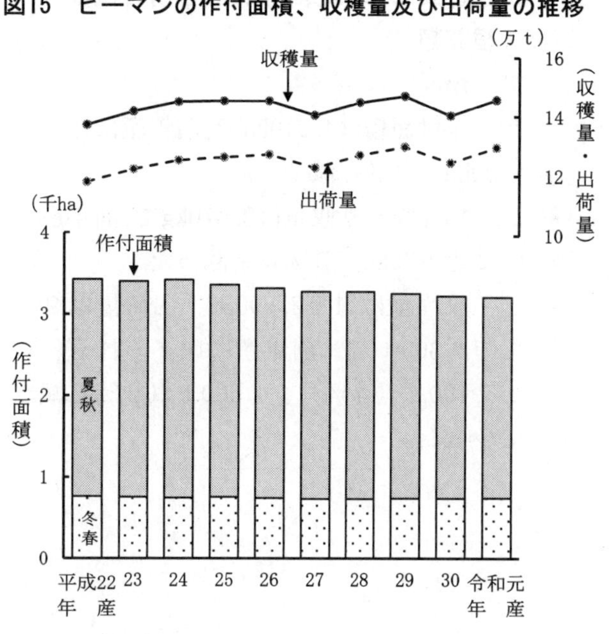

オ　季節区分別の概況

(ア)　冬春ピーマン

作付面積は745haで、前年産に比べ４ha（１％）増加した。

10ａ当たり収量は１万500kgで、前年産に比べ300kg（３％）上回った。

収穫量は７万8,200ｔ、出荷量は７万4,000ｔで、前年産に比べそれぞれ2,300t（３％）、2,100ｔ（３％）増加した。

(イ)　夏秋ピーマン

作付面積は2,460haで、前年産に比べ20ha（１％）減少した。

10ａ当たり収量は2,750kgで、前年産に比べ150kg（６％）上回った。これは、おおむね天候に恵まれ生育が良好であったためである。

収穫量は６万7,600ｔ、出荷量は５万5,600ｔで、前年産に比べそれぞれ3,200ｔ（５％）、3,000ｔ（６％）増加した。

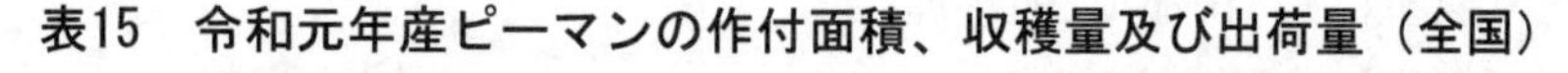

表15　令和元年産ピーマンの作付面積、収穫量及び出荷量（全国）

品目	作付面積	10ａ当たり収量	収穫量	出荷量	対前年産比				（参考）対平均収量比
					作付面積	10ａ当たり収量	収穫量	出荷量	
	ha	kg	t	t	%	%	%	%	%
ピーマン	**3,200**	**4,550**	**145,700**	**129,500**	**99**	**104**	**104**	**104**	**104**
冬春	745	10,500	78,200	74,000	101	103	103	103	102
夏秋	2,460	2,750	67,600	55,600	99	106	105	106	104

3 指定野菜に準ずる野菜の品目別の概要

(1) 根菜類

ア かぶ

作付面積は4,210haで、前年産に比べ90ha（２%）減少した。

10ａ当たり収量は2,670kgで、前年産に比べ70kg（３%）下回った。

収穫量は11万2,600ｔ、出荷量は９万3,300ｔで、前年産に比べそれぞれ5,100ｔ（４%）、4,600ｔ（５%）減少した。

図16 かぶの作付面積、収穫量及び出荷量の推移

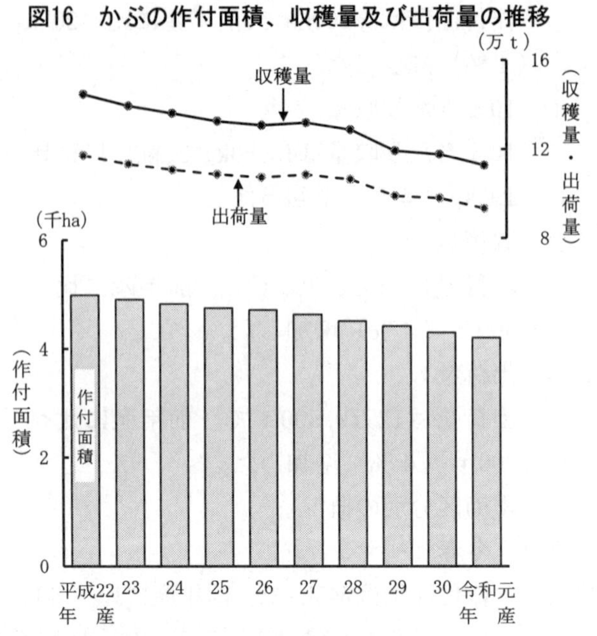

表16 令和元年産かぶの作付面積、収穫量及び出荷量（全国）

品目	作付面積	10ａ当たり収量	収穫量	出荷量	対前年産比				（参考）対平均収量比
					作付面積	10ａ当たり収量	収穫量	出荷量	
	ha	kg	t	t	%	%	%	%	%
かぶ	4,210	2,670	112,600	93,300	98	97	96	95	96

イ ごぼう

作付面積は7,540haで、前年産に比べ170ha（２%）減少した。

10ａ当たり収量は1,810kgで、前年産に比べ60kg（３%）上回った。

収穫量は13万6,800ｔ、出荷量は11万9,400ｔで、前年産に比べそれぞれ1,500ｔ（１%）、2,200ｔ（２%）増加した。

図17 ごぼうの作付面積、収穫量及び出荷量の推移

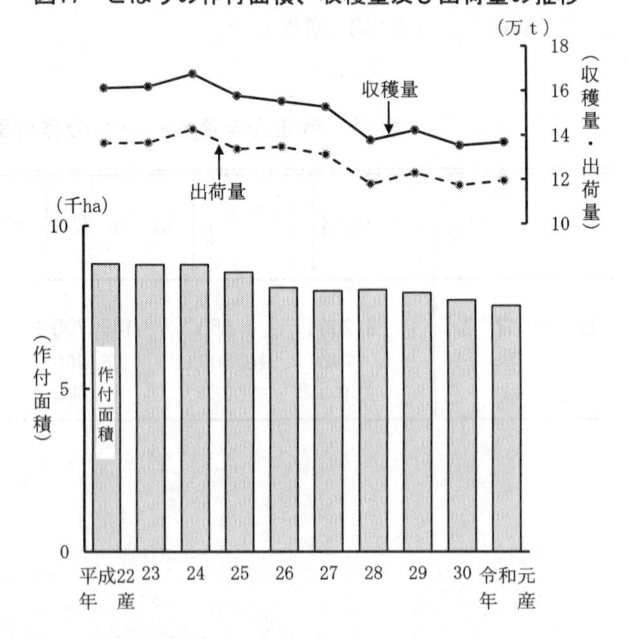

表17 令和元年産ごぼうの作付面積、収穫量及び出荷量（全国）

品目	作付面積	10ａ当たり収量	収穫量	出荷量	対前年産比				（参考）対平均収量比
					作付面積	10ａ当たり収量	収穫量	出荷量	
	ha	kg	t	t	%	%	%	%	%
ごぼう	7,540	1,810	136,800	119,400	98	103	101	102	98

ウ　れんこん

作付面積は3,910haで、前年産に比べ90ha（２％）減少した。

10ａ当たり収量は1,350kgで、前年産に比べ180kg（12％）下回った。

これは、茨城県等において、台風の影響により茎葉の損傷が発生し、肥大が抑制されたためである。

収穫量は５万2,700ｔ、出荷量は４万4,500ｔで、前年産に比べそれぞれ8,600ｔ（14％）、7,100ｔ（14％）減少した。

図18　れんこんの作付面積、収穫量及び出荷量の推移

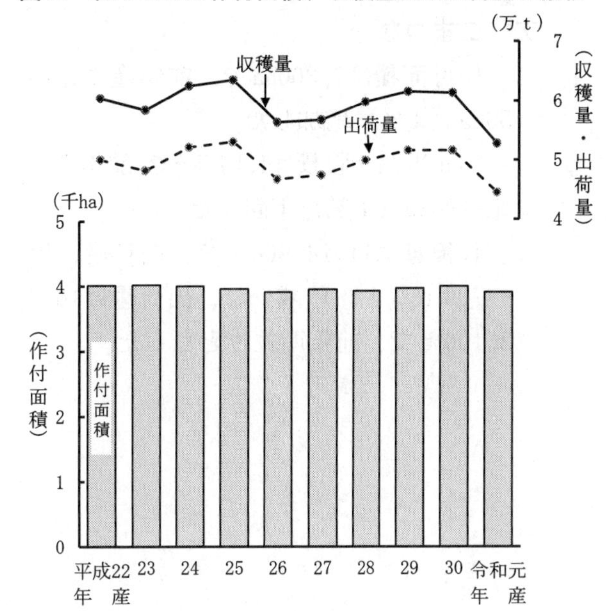

表18　令和元年産れんこんの作付面積、収穫量及び出荷量（全国）

品目	作付面積	10ａ当たり収量	収穫量	出荷量	対前年産比				(参考)対平均収量比
					作付面積	10ａ当たり収量	収穫量	出荷量	
	ha	kg	t	t	%	%	%	%	%
れんこん	3,910	1,350	52,700	44,500	98	88	86	86	89

エ　やまのいも

作付面積は7,130haで、前年産並みとなった。

10ａ当たり収量は2,420kgで、前年産に比べ210kg（10％）上回った。

これは、北海道において、おおむね天候に恵まれ生育が良好であったためである。

収穫量は17万2,700ｔ、出荷量は14万5,500ｔで、前年産に比べそれぞれ１万5,300ｔ（10％）、１万1,100ｔ（８％）増加した。

図19　やまのいもの作付面積、収穫量及び出荷量の推移

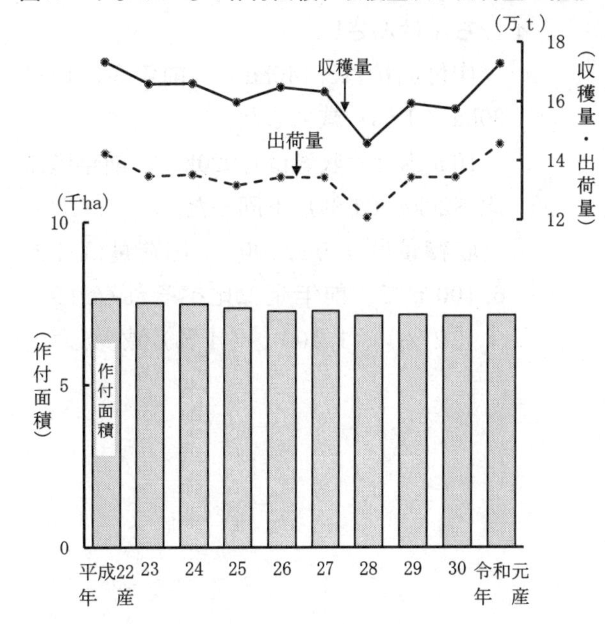

表19　令和元年産やまのいもの作付面積、収穫量及び出荷量（全国）

品目	作付面積	10ａ当たり収量	収穫量	出荷量	対前年産比				(参考)対平均収量比
					作付面積	10ａ当たり収量	収穫量	出荷量	
	ha	kg	t	t	%	%	%	%	%
やまのいも	7,130	2,420	172,700	145,500	100	110	110	108	110

(2) 葉茎菜類

ア　こまつな

作付面積は7,300haで、前年産に比べ50ha（１%）増加した。

10ａ当たり収量は1,570kgで、前年産に比べ20kg（１%）下回った。

収穫量は11万4,900ｔで、前年産に比べ700ｔ（１%）減少し、出荷量は10万2,100ｔで、前年産並みとなった。

図20　こまつなの作付面積、収穫量及び出荷量の推移

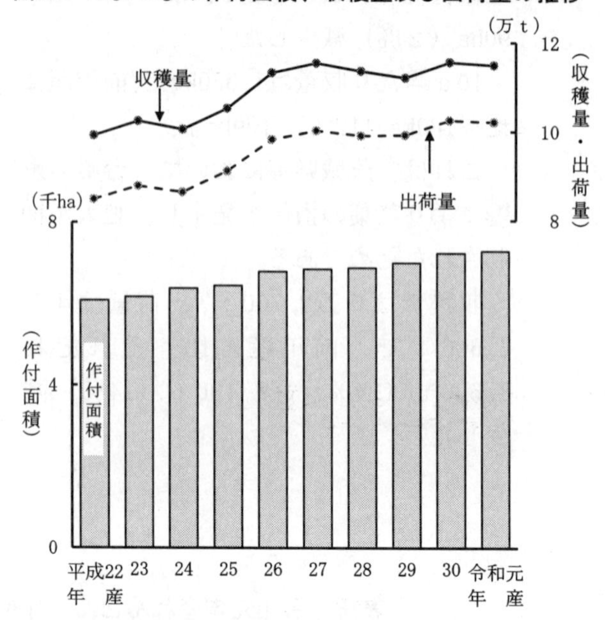

表20　令和元年産こまつなの作付面積、収穫量及び出荷量（全国）

品目	作付面積	10ａ当たり収量	収穫量	出荷量	対前年産比				（参考）対平均収量比
					作付面積	10ａ当たり収量	収穫量	出荷量	
	ha	kg	t	t	%	%	%	%	%
こまつな	7,300	1,570	114,900	102,100	101	99	99	100	96

イ　ちんげんさい

作付面積は2,140haで、前年産に比べ30ha（１%）減少した。

10ａ当たり収量は1,920kgで、前年産に比べ20kg（１%）下回った。

収穫量は４万1,100ｔ、出荷量は３万6,100ｔで、前年産に比べそれぞれ900ｔ（２%）、1,400ｔ（４%）減少した。

図21　ちんげんさいの作付面積、収穫量及び出荷量の推移

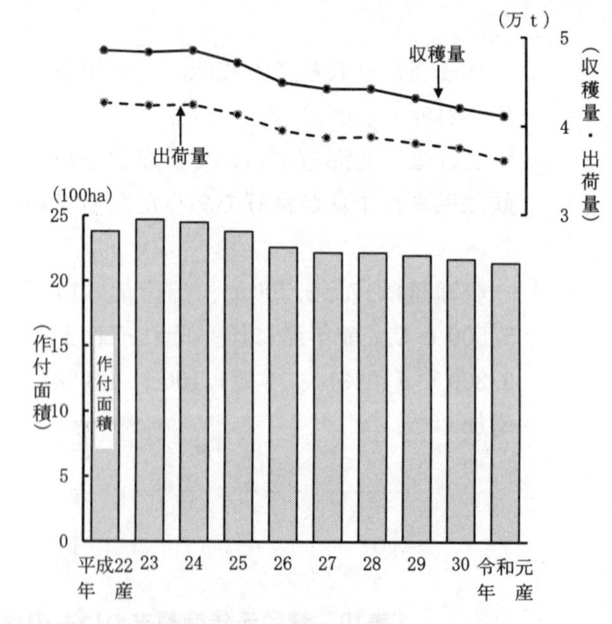

表21　令和元年産ちんげんさいの作付面積、収穫量及び出荷量（全国）

品目	作付面積	10ａ当たり収量	収穫量	出荷量	対前年産比				（参考）対平均収量比
					作付面積	10ａ当たり収量	収穫量	出荷量	
	ha	kg	t	t	%	%	%	%	%
ちんげんさい	2,140	1,920	41,100	36,100	99	99	98	96	97

ウ　ふき

作付面積は518haで、前年産に比べ20ha（４％）減少した。

これは、生産者の高齢化により作付け中止や規模縮小があったためである。

10ａ当たり収量は1,800kgで、前年産に比べ100kg（５％）下回った。

これは、群馬県で、４月から５月の少雨により、葉柄の生育が抑制されたためである。

収穫量は9,300ｔ、出荷量は7,850ｔで、前年産に比べそれぞれ900ｔ（９％）、710ｔ（８％）減少した。

図22　ふきの作付面積、収穫量及び出荷量の推移

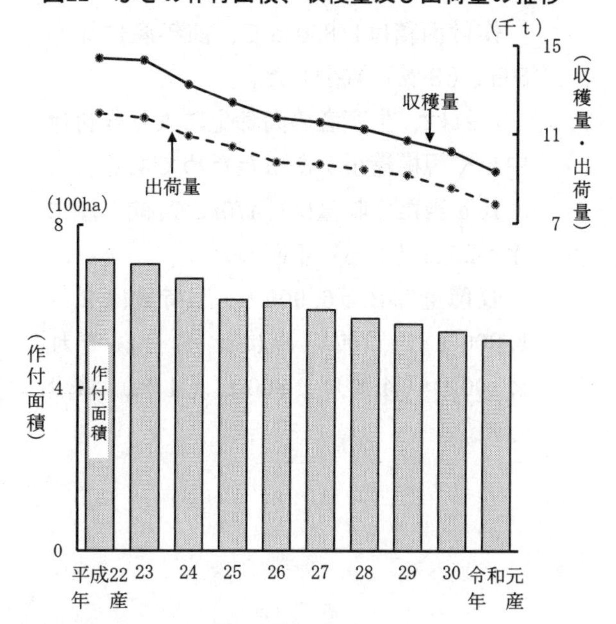

表22　令和元年産ふきの作付面積、収穫量及び出荷量（全国）

品目	作付面積	10ａ当たり収量	収穫量	出荷量	対前年産比				(参考)対平均収量比
					作付面積	10ａ当たり収量	収穫量	出荷量	
	ha	kg	t	t	%	%	%	%	%
ふき	518	1,800	9,300	7,850	96	95	91	92	93

エ　みつば

作付面積は891haで、前年産に比べ40ha（４％）減少した。

これは、生産者の高齢化により作付け中止や規模縮小があったためである。

10ａ当たり収量は1,570kgで、前年産に比べ40kg（２％）下回った。

収穫量は１万4,000ｔ、出荷量は１万3,200ｔで、前年産に比べそれぞれ1,000ｔ（７％）、800ｔ（６％）減少した。

図23　みつばの作付面積、収穫量及び出荷量の推移

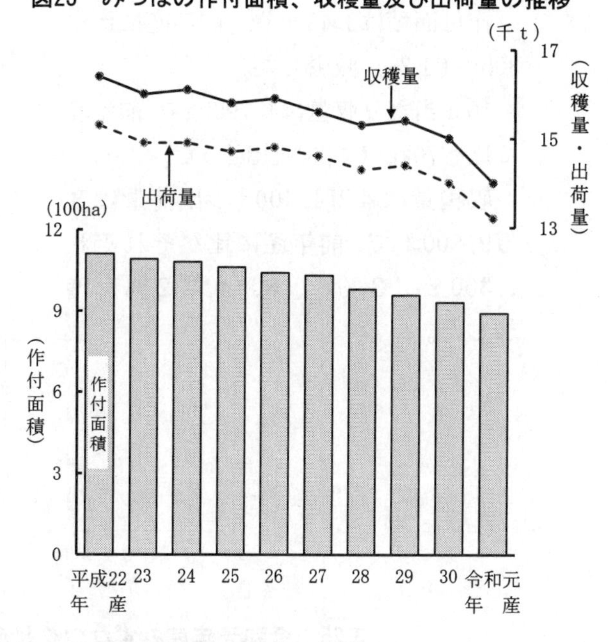

表23　令和元年産みつばの作付面積、収穫量及び出荷量（全国）

品目	作付面積	10ａ当たり収量	収穫量	出荷量	対前年産比				(参考)対平均収量比
					作付面積	10ａ当たり収量	収穫量	出荷量	
	ha	kg	t	t	%	%	%	%	%
みつば	891	1,570	14,000	13,200	96	98	93	94	102

オ　しゅんぎく

作付面積は1,830haで、前年産に比べ50ha（３％）減少した。

これは、生産者の高齢化により作付け中止や規模縮小があったためである。

10ａ当たり収量は1,470kgで、前年産に比べ20kg（１％）下回った。

収穫量は２万6,900ｔ、出荷量は２万1,800ｔで、前年産に比べそれぞれ1,100ｔ（４％）、800ｔ（４％）減少した。

図24　しゅんぎくの作付面積、収穫量及び出荷量の推移

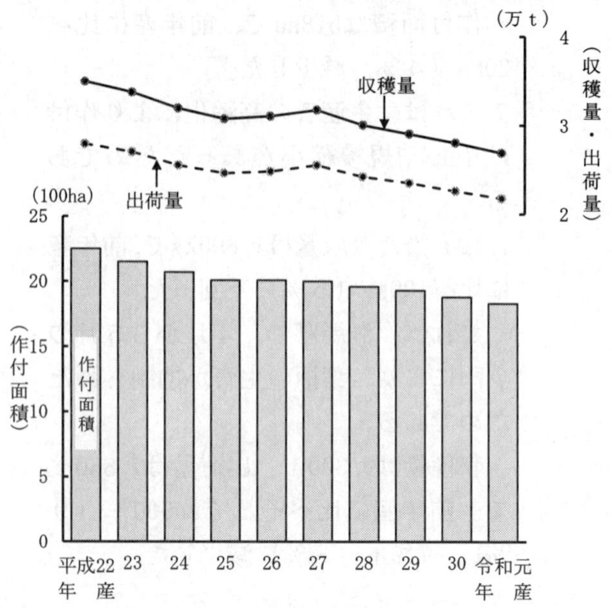

表24　令和元年産しゅんぎくの作付面積、収穫量及び出荷量（全国）

品　目	作付面積	10ａ当たり収量	収穫量	出荷量	対前年産比				(参考)対平均収量比
					作付面積	10ａ当たり収量	収穫量	出荷量	
	ha	kg	t	t	%	%	%	%	%
しゅんぎく	1,830	1,470	26,900	21,800	97	99	96	96	96

カ　みずな

作付面積は2,480haで、前年産に比べ30ha（１％）減少した。

10ａ当たり収量は1,790kgで、前年産に比べ70kg（４％）上回った。

収穫量は４万4,400ｔ、出荷量は３万9,800ｔで、前年産に比べそれぞれ1,300ｔ（３％）、800ｔ（２％）増加した。

図25　みずなの作付面積、収穫量及び出荷量の推移

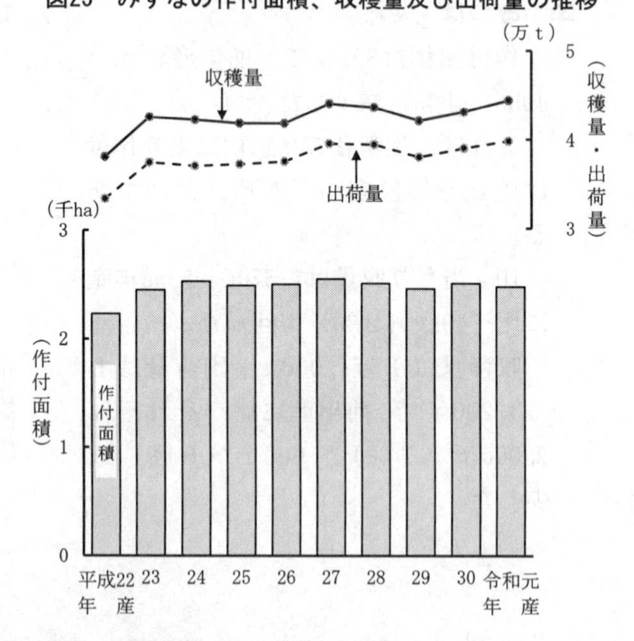

表25　令和元年産みずなの作付面積、収穫量及び出荷量（全国）

品　目	作付面積	10ａ当たり収量	収穫量	出荷量	対前年産比				(参考)対平均収量比
					作付面積	10ａ当たり収量	収穫量	出荷量	
	ha	kg	t	t	%	%	%	%	%
みずな	2,480	1,790	44,400	39,800	99	104	103	102	105

キ　セルリー

作付面積は552haで、前年産に比べ21ha（４％）減少した。

これは、生産者の高齢化により作付け中止や規模縮小があったためである。

10ａ当たり収量は5,690kgで、前年産に比べ260kg（５％）上回った。

これは、おおむね天候に恵まれ生育が良好であったためである。

収穫量は３万1,400ｔ、出荷量は３万ｔで、前年産に比べそれぞれ300ｔ（１％）、500ｔ（２％）増加した。

図26　セルリーの作付面積、収穫量及び出荷量の推移

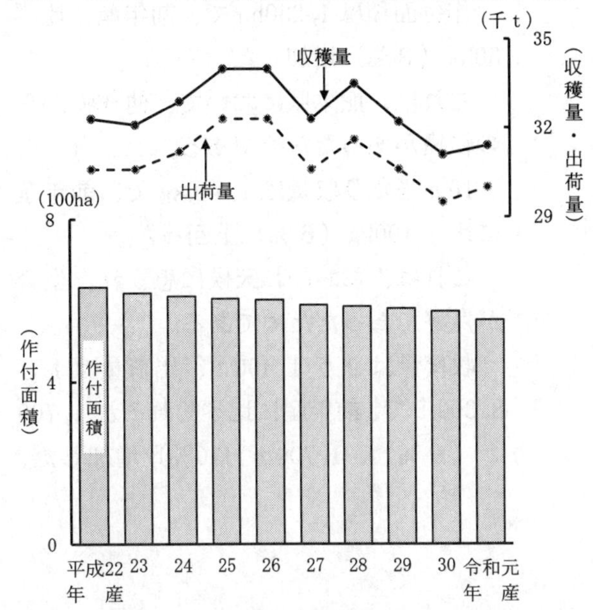

表26　令和元年産セルリーの作付面積、収穫量及び出荷量（全国）

品目	作付面積	10ａ当たり収量	収穫量	出荷量	対前年産比 作付面積	10ａ当たり収量	収穫量	出荷量	（参考）対平均収量比
	ha	kg	t	t	%	%	%	%	%
セルリー	552	5,690	31,400	30,000	96	105	101	102	103

ク　アスパラガス

作付面積は5,010haで、前年産に比べ160ha（３％）減少した。

これは、生産者の高齢化により作付け中止や他野菜への転換があったためである。

10ａ当たり収量は535kgで、前年産に比べ22kg（４％）上回った。

収穫量は２万6,800ｔ、出荷量は２万3,600ｔで、前年産に比べそれぞれ300ｔ（１％）、400ｔ（２％）増加した。

図27　アスパラガスの作付面積、収穫量及び出荷量の推移

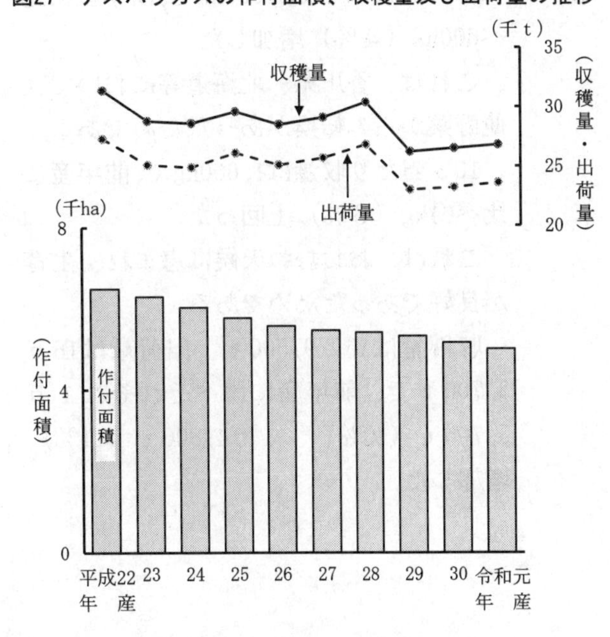

表27　令和元年産アスパラガスの作付面積、収穫量及び出荷量（全国）

品目	作付面積	10ａ当たり収量	収穫量	出荷量	対前年産比 作付面積	10ａ当たり収量	収穫量	出荷量	（参考）対平均収量比
	ha	kg	t	t	%	%	%	%	%
アスパラガス	5,010	535	26,800	23,600	97	104	101	102	104

ケ　カリフラワー

作付面積は1,230haで、前年産に比べ30ha（３％）増加した。

これは、熊本県において、他作物からの転換があったためである。

10ａ当たり収量は1,740kgで、前年産に比べ100kg（６％）上回った。

これは、おおむね天候に恵まれ、生育が良好であったためである。

収穫量は２万1,400ｔ、出荷量は１万8,300ｔで、前年産に比べそれぞれ1,700ｔ（９％）、1,700ｔ（10％）増加した。

図28　カリフラワーの作付面積、収穫量及び出荷量の推移

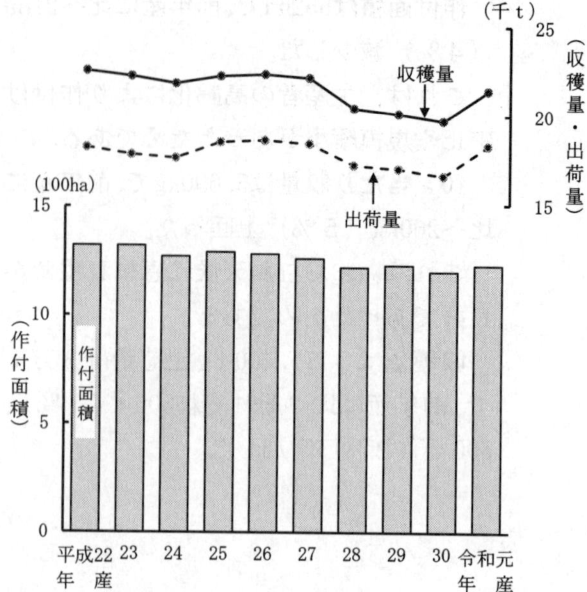

表28　令和元年産カリフラワーの作付面積、収穫量及び出荷量（全国）

品　目	作付面積	10ａ当たり収量	収穫量	出荷量	対前年産比 作付面積	対前年産比 10ａ当たり収量	対前年産比 収穫量	対前年産比 出荷量	（参考）対平均収量比
	ha	kg	t	t	%	%	%	%	%
カリフラワー	1,230	1,740	21,400	18,300	103	106	109	110	102

コ　ブロッコリー

作付面積は１万6,000haで、前年産に比べ600ha（４％）増加した。

これは、香川県、北海道等において、他野菜からの転換があったためである。

10ａ当たり収量は1,060kgで、前年産に比べ61kg（６％）上回った。

これは、おおむね天候に恵まれ、生育が良好であったためである。

収穫量は16万9,500ｔ、出荷量は15万3,700ｔで、前年産に比べそれぞれ１万5,700ｔ（10％）、１万4,800ｔ（11％）増加した。

図29　ブロッコリーの作付面積、収穫量及び出荷量の推移

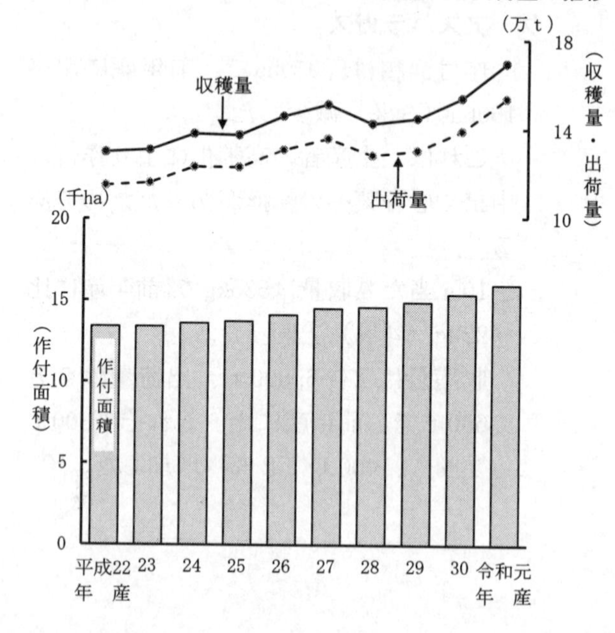

表29　令和元年産ブロッコリーの作付面積、収穫量及び出荷量（全国）

品　目	作付面積	10ａ当たり収量	収穫量	出荷量	対前年産比 作付面積	対前年産比 10ａ当たり収量	対前年産比 収穫量	対前年産比 出荷量	（参考）対平均収量比
	ha	kg	t	t	%	%	%	%	%
ブロッコリー	16,000	1,060	169,500	153,700	104	106	110	111	106

サ　にら

作付面積は2,000haで、前年産に比べ20ha（1％）減少した。

10ａ当たり収量は2,920kgで、前年産に比べ20kg（1％）上回った。

収穫量は5万8,300ｔ、出荷量は5万2,900ｔで、それぞれ前年産並みとなった。

図30　にらの作付面積、収穫量及び出荷量の推移

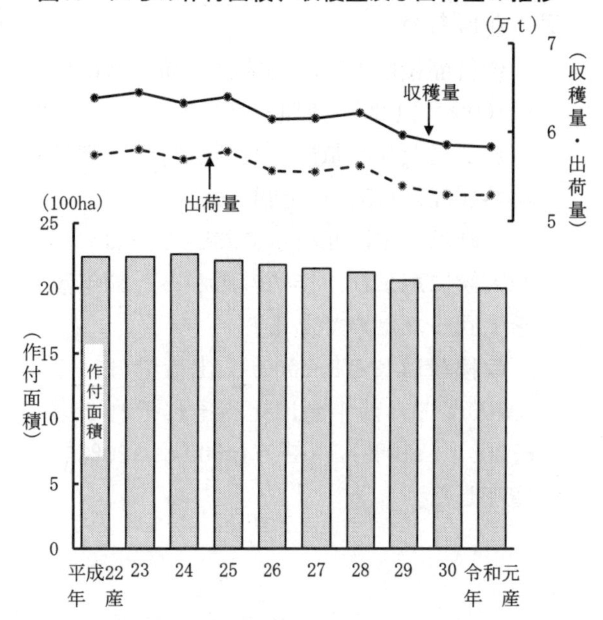

表30　令和元年産にらの作付面積、収穫量及び出荷量（全国）

品目	作付面積	10ａ当たり収量	収穫量	出荷量	対前年産比				（参考）対平均収量比
					作付面積	10ａ当たり収量	収穫量	出荷量	
	ha	kg	t	t	%	%	%	%	%
にら	2,000	2,920	58,300	52,900	99	101	100	100	102

シ　にんにく

作付面積は2,510haで、前年産に比べ40ha（2％）増加した。

10ａ当たり収量は829kgで、前年産に比べ11kg（1％）上回った。

収穫量は2万800ｔ、出荷量は1万5,000ｔで、前年産に比べそれぞれ600ｔ（3％）、600ｔ（4％）増加した。

図31　にんにくの作付面積、収穫量及び出荷量の推移

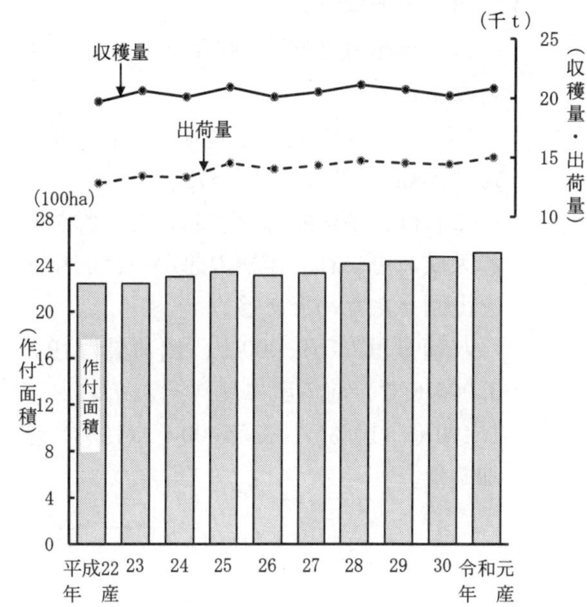

表31　令和元年産にんにくの作付面積、収穫量及び出荷量（全国）

品目	作付面積	10ａ当たり収量	収穫量	出荷量	対前年産比				（参考）対平均収量比
					作付面積	10ａ当たり収量	収穫量	出荷量	
	ha	kg	t	t	%	%	%	%	%
にんにく	2,510	829	20,800	15,000	102	101	103	104	95

(3) 果菜類

ア かぼちゃ

作付面積は１万5,300haで、前年産に比べ100ha（１％）増加した。

10ａ当たり収量は1,210kgで、前年産に比べ160kg（15％）上回った。

これは、主に北海道において、おおむね天候に恵まれ、作柄の悪かった前年産を上回ったためである。

収穫量は18万5,600ｔ、出荷量は14万9,700ｔで、前年産に比べそれぞれ２万6,300ｔ（17％）、２万4,500ｔ（20％）増加した。

図32 かぼちゃの作付面積、収穫量及び出荷量の推移

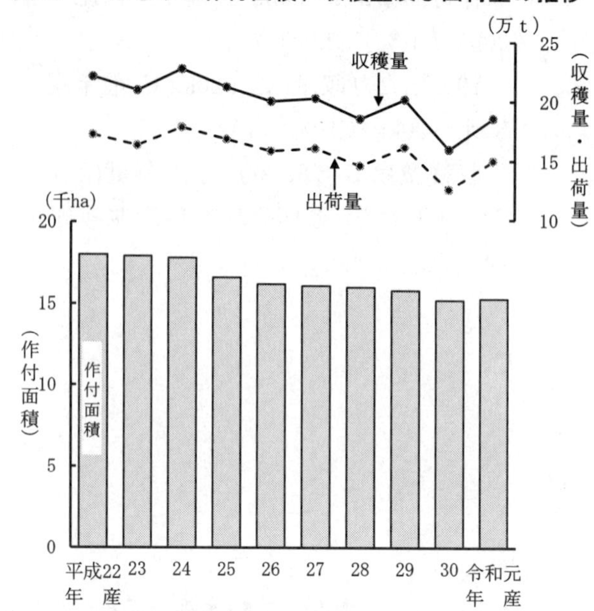

表32 令和元年産かぼちゃの作付面積、収穫量及び出荷量（全国）

品目	作付面積	10ａ当たり収量	収穫量	出荷量	対前年産比 作付面積	対前年産比 10ａ当たり収量	対前年産比 収穫量	対前年産比 出荷量	（参考）対平均収量比
	ha	kg	t	t	%	%	%	%	%
かぼちゃ	15,300	1,210	185,600	149,700	101	115	117	120	98

イ スイートコーン

作付面積は２万3,000haで、前年産並みとなった。

10ａ当たり収量は1,040kgで、前年産に比べ98kg（10％）上回った。

これは、主に北海道において、おおむね天候に恵まれ、作柄の悪かった前年産を上回ったためである。

収穫量は23万9,000ｔ、出荷量は19万5,000ｔで、前年産に比べそれぞれ２万1,400ｔ（10％）、２万600ｔ（12％）増加した。

図33 スイートコーンの作付面積、収穫量及び出荷量の推移

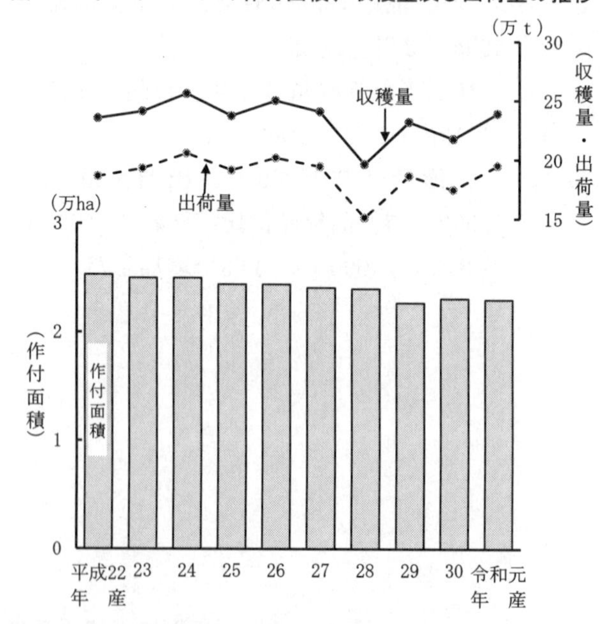

表33 令和元年産スイートコーンの作付面積、収穫量及び出荷量（全国）

品目	作付面積	10ａ当たり収量	収穫量	出荷量	対前年産比 作付面積	対前年産比 10ａ当たり収量	対前年産比 収穫量	対前年産比 出荷量	（参考）対平均収量比
	ha	kg	t	t	%	%	%	%	%
スイートコーン	23,000	1,040	239,000	195,000	100	110	110	112	105

ウ　さやいんげん

作付面積は5,190haで、前年産に比べ140ha（３％）減少した。

これは、生産者の高齢化により作付け中止や規模縮小があったためである。

10ａ当たり収量は738kgで、前年産に比べ36kg（５％）上回った。

これは、主に北海道において、おおむね天候に恵まれ、作柄の悪かった前年産を上回ったためである。

収穫量は３万8,300ｔ、出荷量は２万5,800ｔで、前年産に比べそれぞれ900ｔ（２％）、900ｔ（４％）増加した。

図34　さやいんげんの作付面積、収穫量及び出荷量の推移

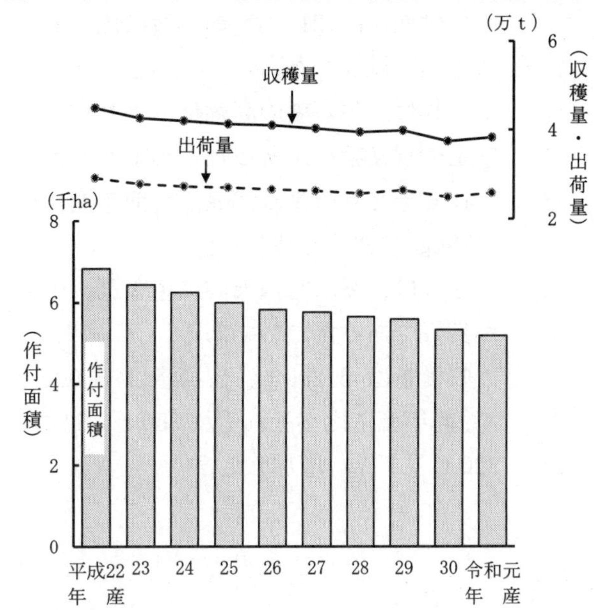

表34　令和元年産さやいんげんの作付面積、収穫量及び出荷量（全国）

品目	作付面積	10ａ当たり収量	収穫量	出荷量	対前年産比				(参考) 対平均収量比
					作付面積	10ａ当たり収量	収穫量	出荷量	
	ha	kg	t	t	%	%	%	%	%
さやいんげん	5,190	738	38,300	25,800	97	105	102	104	106

エ　さやえんどう

作付面積は2,870haで、前年産に比べ40ha（１％）減少した。

10ａ当たり収量は697kgで、前年産に比べ23kg（３％）上回った。

収穫量は２万ｔ、出荷量は１万2,800ｔで、前年産に比べそれぞれ400ｔ（２％）、300ｔ（２％）増加した。

図35　さやえんどうの作付面積、収穫量及び出荷量の推移

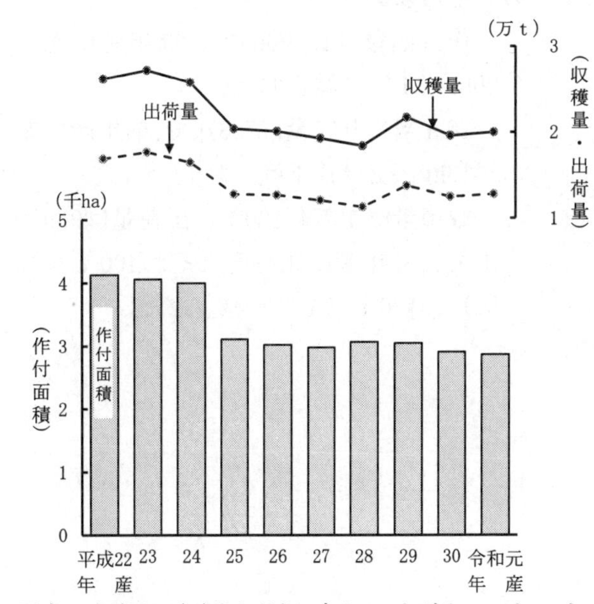

注：　平成24年産までさやえんどうに含めていたグリーンピースを平成25年産からさやえんどうと区分した。

表35　令和元年産さやえんどうの作付面積、収穫量及び出荷量（全国）

品目	作付面積	10ａ当たり収量	収穫量	出荷量	対前年産比				(参考) 対平均収量比
					作付面積	10ａ当たり収量	収穫量	出荷量	
	ha	kg	t	t	%	%	%	%	%
さやえんどう	2,870	697	20,000	12,800	99	103	102	102	105

オ グリーンピース

作付面積は731haで、前年産に比べ29ha（４%）減少した。

これは、生産者の高齢化により作付け中止や規模縮小があったためである。

10ａ当たり収量は860kgで、前年産に比べ78kg（10%）上回った。

これは、おおむね天候に恵まれ、生育が良好であったためである。

収穫量は 6,290ｔ、出荷量は 5,000ｔで、前年産に比べそれぞれ350ｔ（６%）、320ｔ（７%）増加した。

図36 グリーンピースの作付面積、収穫量及び出荷量の推移

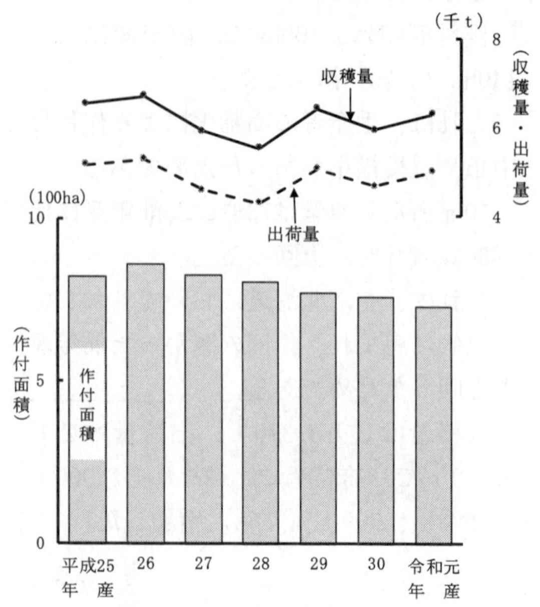

注： 平成24年産までさやえんどうに含めていたグリーンピースを平成25年産からさやえんどうと区分した。

表36 令和元年産グリーンピースの作付面積、収穫量及び出荷量（全国）

品目	作付面積	10ａ当たり収量	収穫量	出荷量	対前年産比				（参考）対平均収量比
					作付面積	10ａ当たり収量	収穫量	出荷量	
	ha	kg	t	t	%	%	%	%	%
グリーンピース	731	860	6,290	5,000	96	110	106	107	112

カ そらまめ

作付面積は1,790haで、前年産に比べ20ha（１%）減少した。

10ａ当たり収量は788kgで、前年産に比べ13kg（２%）下回った。

収穫量は１万4,100ｔ、出荷量は9,970ｔで、前年産に比べそれぞれ400ｔ（３%）、130ｔ（１%）減少した。

図37 そらまめの作付面積、収穫量及び出荷量の推移

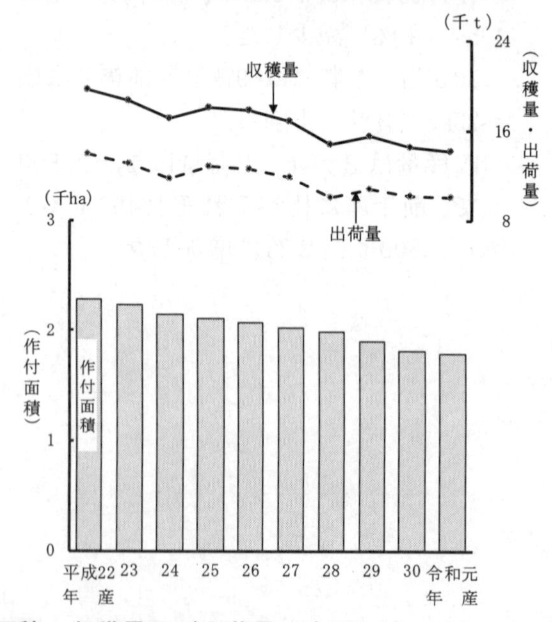

表37 令和元年産そらまめの作付面積、収穫量及び出荷量（全国）

品目	作付面積	10ａ当たり収量	収穫量	出荷量	対前年産比				（参考）対平均収量比
					作付面積	10ａ当たり収量	収穫量	出荷量	
	ha	kg	t	t	%	%	%	%	%
そらまめ	1,790	788	14,100	9,970	99	98	97	99	96

キ　えだまめ

作付面積は１万3,000haで、前年産に比べ200ha（２％）増加した。

10ａ当たり収量は508kgで、前年産に比べ10kg（２％）上回った。

収穫量は６万6,100ｔ、出荷量は５万500ｔで、前年産に比べそれぞれ2,300ｔ（４％）、1,800ｔ（４％）増加した。

図38　えだまめの作付面積、収穫量及び出荷量の推移

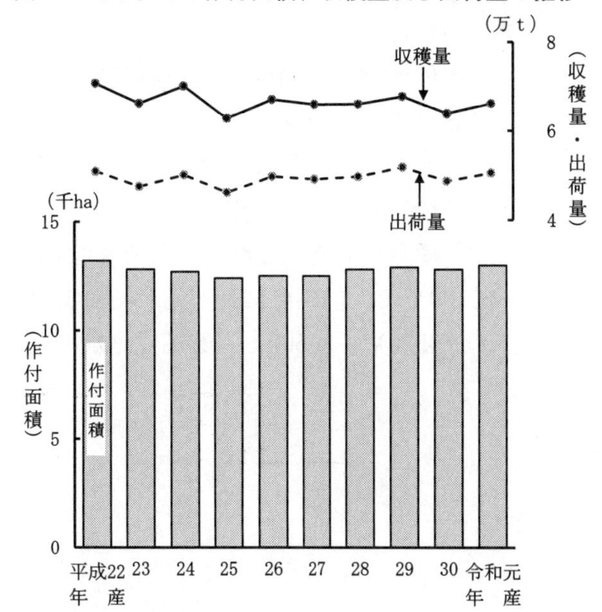

表38　令和元年産えだまめの作付面積、収穫量及び出荷量（全国）

品　目	作付面積	10ａ当たり収量	収穫量	出荷量	対前年産比				(参考)対平均収量比
					作付面積	10ａ当たり収量	収穫量	出荷量	
	ha	kg	t	t	%	%	%	%	%
えだまめ	13,000	508	66,100	50,500	102	102	104	104	97

(4)　香辛野菜

しょうが

作付面積は1,740haで、前年産に比べ10ha（１％）減少した。

10ａ当たり収量は2,670kgで、前年産並みとなった。

収穫量は４万6,500ｔ、出荷量は３万6,400ｔで、それぞれ前年産並みとなった。

図39　しょうがの作付面積、収穫量及び出荷量の推移

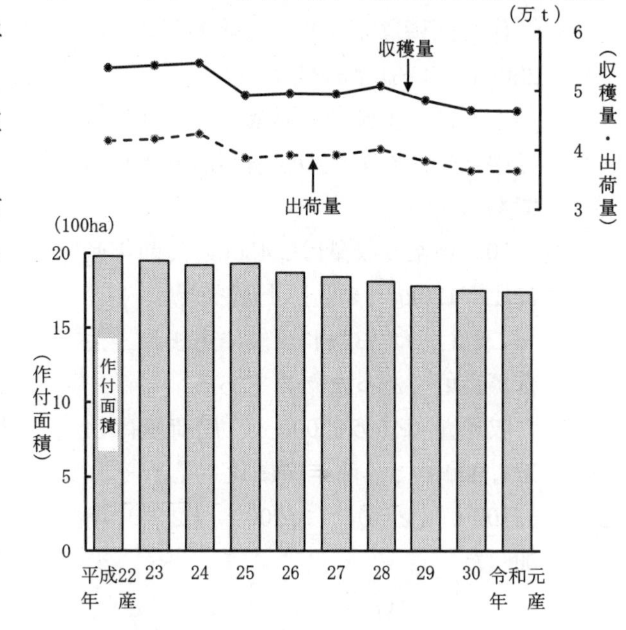

表39　令和元年産しょうがの作付面積、収穫量及び出荷量（全国）

品　目	作付面積	10ａ当たり収量	収穫量	出荷量	対前年産比				(参考)対平均収量比
					作付面積	10ａ当たり収量	収穫量	出荷量	
	ha	kg	t	t	%	%	%	%	%
しょうが	1,740	2,670	46,500	36,400	99	100	100	100	99

(5) 果実的野菜

ア いちご

作付面積は5,110haで、前年産に比べ90ha（２%）減少した。

10ａ当たり収量は3,230kgで、前年産に比べ120kg（４%）上回った。

収穫量は16万5,200ｔ、出荷量は15万2,100ｔで、前年産に比べそれぞれ3,400ｔ（２%）、3,500ｔ（２%）増加した。

図40 いちごの作付面積、収穫量及び出荷量の推移

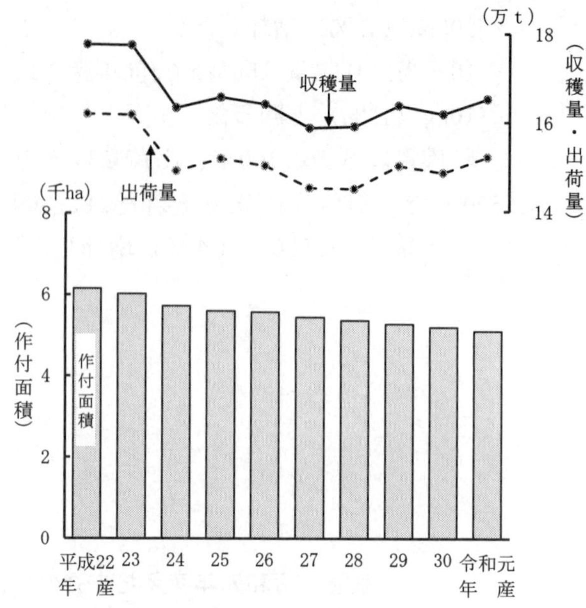

表40 令和元年産いちごの作付面積、収穫量及び出荷量（全国）

品目	作付面積	10ａ当たり収量	収穫量	出荷量	対前年産比				(参考)対平均収量比
					作付面積	10ａ当たり収量	収穫量	出荷量	
	ha	kg	t	t	%	%	%	%	%
いちご	5,110	3,230	165,200	152,100	98	104	102	102	109

イ メロン

作付面積は6,410haで、前年産に比べ220ha（３%）減少した。

これは、生産者の高齢化により作付け中止や他野菜への転換があったためである。

10ａ当たり収量は2,430kgで、前年産に比べ120kg（５%）上回った。

これは、おおむね天候に恵まれ、生育が良好であったためである。

収穫量は15万6,000ｔ、出荷量は14万1,900ｔで、前年産に比べそれぞれ3,100ｔ（２%）、3,200ｔ（２%）増加した。

図41 メロンの作付面積、収穫量及び出荷量の推移

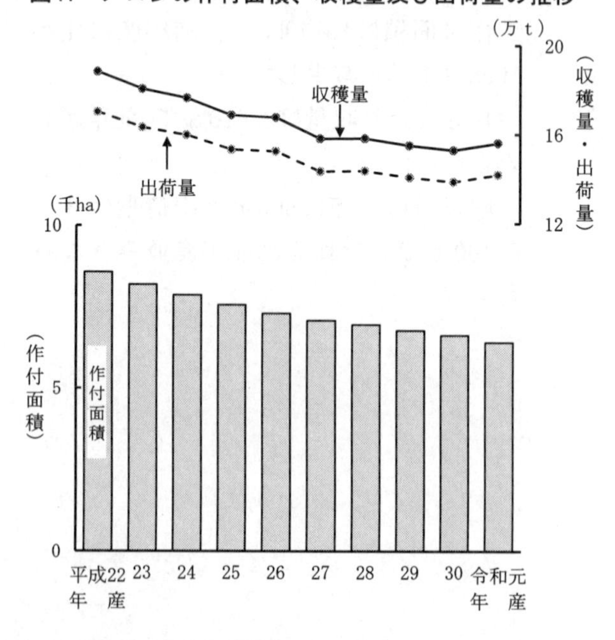

表41 令和元年産メロンの作付面積、収穫量及び出荷量（全国）

品目	作付面積	10ａ当たり収量	収穫量	出荷量	対前年産比				(参考)対平均収量比
					作付面積	10ａ当たり収量	収穫量	出荷量	
	ha	kg	t	t	%	%	%	%	%
メロン	6,410	2,430	156,000	141,900	97	105	102	102	107

ウ　すいか

作付面積は9,640haで、前年産に比べ330ha（３％）減少した。

これは、生産者の高齢化により作付け中止や規模縮小があったためである。

10ａ当たり収量は3,360kgで、前年産に比べ140kg（４％）上回った。

収穫量は32万4,200ｔ、出荷量は27万9,100ｔで、前年産に比べそれぞれ3,600t　（１％）、2,600ｔ（１％）増加した。

図42　すいかの作付面積、収穫量及び出荷量の推移

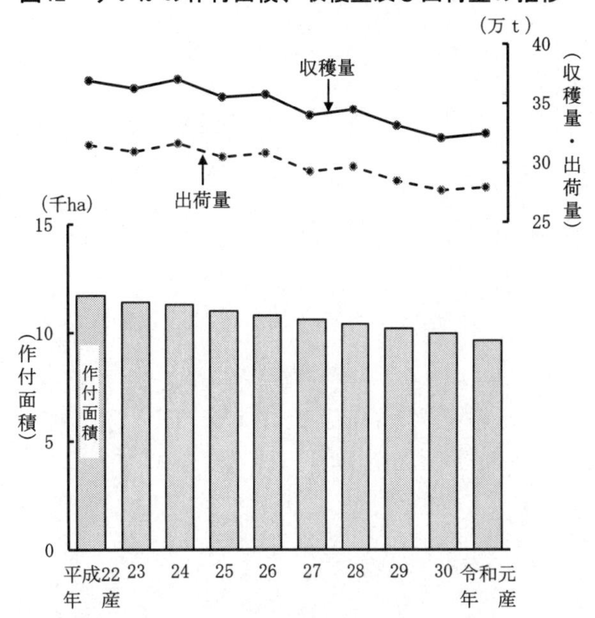

表42　令和元年産すいかの作付面積、収穫量及び出荷量（全国）

品　目	作付面積	10ａ当たり収量	収穫量	出荷量	対前年産比 作付面積	対前年産比 10ａ当たり収量	対前年産比 収穫量	対前年産比 出荷量	（参考）対平均収量比
	ha	kg	t	t	%	%	%	%	%
すいか	9,640	3,360	324,200	279,100	97	104	101	101	103

Ⅱ　統　計　表

1　全国の作付面積、10ａ当たり収量、収穫量及び出荷量の推移

品目		作付面積				
		平成26年産	27	28	29	30
		ha	ha	ha	ha	ha
計	(1)	**477,800**	**474,700**	**471,600**	**468,700**	**464,100**
根菜類	(2)	166,800	164,700	163,100	162,600	159,800
だいこん	(3)	33,300	32,900	32,300	32,000	31,400
春	(4)	4,670	4,600	4,590	4,530	4,450
夏	(5)	6,480	6,370	6,240	6,270	5,990
秋冬	(6)	22,100	21,900	21,500	21,200	21,000
かぶ	(7)	4,710	4,630	4,510	4,420	4,300
にんじん	(8)	18,400	18,100	17,800	17,900	17,200
春夏	(9)	4,510	4,520	4,420	4,290	4,190
秋	(10)	5,770	5,530	5,580	5,840	5,410
冬	(11)	8,120	8,060	7,830	7,800	7,630
ごぼう	(12)	8,100	8,000	8,040	7,950	7,710
れんこん	(13)	3,910	3,950	3,930	3,970	4,000
ばれいしょ	(14)	78,300	77,400	77,200	77,200	76,500
春植え	(15)	75,500	74,600	74,600	74,500	74,000
秋植え	(16)	2,780	2,730	2,670	2,640	2,510
さといも	(17)	12,900	12,500	12,200	12,000	11,500
秋冬	(18)	12,800	12,500	12,200	11,900	11,500
その他	(19)	59	12	16	15	11
やまのいも	(20)	7,260	7,270	7,120	7,150	7,120
葉茎菜類	(21)	184,400	184,900	184,100	184,200	184,300
はくさい	(22)	17,800	17,600	17,300	17,200	17,000
春	(23)	1,890	1,870	1,860	1,850	1,840
夏	(24)	2,490	2,490	2,490	2,460	2,420
秋冬	(25)	13,400	13,200	13,000	12,900	12,700
こまつな	(26)	6,800	6,860	6,890	7,010	7,250
キャベツ	(27)	34,700	34,700	34,600	34,800	34,600
春	(28)	9,180	9,110	9,000	9,080	9,040
夏秋	(29)	10,200	10,200	10,200	10,300	10,200
冬	(30)	15,300	15,400	15,400	15,400	15,400
ちんげんさい	(31)	2,260	2,220	2,220	2,200	2,170
ほうれんそう	(32)	21,200	21,000	20,700	20,500	20,300
ふき	(33)	609	592	571	557	538
みつば	(34)	1,040	1,030	979	957	931
しゅんぎく	(35)	2,010	2,000	1,960	1,930	1,880
みずな	(36)	2,500	2,550	2,510	2,460	2,510
セルリー	(37)	601	589	585	580	573
アスパラガス	(38)	5,580	5,470	5,420	5,330	5,170

令和元	10 a 当 た り 収 量						
	平成26年産	27	28	29	30	令和元	
ha 457, 900	kg …	kg …	kg …	kg …	kg …	kg …	(1)
156, 200	…	…	…	…	…	…	(2)
30, 900	4, 360	4, 360	4, 220	4, 140	4, 230	4, 210	(3)
4, 350	4, 790	4, 730	4, 750	4, 850	4, 730	4, 730	(4)
6, 050	3, 970	4, 140	3, 800	4, 150	4, 010	4, 150	(5)
20, 500	4, 400	4, 350	4, 220	3, 990	4, 180	4, 110	(6)
4, 210	2, 770	2, 850	2, 850	2, 700	2, 740	2, 670	(7)
17, 000	3, 440	3, 500	3, 180	3, 330	3, 340	3, 500	(8)
4, 150	3, 830	3, 670	3, 830	3, 870	3, 710	3, 900	(9)
5, 370	3, 470	3, 640	2, 810	3, 540	3, 300	3, 910	(10)
7, 520	3, 200	3, 300	3, 080	2, 870	3, 160	2, 970	(11)
7, 540	1, 910	1, 910	1, 710	1, 790	1, 750	1, 810	(12)
3, 910	1, 440	1, 440	1, 520	1, 550	1, 530	1, 350	(13)
74, 400	3, 140	3, 110	2, 850	3, 100	2, 950	3, 220	(14)
72, 000	3, 190	3, 170	2, 890	3, 160	2, 990	3, 270	(15)
2, 410	1, 680	1, 530	1, 530	1, 520	1, 820	1, 730	(16)
11, 100	1, 280	1, 230	1, 270	1, 240	1, 260	1, 260	(17)
11, 100	1, 290	1, 230	1, 270	1, 250	1, 260	1, 260	(18)
10	1, 010	617	606	627	591	549	(19)
7, 130	2, 270	2, 240	2, 050	2, 230	2, 210	2, 420	(20)
183, 200	…	…	…	…	…	…	(21)
16, 700	5, 140	5, 080	5, 140	5, 120	5, 230	5, 240	(22)
1, 810	6, 120	5, 890	6, 110	6, 410	6, 310	6, 450	(23)
2, 460	7, 060	7, 080	7, 270	7, 500	7, 400	7, 300	(24)
12, 500	4, 650	4, 610	4, 570	4, 480	4, 680	4, 630	(25)
7, 300	1, 660	1, 680	1, 650	1, 600	1, 590	1, 570	(26)
34, 600	4, 270	4, 230	4, 180	4, 100	4, 240	4, 250	(27)
8, 860	4, 220	4, 060	4, 080	4, 180	4, 170	4, 020	(28)
10, 300	4, 650	4, 550	4, 650	4, 780	4, 900	4, 860	(29)
15, 400	4, 040	4, 120	3, 930	3, 610	3, 830	3, 990	(30)
2, 140	1, 980	1, 990	1, 990	1, 960	1, 940	1, 920	(31)
19, 900	1, 210	1, 190	1, 190	1, 110	1, 120	1, 090	(32)
518	1, 920	1, 940	1, 960	1, 920	1, 900	1, 800	(33)
891	1, 530	1, 510	1, 560	1, 610	1, 610	1, 570	(34)
1, 830	1, 540	1, 590	1, 530	1, 500	1, 490	1, 470	(35)
2, 480	1, 670	1, 730	1, 740	1, 710	1, 720	1, 790	(36)
552	5, 660	5, 480	5, 730	5, 550	5, 430	5, 690	(37)
5, 010	511	532	561	492	513	535	(38)

1 全国の作付面積、10ａ当たり収量、収穫量及び出荷量の推移（続き）

品目		収穫量				
		平成26年産	27	28	29	30
		t	t	t	t	t
計	(1)	13,764,000	13,654,000	13,180,000	13,344,000	13,036,000
根菜類	(2)	5,214,000	5,131,000	4,754,000	4,947,000	4,778,000
だいこん	(3)	1,452,000	1,434,000	1,362,000	1,325,000	1,328,000
春	(4)	223,500	217,400	218,000	219,700	210,400
夏	(5)	257,000	263,900	237,200	260,400	240,200
秋冬	(6)	971,900	952,700	906,500	845,000	876,900
かぶ	(7)	130,700	131,900	128,700	119,300	117,700
にんじん	(8)	633,200	633,100	566,800	596,500	574,700
春夏	(9)	172,800	165,800	169,100	165,900	155,500
秋	(10)	200,500	201,500	156,800	206,600	178,500
冬	(11)	259,900	265,800	240,900	224,000	241,000
ごぼう	(12)	155,100	152,600	137,600	142,100	135,300
れんこん	(13)	56,300	56,700	59,800	61,500	61,300
ばれいしょ	(14)	2,456,000	2,406,000	2,199,000	2,395,000	2,260,000
春植え	(15)	2,409,000	2,365,000	2,158,000	2,355,000	2,215,000
秋植え	(16)	46,700	41,800	40,800	40,100	45,600
さといも	(17)	165,700	153,300	154,600	148,600	144,800
秋冬	(18)	165,100	153,200	154,500	148,500	144,700
その他	(19)	595	74	97	94	65
やまのいも	(20)	164,800	163,200	145,700	159,300	157,400
葉茎菜類	(21)	5,453,000	5,501,000	5,443,000	5,363,000	5,342,000
はくさい	(22)	914,400	894,600	888,700	880,900	889,900
春	(23)	115,700	110,100	113,600	118,500	116,100
夏	(24)	175,800	176,300	181,100	184,500	179,200
秋冬	(25)	622,900	608,300	594,100	577,900	594,800
こまつな	(26)	113,200	115,400	113,600	112,100	115,600
キャベツ	(27)	1,480,000	1,469,000	1,446,000	1,428,000	1,467,000
春	(28)	387,100	369,900	366,800	379,300	376,800
夏秋	(29)	474,700	463,900	474,300	492,400	499,500
冬	(30)	618,600	634,900	605,300	555,800	590,100
ちんげんさい	(31)	44,800	44,100	44,100	43,100	42,000
ほうれんそう	(32)	257,400	250,800	247,300	228,100	228,300
ふき	(33)	11,700	11,500	11,200	10,700	10,200
みつば	(34)	15,900	15,600	15,300	15,400	15,000
しゅんぎく	(35)	31,000	31,700	30,000	29,000	28,000
みずな	(36)	41,800	44,000	43,600	42,100	43,100
セルリー	(37)	34,000	32,300	33,500	32,200	31,100
アスパラガス	(38)	28,500	29,100	30,400	26,200	26,500

	出	荷		量			
令和元	平成26年産	27	28	29	30	令和元	
t 13,407,000	t 11,670,000	t 11,606,000	t 11,204,000	t 11,419,000	t 11,197,000	t 11,574,000	(1)
4,909,000	4,317,000	4,249,000	3,919,000	4,121,000	3,989,000	4,129,000	(2)
1,300,000	1,170,000	1,161,000	1,105,000	1,087,000	1,089,000	1,073,000	(3)
205,600	198,200	193,500	194,500	200,200	191,700	187,000	(4)
250,800	232,900	240,100	216,300	237,800	218,900	230,900	(5)
843,500	738,700	727,400	694,500	649,400	678,300	654,900	(6)
112,600	107,200	108,400	106,300	98,800	97,900	93,300	(7)
594,900	562,900	563,000	502,800	533,700	512,500	533,800	(8)
161,800	155,900	149,900	153,200	153,700	142,900	148,900	(9)
210,100	182,500	182,500	142,200	187,400	161,400	191,500	(10)
223,000	224,500	230,500	207,400	192,600	208,200	193,400	(11)
136,800	134,700	131,100	117,800	122,800	117,200	119,400	(12)
52,700	46,700	47,400	49,900	51,600	51,600	44,500	(13)
2,399,000	2,055,000	2,006,000	1,818,000	1,996,000	1,889,000	2,027,000	(14)
2,357,000	2,019,000	1,974,000	1,787,000	1,966,000	1,855,000	1,996,000	(15)
41,800	35,500	31,300	30,400	30,100	34,700	31,400	(16)
140,400	106,300	97,800	98,600	97,000	95,300	92,100	(17)
140,300	105,800	97,700	98,500	96,900	95,300	92,100	(18)
55	519	69	87	84	58	48	(19)
172,700	134,400	134,300	120,800	134,300	134,400	145,500	(20)
5,521,000	4,730,000	4,796,000	4,758,000	4,707,000	4,713,000	4,890,000	(21)
874,800	736,600	723,700	715,800	726,800	734,400	726,500	(22)
116,800	105,500	100,600	103,800	109,000	106,900	107,600	(23)
179,500	158,900	159,200	158,400	167,200	162,700	163,200	(24)
578,500	472,200	463,900	453,700	450,700	464,800	455,700	(25)
114,900	98,200	100,200	99,100	99,200	102,500	102,100	(26)
1,472,000	1,316,000	1,310,000	1,298,000	1,280,000	1,319,000	1,325,000	(27)
356,500	345,400	330,100	328,800	342,600	340,600	323,700	(28)
500,800	421,200	415,600	429,700	440,200	447,900	449,900	(29)
614,300	549,300	564,700	539,600	497,300	530,100	551,400	(30)
41,100	39,400	38,600	38,700	38,000	37,500	36,100	(31)
217,800	215,000	209,800	207,300	193,300	194,800	184,900	(32)
9,300	9,720	9,640	9,380	9,130	8,560	7,850	(33)
14,000	14,800	14,600	14,300	14,400	14,000	13,200	(34)
26,900	24,800	25,500	24,200	23,500	22,600	21,800	(35)
44,400	37,500	39,500	39,400	38,000	39,000	39,800	(36)
31,400	32,300	30,600	31,600	30,600	29,500	30,000	(37)
26,800	25,100	25,700	26,800	23,000	23,200	23,600	(38)

1　全国の作付面積、10ａ当たり収量、収穫量及び出荷量の推移（続き）

品目		作付面積 平成26年産	27	28	29	30
		ha	ha	ha	ha	ha
カリフラワー	(39)	1,280	1,260	1,220	1,230	1,200
ブロッコリー	(40)	14,100	14,500	14,600	14,900	15,400
レタス	(41)	21,300	21,500	21,600	21,800	21,700
春	(42)	4,320	4,330	4,340	4,480	4,390
夏秋	(43)	9,110	9,150	9,190	9,290	9,260
冬	(44)	7,910	8,050	8,050	7,990	8,030
ねぎ	(45)	22,900	22,800	22,600	22,600	22,400
春	(46)	3,500	3,490	3,460	3,460	3,430
夏	(47)	5,050	5,040	5,000	5,000	4,920
秋冬	(48)	14,300	14,200	14,200	14,100	14,000
にら	(49)	2,180	2,150	2,120	2,060	2,020
たまねぎ	(50)	25,300	25,700	25,800	25,600	26,200
にんにく	(51)	2,310	2,330	2,410	2,430	2,470
果菜類	(52)	101,000	100,100	99,900	98,000	96,500
きゅうり	(53)	11,100	11,000	10,900	10,800	10,600
冬春	(54)	2,920	2,850	2,860	2,830	2,760
夏秋	(55)	8,210	8,200	8,060	7,940	7,810
かぼちゃ	(56)	16,200	16,100	16,000	15,800	15,200
なす	(57)	9,570	9,410	9,280	9,160	8,970
冬春	(58)	1,120	1,090	1,090	1,080	1,080
夏秋	(59)	8,450	8,320	8,190	8,080	7,890
トマト	(60)	12,100	12,100	12,100	12,000	11,800
冬春	(61)	3,960	3,970	4,010	4,030	3,970
夏秋	(62)	8,170	8,170	8,100	7,980	7,810
ピーマン	(63)	3,320	3,270	3,270	3,250	3,220
冬春	(64)	746	735	733	739	741
夏秋	(65)	2,570	2,540	2,540	2,510	2,480
スイートコーン	(66)	24,400	24,100	24,000	22,700	23,100
さやいんげん	(67)	5,820	5,760	5,650	5,590	5,330
さやえんどう	(68)	3,020	2,980	3,070	3,050	2,910
グリーンピース	(69)	859	827	805	772	760
そらまめ	(70)	2,070	2,020	1,980	1,900	1,810
えだまめ	(71)	12,500	12,500	12,800	12,900	12,800
香辛野菜						
しょうが	(72)	1,870	1,840	1,810	1,780	1,750
果実的野菜	(73)	23,700	23,100	22,700	22,200	21,800
いちご	(74)	5,570	5,450	5,370	5,280	5,200
メロン	(75)	7,300	7,080	6,950	6,770	6,630
すいか	(76)	10,800	10,600	10,400	10,200	9,970

令和元	10 a 当 た り 収 量						
	平成26年産	27	28	29	30	令和元	
ha	kg	kg	kg	kg	kg	kg	
1,230	1,740	1,750	1,670	1,630	1,640	1,740	(39)
16,000	1,030	1,040	975	970	999	1,060	(40)
21,200	2,710	2,640	2,710	2,680	2,700	2,730	(41)
4,310	2,670	2,610	2,680	2,750	2,750	2,750	(42)
9,100	3,020	2,970	3,050	3,170	3,010	3,010	(43)
7,790	2,370	2,270	2,340	2,070	2,320	2,390	(44)
22,400	2,110	2,080	2,060	2,030	2,020	2,080	(45)
3,410	2,430	2,400	2,430	2,380	2,260	2,370	(46)
4,910	1,840	1,800	1,810	1,830	1,750	1,840	(47)
14,100	2,140	2,110	2,040	2,020	2,070	2,080	(48)
2,000	2,820	2,860	2,930	2,890	2,900	2,920	(49)
25,900	4,620	4,920	4,820	4,800	4,410	5,150	(50)
2,510	870	880	876	852	818	829	(51)
95,600	…	…	…	…	…	…	(52)
10,300	4,940	5,000	5,050	5,180	5,190	5,320	(53)
2,720	9,880	10,100	10,300	10,800	10,800	10,700	(54)
7,580	3,170	3,180	3,190	3,210	3,220	3,400	(55)
15,300	1,230	1,260	1,160	1,270	1,050	1,210	(56)
8,650	3,370	3,280	3,300	3,360	3,350	3,490	(57)
1,070	10,700	10,400	10,300	11,000	10,800	11,200	(58)
7,580	2,410	2,350	2,360	2,330	2,330	2,400	(59)
11,600	6,110	6,010	6,140	6,140	6,140	6,210	(60)
3,920	9,880	9,620	10,000	9,980	10,300	10,200	(61)
7,660	4,270	4,220	4,230	4,200	4,030	4,180	(62)
3,200	4,380	4,290	4,430	4,520	4,360	4,550	(63)
745	10,400	10,100	10,500	10,600	10,200	10,500	(64)
2,460	2,640	2,590	2,680	2,750	2,600	2,750	(65)
23,000	1,020	997	818	1,020	942	1,040	(66)
5,190	704	700	699	712	702	738	(67)
2,870	666	648	599	711	674	697	(68)
731	780	715	686	830	782	860	(69)
1,790	860	832	742	816	801	788	(70)
13,000	536	527	516	525	498	508	(71)
1,740	2,650	2,680	2,810	2,710	2,660	2,670	(72)
21,200	…	…	…	…	…	…	(73)
5,110	2,940	2,910	2,960	3,100	3,110	3,230	(74)
6,410	2,300	2,230	2,280	2,290	2,310	2,430	(75)
9,640	3,310	3,210	3,320	3,250	3,220	3,360	(76)

1　全国の作付面積、10ａ当たり収量、収穫量及び出荷量の推移（続き）

品目		収穫量 平成26年産	27	28	29	30
		t	t	t	t	t
カリフラワー	(39)	22,300	22,100	20,400	20,100	19,700
ブロッコリー	(40)	145,600	150,900	142,300	144,600	153,800
レタス	(41)	577,800	568,000	585,700	583,200	585,600
春	(42)	115,400	113,200	116,500	123,200	120,700
夏秋	(43)	274,800	272,200	280,600	294,500	278,500
冬	(44)	187,600	182,600	188,600	165,500	186,300
ねぎ	(45)	483,900	474,500	464,800	458,800	452,900
春	(46)	85,200	83,900	84,000	82,400	77,500
夏	(47)	93,000	90,900	90,500	91,500	86,200
秋冬	(48)	305,700	299,700	290,300	284,900	289,300
にら	(49)	61,400	61,500	62,100	59,600	58,500
たまねぎ	(50)	1,169,000	1,265,000	1,243,000	1,228,000	1,155,000
にんにく	(51)	20,100	20,500	21,100	20,700	20,200
果菜類	(52)	2,359,000	2,317,000	2,270,000	2,336,000	2,233,000
きゅうり	(53)	548,800	549,900	550,300	559,500	550,000
冬春	(54)	288,500	289,200	293,400	304,800	298,100
夏秋	(55)	260,300	260,700	256,900	254,800	251,800
かぼちゃ	(56)	200,000	202,400	185,300	201,300	159,300
なす	(57)	322,700	308,900	306,000	307,800	300,400
冬春	(58)	119,400	113,200	112,600	119,200	116,900
夏秋	(59)	203,300	195,600	193,400	188,600	183,500
トマト	(60)	739,900	727,000	743,200	737,200	724,200
冬春	(61)	391,300	382,100	400,900	402,300	409,600
夏秋	(62)	348,600	344,900	342,300	334,900	314,600
ピーマン	(63)	145,300	140,400	144,800	147,000	140,300
冬春	(64)	77,400	74,600	76,700	78,100	75,900
夏秋	(65)	67,900	65,800	68,100	68,900	64,400
スイートコーン	(66)	249,500	240,300	196,200	231,700	217,600
さやいんげん	(67)	41,000	40,300	39,500	39,800	37,400
さやえんどう	(68)	20,100	19,300	18,400	21,700	19,600
グリーンピース	(69)	6,700	5,910	5,520	6,410	5,940
そらまめ	(70)	17,800	16,800	14,700	15,500	14,500
えだまめ	(71)	67,000	65,900	66,000	67,700	63,800
香辛野菜						
しょうが	(72)	49,500	49,400	50,800	48,300	46,600
果実的野菜	(73)	689,100	656,500	662,000	649,800	635,300
いちご	(74)	164,000	158,700	159,000	163,700	161,800
メロン	(75)	167,600	158,000	158,200	155,000	152,900
すいか	(76)	357,500	339,800	344,800	331,100	320,600

	出	荷		量			
令和元	平成26年産	27	28	29	30	令和元	
t	t	t	t	t	t	t	
21, 400	18, 600	18, 400	17, 200	17, 000	16, 600	18, 300	(39)
169, 500	130, 400	135, 500	127, 900	130, 200	138, 900	153, 700	(40)
578, 100	546, 700	537, 700	555, 200	542, 300	553, 200	545, 600	(41)
118, 500	108, 100	105, 900	109, 400	115, 700	113, 400	111, 200	(42)
273, 600	265, 100	262, 400	270, 800	273, 700	267, 200	262, 100	(43)
186, 000	173, 500	169, 400	174, 900	152, 800	172, 700	172, 300	(44)
465, 300	389, 100	383, 100	375, 600	374, 400	370, 300	382, 500	(45)
80, 900	74, 800	73, 800	73, 800	72, 900	68, 700	71, 800	(46)
90, 500	81, 000	79, 300	79, 000	81, 300	76, 600	80, 700	(47)
293, 900	233, 300	230, 100	222, 700	220, 200	225, 100	230, 100	(48)
58, 300	55, 600	55, 500	56, 200	53, 900	52, 900	52, 900	(49)
1, 334, 000	1, 027, 000	1, 124, 000	1, 107, 000	1, 099, 000	1, 042, 000	1, 211, 000	(50)
20, 800	14, 000	14, 300	14, 700	14, 500	14, 400	15, 000	(51)
2, 286, 000	1, 973, 000	1, 940, 000	1, 901, 000	1, 977, 000	1, 894, 000	1, 946, 000	(52)
548, 100	465, 500	468, 400	470, 600	483, 200	476, 100	474, 700	(53)
290, 100	269, 600	270, 300	274, 000	286, 500	280, 500	272, 100	(54)
258, 000	195, 900	198, 100	196, 600	196, 700	195, 600	202, 600	(55)
185, 600	158, 100	160, 400	145, 600	161, 000	125, 200	149, 700	(56)
301, 700	248, 600	237, 400	236, 100	241, 400	236, 100	239, 500	(57)
119, 700	113, 200	107, 000	106, 300	112, 400	110, 300	112, 900	(58)
182, 000	135, 400	130, 300	129, 700	129, 000	125, 800	126, 500	(59)
720, 600	665, 600	653, 400	670, 200	667, 800	657, 100	653, 800	(60)
400, 400	371, 700	362, 700	380, 100	381, 700	388, 800	379, 600	(61)
320, 200	293, 900	290, 800	290, 100	286, 100	268, 300	274, 200	(62)
145, 700	127, 200	122, 800	127, 000	129, 800	124, 500	129, 500	(63)
78, 200	73, 300	70, 400	72, 400	73, 900	71, 900	74, 000	(64)
67, 600	53, 900	52, 400	54, 600	55, 900	52, 600	55, 600	(65)
239, 000	201, 400	194, 100	150, 700	186, 300	174, 400	195, 000	(66)
38, 300	26, 600	26, 300	25, 700	26, 400	24, 900	25, 800	(67)
20, 000	12, 700	12, 100	11, 300	13, 800	12, 500	12, 800	(68)
6, 290	5, 280	4, 590	4, 300	5, 060	4, 680	5, 000	(69)
14, 100	12, 600	11, 800	9, 990	10, 700	10, 100	9, 970	(70)
66, 100	49, 700	49, 100	49, 700	51, 800	48, 700	50, 500	(71)
46, 500	39, 100	39, 100	40, 100	38, 100	36, 400	36, 400	(72)
645, 400	610, 300	580, 900	585, 000	575, 300	563, 800	573, 100	(73)
165, 200	150, 200	145, 200	145, 000	150, 200	148, 600	152, 100	(74)
156, 000	152, 300	143, 300	143, 600	140, 700	138, 700	141, 900	(75)
324, 200	307, 800	292, 400	296, 400	284, 400	276, 500	279, 100	(76)

2　令和元年産野菜指定産地の作付面積、収穫量及び出荷量

品　　目	作付面積	収穫量	出 荷 量
	ha	t	t
計	159,900	7,049,000	6,493,000
だ　い　こ　ん	9,090	502,500	468,200
春	1,250	74,800	70,900
夏	3,660	167,700	157,400
秋　　冬	4,190	260,000	239,900
に　ん　じ　ん	11,500	449,700	416,300
春　　夏	2,820	120,400	112,500
秋	4,230	179,900	167,600
冬	4,430	149,400	136,200
ば れ い し ょ（じゃがいも）	50,400	1,815,000	1,636,000
秋 冬 さ と い も	1,210	20,400	15,100
は　く　さ　い	6,330	454,900	420,000
春	895	68,500	64,500
夏	2,070	165,500	151,000
秋　　冬	3,370	220,900	204,500
キ　ャ　ベ　ツ	17,600	889,100	824,400
春	3,370	149,800	141,300
夏　　秋	6,750	390,100	357,500
冬	7,530	349,200	325,600
ほ う れ ん そ う	6,320	64,000	57,100
レ　タ　ス	16,100	466,700	446,000
春	2,600	72,800	69,700
夏　　秋	7,600	246,100	237,600
冬	5,860	147,800	138,700
ね　　ぎ	6,070	134,200	117,500
春	764	18,000	16,800
夏	1,370	30,300	27,800
秋　　冬	3,940	85,900	72,900
た　ま　ね　ぎ	20,900	1,180,000	1,104,000
き　ゅ　う　り	4,930	351,200	318,600
冬　　春	1,830	218,500	205,800
夏　　秋	3,100	132,700	112,800
な　　す	2,180	157,800	143,000
冬　　春	851	104,600	98,900
夏　　秋	1,330	53,200	44,100
ト　マ　ト	5,970	462,800	433,100
冬　　春	2,350	270,700	259,300
夏　　秋	3,620	192,100	173,800
ピ　ー　マ　ン	1,350	100,300	93,700
冬　　春	630	69,700	66,200
夏　　秋	721	30,600	27,500

注：　数値は、野菜指定産地（令和元年５月７日農林水産省告示第31号）に含まれる市町村の作付面積、収穫量及び出荷量の合計である。

3 令和元年産都道府県別の作付面積、10ａ当たり収量、収穫量及び出荷量

(1) だいこん

ア 計

全国農業地域・都道府県	作付面積	10ａ当たり収量	収穫量	出荷量	対前年産比 作付面積	対前年産比 10ａ当たり収量	対前年産比 収穫量	対前年産比 出荷量	(参考)対平均収量比
	ha	kg	t	t	%	%	%	%	%
全国 (1)	**30,900**	**4,210**	**1,300,000**	**1,073,000**	**98**	**100**	**98**	**99**	**98**
(全国農業地域)									
北海道 (2)	3,250	4,980	161,900	152,400	99	104	103	104	106
都府県 (3)	27,600	…	…	…	nc	nc	nc	nc	nc
東北 (4)	5,970	3,510	209,400	157,600	99	99	98	99	99
北陸 (5)	2,050	3,420	70,200	51,000	96	111	107	114	106
関東・東山 (6)	7,860	…	…	…	nc	nc	nc	nc	nc
東海 (7)	1,860	…	…	…	nc	nc	nc	nc	nc
近畿 (8)	1,080	…	…	…	nc	nc	nc	nc	nc
中国 (9)	1,640	…	…	…	nc	nc	nc	nc	nc
四国 (10)	891	…	…	…	nc	nc	nc	nc	nc
九州 (11)	6,260	…	…	…	nc	nc	nc	nc	nc
沖縄 (12)	29	…	…	…	nc	nc	nc	nc	nc
(都道府県)									
北海道 (13)	3,250	4,980	161,900	152,400	99	104	103	104	106
青森 (14)	2,970	4,090	121,600	110,800	99	100	99	100	97
岩手 (15)	854	2,860	24,400	17,400	102	97	99	98	96
宮城 (16)	513	1,880	9,640	3,890	93	88	82	84	89
秋田 (17)	547	3,000	16,400	7,730	99	104	103	101	120
山形 (18)	447	3,510	15,700	8,820	97	99	97	97	100
福島 (19)	640	3,390	21,700	8,910	99	99	99	98	101
茨城 (20)	1,220	4,660	56,800	46,400	100	99	99	99	95
栃木 (21)	396	3,790	15,000	11,400	90	92	83	81	91
群馬 (22)	813	3,890	31,600	21,400	103	99	102	101	103
埼玉 (23)	551	4,390	24,200	18,900	98	106	103	110	106
千葉 (24)	2,660	5,350	142,300	132,600	99	96	95	95	98
東京 (25)	210	4,090	8,580	8,010	97	98	95	94	88
神奈川 (26)	1,070	7,100	76,000	70,600	96	98	95	95	92
新潟 (27)	1,380	3,610	49,800	35,900	97	116	112	121	107
富山 (28)	175	2,440	4,270	3,030	98	104	102	97	116
石川 (29)	253	3,950	10,000	7,010	86	102	88	90	99
福井 (30)	245	2,500	6,130	5,070	104	100	104	125	105
山梨 (31)	211	…	…	…	nc	nc	nc	nc	nc
長野 (32)	728	2,510	18,300	9,020	95	98	93	96	95
岐阜 (33)	540	3,610	19,500	15,000	98	108	107	107	98
静岡 (34)	473	4,000	18,900	15,500	95	97	91	92	87
愛知 (35)	580	3,930	22,800	19,800	99	101	100	100	104
三重 (36)	270	…	…	…	nc	nc	nc	nc	nc
滋賀 (37)	140	3,210	4,500	2,490	89	102	91	91	103
京都 (38)	259	…	…	…	nc	nc	nc	nc	nc
大阪 (39)	31	…	…	…	nc	nc	nc	nc	nc
兵庫 (40)	408	3,460	14,100	6,610	96	102	99	100	103
奈良 (41)	94	3,600	3,380	2,000	97	100	97	93	91
和歌山 (42)	144	6,740	9,700	8,310	98	102	100	100	95
鳥取 (43)	274	…	…	…	nc	nc	nc	nc	nc
島根 (44)	261	…	…	…	nc	nc	nc	nc	nc
岡山 (45)	264	3,580	9,440	6,710	86	101	87	91	99
広島 (46)	438	2,530	11,100	5,830	99	100	99	101	97
山口 (47)	402	2,610	10,500	7,330	100	95	95	94	88
徳島 (48)	355	7,300	25,900	23,600	101	98	99	99	104
香川 (49)	145	5,320	7,720	6,150	95	111	105	113	107
愛媛 (50)	227	…	…	…	nc	nc	nc	nc	nc
高知 (51)	164	…	…	…	nc	nc	nc	nc	nc
福岡 (52)	339	4,370	14,800	12,200	98	97	95	95	92
佐賀 (53)	76	…	…	…	nc	nc	nc	nc	nc
長崎 (54)	744	6,880	51,200	46,700	100	96	96	95	96
熊本 (55)	838	2,980	25,000	20,800	100	97	97	98	96
大分 (56)	382	3,590	13,700	9,570	100	95	94	95	108
宮崎 (57)	1,820	3,970	72,300	64,800	98	94	93	93	87
鹿児島 (58)	2,060	4,560	93,900	85,300	99	100	99	98	96
沖縄 (59)	29	…	…	…	nc	nc	nc	nc	nc
関東農政局 (60)	8,330	…	…	…	nc	nc	nc	nc	nc
東海農政局 (61)	1,390	…	…	…	nc	nc	nc	nc	nc
中国四国農政局 (62)	2,530	…	…	…	nc	nc	nc	nc	nc

注：「（参考）対平均収量比」とは、10ａ当たり平均収量（原則として直近７か年のうち、最高及び最低を除いた５か年の平均値）に対する当年産の10ａ当たり収量の比率である。
　なお、直近７か年のうち、３か年分の10ａ当たり収量のデータが確保できない場合は、10ａ当たり平均収量を作成していない。

イ　春だいこん

作付面積	10a当たり収量	収穫量	出荷量	対前年産比 作付面積	対前年産比 10a当たり収量	対前年産比 収穫量	対前年産比 出荷量	(参考)対平均収量比	
ha	kg	t	t	%	%	%	%	%	
4,350	**4,730**	**205,600**	**187,000**	**98**	**100**	**98**	**98**	**99**	(1)
195	5,160	10,100	9,570	92	98	91	90	103	(2)
4,150	…	…	…	nc	nc	nc	nc	nc	(3)
541	…	…	…	nc	nc	nc	nc	nc	(4)
85	…	…	…	nc	nc	nc	nc	nc	(5)
1,840	…	…	…	nc	nc	nc	nc	nc	(6)
319	…	…	…	nc	nc	nc	nc	nc	(7)
95	…	…	…	nc	nc	nc	nc	nc	(8)
173	…	…	…	nc	nc	nc	nc	nc	(9)
133	…	…	…	nc	nc	nc	nc	nc	(10)
969	…	…	…	nc	nc	nc	nc	nc	(11)
4	…	…	…	nc	nc	nc	nc	nc	(12)
195	5,160	10,100	9,570	92	98	91	90	103	(13)
413	4,960	20,500	19,200	96	103	99	99	93	(14)
20	…	…	…	nc	nc	nc	nc	nc	(15)
52	…	…	…	nc	nc	nc	nc	nc	(16)
2	…	…	…	nc	nc	nc	nc	nc	(17)
27	…	…	…	nc	nc	nc	nc	nc	(18)
27	…	…	…	nc	nc	nc	nc	nc	(19)
293	4,630	13,600	12,000	102	99	101	102	101	(20)
59	4,220	2,490	2,300	72	96	69	70	95	(21)
84	…	…	…	nc	nc	nc	nc	nc	(22)
157	5,110	8,020	6,890	100	105	105	105	104	(23)
1,080	5,550	59,900	56,600	98	100	99	98	99	(24)
35	…	…	…	nc	nc	nc	nc	nc	(25)
103	4,510	4,650	4,330	97	96	93	93	90	(26)
41	…	…	…	nc	nc	nc	nc	nc	(27)
8	…	…	…	nc	nc	nc	nc	nc	(28)
9	…	…	…	nc	nc	nc	nc	nc	(29)
27	4,110	1,110	1,050	100	101	101	101	97	(30)
17	…	…	…	nc	nc	nc	nc	nc	(31)
11	…	…	…	nc	nc	nc	nc	nc	(32)
67	3,630	2,430	2,200	96	91	87	87	86	(33)
70	3,860	2,700	2,540	100	109	109	109	102	(34)
165	4,160	6,860	6,500	97	104	101	102	104	(35)
17	…	…	…	nc	nc	nc	nc	nc	(36)
20	…	…	…	nc	nc	nc	nc	nc	(37)
19	…	…	…	nc	nc	nc	nc	nc	(38)
4	…	…	…	nc	nc	nc	nc	nc	(39)
25	…	…	…	nc	nc	nc	nc	nc	(40)
8	…	…	…	nc	nc	nc	nc	nc	(41)
19	…	…	…	nc	nc	nc	nc	nc	(42)
7	…	…	…	nc	nc	nc	nc	nc	(43)
12	…	…	…	nc	nc	nc	nc	nc	(44)
31	4,840	1,500	1,340	97	99	96	98	97	(45)
49	3,100	1,520	1,100	98	103	101	105	107	(46)
74	2,840	2,100	1,710	100	97	96	97	92	(47)
34	…	…	…	nc	nc	nc	nc	nc	(48)
52	7,370	3,830	3,310	104	105	109	109	105	(49)
25	…	…	…	nc	nc	nc	nc	nc	(50)
22	…	…	…	nc	nc	nc	nc	nc	(51)
98	3,560	3,490	3,090	98	101	99	99	89	(52)
9	…	…	…	nc	nc	nc	nc	nc	(53)
253	7,320	18,500	17,300	97	93	90	90	97	(54)
157	3,300	5,180	4,570	99	111	110	110	107	(55)
70	…	…	…	nc	nc	nc	nc	nc	(56)
63	…	…	…	nc	nc	nc	nc	nc	(57)
319	4,400	14,000	12,800	101	99	99	99	99	(58)
4	…	…	…	nc	nc	nc	nc	nc	(59)
1,910	…	…	…	nc	nc	nc	nc	nc	(60)
249	…	…	…	nc	nc	nc	nc	nc	(61)
306	…	…	…	nc	nc	nc	nc	nc	(62)

3　令和元年産都道府県別の作付面積、10ａ当たり収量、収穫量及び出荷量（続き）

(1)　だいこん（続き）

ウ　夏だいこん

全国農業地域・都道府県	作付面積	10ａ当たり収量	収穫量	出荷量	対前年産比 作付面積	対前年産比 10ａ当たり収量	対前年産比 収穫量	対前年産比 出荷量	(参考) 対平均収量比
	ha	kg	t	t	%	%	%	%	%
全国 (1)	**6,050**	**4,150**	**250,800**	**230,900**	**101**	**103**	**104**	**105**	**105**
(全国農業地域)									
北海道 (2)	2,470	5,070	125,200	118,700	105	106	111	112	106
都府県 (3)	3,580	…	…	…	nc	nc	nc	nc	nc
東北 (4)	2,220	…	…	…	nc	nc	nc	nc	nc
北陸 (5)	49	…	…	…	nc	nc	nc	nc	nc
関東・東山 (6)	575	…	…	…	nc	nc	nc	nc	nc
東海 (7)	179	…	…	…	nc	nc	nc	nc	nc
近畿 (8)	43	…	…	…	nc	nc	nc	nc	nc
中国 (9)	175	…	…	…	nc	nc	nc	nc	nc
四国 (10)	41	…	…	…	nc	nc	nc	nc	nc
九州 (11)	299	…	…	…	nc	nc	nc	nc	nc
沖縄 (12)	0	…	…	…	nc	nc	nc	nc	nc
(都道府県)									
北海道 (13)	2,470	5,070	125,200	118,700	105	106	111	112	106
青森 (14)	1,600	4,430	70,900	65,200	103	97	100	101	108
岩手 (15)	349	2,880	10,100	8,840	104	96	101	101	91
宮城 (16)	68	…	…	…	nc	nc	nc	nc	nc
秋田 (17)	85	…	…	…	nc	nc	nc	nc	nc
山形 (18)	47	…	…	…	nc	nc	nc	nc	nc
福島 (19)	70	…	…	…	nc	nc	nc	nc	nc
茨城 (20)	13	…	…	…	nc	nc	nc	nc	nc
栃木 (21)	63	2,030	1,280	1,140	93	95	88	88	94
群馬 (22)	253	3,630	9,180	8,180	102	92	93	93	89
埼玉 (23)	25	…	…	…	nc	nc	nc	nc	nc
千葉 (24)	18	…	…	…	nc	nc	nc	nc	nc
東京 (25)	5	…	…	…	nc	nc	nc	nc	nc
神奈川 (26)	8	…	…	…	nc	nc	nc	nc	nc
新潟 (27)	37	…	…	…	nc	nc	nc	nc	nc
富山 (28)	9	2,400	226	209	129	113	152	170	105
石川 (29)	1	…	…	…	nc	nc	nc	nc	nc
福井 (30)	2	…	…	…	nc	nc	nc	nc	nc
山梨 (31)	14	…	…	…	nc	nc	nc	nc	nc
長野 (32)	176	2,420	4,260	3,640	82	101	83	85	100
岐阜 (33)	143	5,030	7,190	6,690	98	120	118	118	98
静岡 (34)	2	…	…	…	nc	nc	nc	nc	nc
愛知 (35)	30	…	…	…	nc	nc	nc	nc	nc
三重 (36)	4	…	…	…	nc	nc	nc	nc	nc
滋賀 (37)	3	…	…	…	nc	nc	nc	nc	nc
京都 (38)	1	…	…	…	nc	nc	nc	nc	nc
大阪 (39)	−	…	…	…	nc	nc	nc	nc	nc
兵庫 (40)	33	4,480	1,480	1,350	100	107	107	107	104
奈良 (41)	5	…	…	…	nc	nc	nc	nc	nc
和歌山 (42)	1	…	…	…	nc	nc	nc	nc	nc
鳥取 (43)	10	…	…	…	nc	nc	nc	nc	nc
島根 (44)	9	…	…	…	nc	nc	nc	nc	nc
岡山 (45)	63	3,310	2,090	1,860	80	103	83	84	97
広島 (46)	47	3,230	1,520	1,340	102	108	110	108	116
山口 (47)	46	1,900	874	714	100	97	97	87	83
徳島 (48)	2	…	…	…	nc	nc	nc	nc	nc
香川 (49)	3	…	…	…	nc	nc	nc	nc	nc
愛媛 (50)	34	…	…	…	nc	nc	nc	nc	nc
高知 (51)	2	…	…	…	nc	nc	nc	nc	nc
福岡 (52)	12	…	…	…	nc	nc	nc	nc	nc
佐賀 (53)	2	…	…	…	nc	nc	nc	nc	nc
長崎 (54)	5	…	…	…	nc	nc	nc	nc	nc
熊本 (55)	196	1,500	2,940	2,520	99	97	96	95	97
大分 (56)	57	…	…	…	nc	nc	nc	nc	nc
宮崎 (57)	1	…	…	…	nc	nc	nc	nc	nc
鹿児島 (58)	26	…	…	…	nc	nc	nc	nc	nc
沖縄 (59)	0	…	…	…	nc	nc	nc	nc	nc
関東農政局 (60)	577	…	…	…	nc	nc	nc	nc	nc
東海農政局 (61)	177	…	…	…	nc	nc	nc	nc	nc
中国四国農政局 (62)	216	…	…	…	nc	nc	nc	nc	nc

エ 秋冬だいこん

作付面積	10a当たり収量	収穫量	出荷量	対前年産比 作付面積	対前年産比 10a当たり収量	対前年産比 収穫量	対前年産比 出荷量	(参考)対平均収量比	
ha	kg	t	t	%	%	%	%	%	
20,500	4,110	843,500	654,900	98	98	96	97	96	(1)
593	4,490	26,600	24,100	83	97	81	80	103	(2)
19,900	…	…	…	nc	nc	nc	nc	nc	(3)
3,210	3,050	97,900	56,600	98	100	97	98	93	(4)
1,920	3,470	66,700	48,200	96	111	107	116	106	(5)
5,450	…	…	…	nc	nc	nc	nc	nc	(6)
1,370	…	…	…	nc	nc	nc	nc	nc	(7)
938	…	…	…	nc	nc	nc	nc	nc	(8)
1,290	…	…	…	nc	nc	nc	nc	nc	(9)
717	…	…	…	nc	nc	nc	nc	nc	(10)
4,990	…	…	…	nc	nc	nc	nc	nc	(11)
25	…	…	…	nc	nc	nc	nc	nc	(12)
593	4,490	26,600	24,100	83	97	81	80	103	(13)
959	3,150	30,200	26,400	96	102	98	99	80	(14)
485	2,870	13,900	8,410	100	98	97	96	100	(15)
393	1,910	7,510	2,450	95	86	82	85	87	(16)
460	2,870	13,200	4,970	99	106	106	106	114	(17)
373	3,680	13,700	7,190	98	99	97	98	99	(18)
543	3,570	19,400	7,150	99	99	98	97	100	(19)
917	4,680	42,900	34,300	100	99	99	99	93	(20)
274	4,090	11,200	7,960	95	91	87	84	89	(21)
476	4,170	19,800	11,100	100	105	104	104	112	(22)
369	4,240	15,600	11,700	98	106	103	115	107	(23)
1,560	5,250	81,900	75,600	99	93	92	92	97	(24)
170	4,190	7,120	6,720	97	96	92	92	85	(25)
960	7,410	71,100	66,100	97	98	95	95	92	(26)
1,300	3,710	48,200	34,800	96	117	112	122	107	(27)
158	2,440	3,860	2,670	99	105	104	106	117	(28)
243	3,960	9,620	6,690	87	102	88	91	99	(29)
216	2,310	4,990	4,020	104	100	105	133	106	(30)
180	…	…	…	nc	nc	nc	nc	nc	(31)
541	2,530	13,700	5,140	100	97	97	105	93	(32)
330	3,000	9,900	6,080	99	106	105	105	101	(33)
401	4,020	16,100	12,900	95	94	89	90	84	(34)
385	4,070	15,700	13,100	100	99	99	98	104	(35)
249	…	…	…	nc	nc	nc	nc	nc	(36)
117	2,900	3,390	1,490	89	103	91	91	103	(37)
239	…	…	…	nc	nc	nc	nc	nc	(38)
27	…	…	…	nc	nc	nc	nc	nc	(39)
350	3,400	11,900	4,690	96	102	98	99	103	(40)
81	3,740	3,030	1,760	98	98	96	93	90	(41)
124	6,920	8,580	7,390	98	101	99	99	94	(42)
257	…	…	…	nc	nc	nc	nc	nc	(43)
240	…	…	…	nc	nc	nc	nc	nc	(44)
170	3,440	5,850	3,510	86	100	86	92	102	(45)
342	2,360	8,070	3,390	99	98	97	97	92	(46)
282	2,660	7,500	4,910	99	94	93	94	88	(47)
319	7,510	24,000	22,000	100	98	98	99	105	(48)
90	4,280	3,850	2,830	90	113	101	118	104	(49)
168	…	…	…	nc	nc	nc	nc	nc	(50)
140	…	…	…	nc	nc	nc	nc	nc	(51)
229	4,880	11,200	9,020	97	96	93	94	92	(52)
65	…	…	…	nc	nc	nc	nc	nc	(53)
486	6,710	32,600	29,400	101	98	99	98	95	(54)
485	3,490	16,900	13,700	100	94	94	95	92	(55)
255	4,020	10,300	6,690	98	100	98	99	110	(56)
1,760	3,930	69,200	61,900	99	94	93	92	87	(57)
1,710	4,630	79,200	71,900	100	99	99	99	95	(58)
25	…	…	…	nc	nc	nc	nc	nc	(59)
5,850	…	…	…	nc	nc	nc	nc	nc	(60)
964	…	…	…	nc	nc	nc	nc	nc	(61)
2,010	…	…	…	nc	nc	nc	nc	nc	(62)

3 令和元年産都道府県別の作付面積、10ａ当たり収量、収穫量及び出荷量 （続き）

(2) かぶ

全国農業地域・都道府県	作付面積	10ａ当たり収量	収穫量	出荷量	対前年産比 作付面積	対前年産比 10ａ当たり収量	対前年産比 収穫量	対前年産比 出荷量	(参考) 対平均収量比
	ha	kg	t	t	%	%	%	%	%
全国 (1)	**4,210**	**2,670**	**112,600**	**93,300**	**98**	**97**	**96**	**95**	**96**
(全国農業地域)									
北海道 (2)	107	3,290	3,520	3,250	89	106	95	93	107
都府県 (3)	4,100	…	…	…	nc	nc	nc	nc	nc
東北 (4)	686	…	…	…	nc	nc	nc	nc	nc
北陸 (5)	316	…	…	…	nc	nc	nc	nc	nc
関東・東山 (6)	1,710	…	…	…	nc	nc	nc	nc	nc
東海 (7)	383	…	…	…	nc	nc	nc	nc	nc
近畿 (8)	423	…	…	…	nc	nc	nc	nc	nc
中国 (9)	221	…	…	…	nc	nc	nc	nc	nc
四国 (10)	136	…	…	…	nc	nc	nc	nc	nc
九州 (11)	223	…	…	…	nc	nc	nc	nc	nc
沖縄 (12)	1	…	…	…	nc	nc	nc	nc	nc
(都道府県)									
北海道 (13)	107	3,290	3,520	3,250	89	106	95	93	107
青森 (14)	189	3,780	7,140	6,430	102	104	106	106	99
岩手 (15)	39	…	…	…	nc	nc	nc	nc	nc
宮城 (16)	42	…	…	…	nc	nc	nc	nc	nc
秋田 (17)	61	…	…	…	nc	nc	nc	nc	nc
山形 (18)	250	1,330	3,330	2,670	98	97	95	95	84
福島 (19)	105	1,610	1,690	813	100	101	101	102	105
茨城 (20)	77	2,140	1,650	1,150	99	101	100	124	98
栃木 (21)	61	2,460	1,500	1,240	92	97	89	90	95
群馬 (22)	31	…	…	…	nc	nc	nc	nc	nc
埼玉 (23)	416	3,890	16,200	13,500	93	101	94	93	105
千葉 (24)	904	3,360	30,400	28,900	100	88	88	88	92
東京 (25)	81	1,890	1,530	1,450	100	85	85	86	80
神奈川 (26)	102	2,440	2,490	2,330	100	102	102	102	85
新潟 (27)	142	2,170	3,080	2,240	98	109	107	109	102
富山 (28)	86	1,680	1,440	1,070	101	91	92	91	84
石川 (29)	37	…	…	…	nc	nc	nc	nc	nc
福井 (30)	51	…	…	…	nc	nc	nc	nc	nc
山梨 (31)	7	…	…	…	nc	nc	nc	nc	nc
長野 (32)	30	…	…	…	nc	nc	nc	nc	nc
岐阜 (33)	150	1,890	2,840	2,170	99	96	95	95	80
静岡 (34)	49	…	…	…	nc	nc	nc	nc	nc
愛知 (35)	95	2,690	2,560	1,850	100	108	108	108	107
三重 (36)	89	1,340	1,190	825	99	106	104	104	80
滋賀 (37)	177	2,820	4,990	4,050	92	104	96	96	104
京都 (38)	164	2,990	4,900	4,310	101	111	111	109	94
大阪 (39)	8	…	…	…	nc	nc	nc	nc	nc
兵庫 (40)	44	…	…	…	nc	nc	nc	nc	nc
奈良 (41)	20	…	…	…	nc	nc	nc	nc	nc
和歌山 (42)	10	…	…	…	nc	nc	nc	nc	nc
鳥取 (43)	35	…	…	…	nc	nc	nc	nc	nc
島根 (44)	63	2,350	1,480	1,070	98	102	100	101	102
岡山 (45)	16	…	…	…	nc	nc	nc	nc	nc
広島 (46)	61	…	…	…	nc	nc	nc	nc	nc
山口 (47)	46	…	…	…	nc	nc	nc	nc	nc
徳島 (48)	60	3,200	1,920	1,700	103	112	116	116	96
香川 (49)	15	…	…	…	nc	nc	nc	nc	nc
愛媛 (50)	46	…	…	…	nc	nc	nc	nc	nc
高知 (51)	15	…	…	…	nc	nc	nc	nc	nc
福岡 (52)	103	4,090	4,210	3,630	99	112	111	110	111
佐賀 (53)	10	…	…	…	nc	nc	nc	nc	nc
長崎 (54)	31	…	…	…	nc	nc	nc	nc	nc
熊本 (55)	18	…	…	…	nc	nc	nc	nc	nc
大分 (56)	18	…	…	…	nc	nc	nc	nc	nc
宮崎 (57)	23	…	…	…	nc	nc	nc	nc	nc
鹿児島 (58)	20	…	…	…	nc	nc	nc	nc	nc
沖縄 (59)	1	…	…	…	nc	nc	nc	nc	nc
関東農政局 (60)	1,760	…	…	…	nc	nc	nc	nc	nc
東海農政局 (61)	334	1,970	6,590	4,850	99	102	102	101	88
中国四国農政局 (62)	357	…	…	…	nc	nc	nc	nc	nc

(3) にんじん
ア 計

作付面積	10a当たり収量	収穫量	出荷量	対前年産比 作付面積	対前年産比 10a当たり収量	対前年産比 収穫量	対前年産比 出荷量	(参考)対平均収量比	
ha	kg	t	t	%	%	%	%	%	
17,000	3,500	594,900	533,800	99	105	104	104	105	(1)
4,670	4,170	194,700	181,700	101	118	119	119	117	(2)
12,400	…	…	…	nc	nc	nc	nc	nc	(3)
1,720	…	…	…	nc	nc	nc	nc	nc	(4)
398	…	…	…	nc	nc	nc	nc	nc	(5)
4,860	…	…	…	nc	nc	nc	nc	nc	(6)
769	3,860	29,700	25,600	104	116	121	123	110	(7)
316	…	…	…	nc	nc	nc	nc	nc	(8)
294	…	…	…	nc	nc	nc	nc	nc	(9)
1,170	…	…	…	nc	nc	nc	nc	nc	(10)
2,700	…	…	…	nc	nc	nc	nc	nc	(11)
144	1,670	2,400	2,030	86	102	87	88	91	(12)
4,670	4,170	194,700	181,700	101	118	119	119	117	(13)
1,190	3,330	39,600	36,800	103	103	106	106	104	(14)
155	1,980	3,070	1,780	96	121	117	110	125	(15)
105	…	…	…	nc	nc	nc	nc	nc	(16)
69	…	…	…	nc	nc	nc	nc	nc	(17)
63	…	…	…	nc	nc	nc	nc	nc	(18)
141	1,260	1,780	805	107	104	111	117	104	(19)
849	3,260	27,700	24,200	101	89	90	95	92	(20)
129	…	…	…	nc	nc	nc	nc	nc	(21)
81	…	…	…	nc	nc	nc	nc	nc	(22)
517	3,620	18,700	15,900	98	99	97	98	103	(23)
2,950	3,170	93,600	87,200	98	87	86	86	90	(24)
107	2,980	3,190	2,940	97	98	96	95	89	(25)
136	…	…	…	nc	nc	nc	nc	nc	(26)
246	2,690	6,610	5,310	99	114	112	114	113	(27)
77	…	…	…	nc	nc	nc	nc	nc	(28)
35	1,010	353	288	85	109	93	92	79	(29)
40	…	…	…	nc	nc	nc	nc	nc	(30)
23	…	…	…	nc	nc	nc	nc	nc	(31)
64	…	…	…	nc	nc	nc	nc	nc	(32)
182	3,300	6,010	5,040	101	113	114	113	103	(33)
104	2,640	2,750	2,030	97	104	101	101	116	(34)
410	4,800	19,700	17,900	109	119	130	132	112	(35)
73	1,670	1,220	619	99	87	86	87	98	(36)
51	…	…	…	nc	nc	nc	nc	nc	(37)
55	…	…	…	nc	nc	nc	nc	nc	(38)
7	…	…	…	nc	nc	nc	nc	nc	(39)
119	2,710	3,220	2,560	102	89	90	90	104	(40)
28	…	…	…	nc	nc	nc	nc	nc	(41)
56	4,950	2,770	2,510	92	116	106	107	116	(42)
75	2,520	1,890	1,630	91	103	94	94	92	(43)
47	…	…	…	nc	nc	nc	nc	nc	(44)
57	1,840	1,050	789	75	119	90	92	109	(45)
52	…	…	…	nc	nc	nc	nc	nc	(46)
63	…	…	…	nc	nc	nc	nc	nc	(47)
981	5,240	51,400	46,800	100	106	106	106	102	(48)
104	2,790	2,900	2,670	95	101	96	98	102	(49)
43	…	…	…	nc	nc	nc	nc	nc	(50)
40	…	…	…	nc	nc	nc	nc	nc	(51)
104	…	…	…	nc	nc	nc	nc	nc	(52)
27	…	…	…	nc	nc	nc	nc	nc	(53)
817	3,810	31,100	29,100	97	98	96	96	102	(54)
581	3,130	18,200	16,100	97	104	100	99	105	(55)
140	2,300	3,220	2,430	100	100	99	100	108	(56)
466	3,390	15,800	14,200	97	106	103	103	104	(57)
566	3,410	19,300	16,300	100	107	107	107	104	(58)
144	1,670	2,400	2,030	86	102	87	88	91	(59)
4,960	…	…	…	nc	nc	nc	nc	nc	(60)
665	4,050	26,900	23,600	106	117	123	126	109	(61)
1,460	…	…	…	nc	nc	nc	nc	nc	(62)

3　令和元年産都道府県別の作付面積、10ａ当たり収量、収穫量及び出荷量　（続き）

(3)　にんじん（続き）
イ　春夏にんじん

全国農業地域・都道府県		作付面積	10ａ当たり収量	収穫量	出荷量	対前年産比 作付面積	対前年産比 10ａ当たり収量	対前年産比 収穫量	対前年産比 出荷量	(参考) 対平均収量比
		ha	kg	t	t	%	%	%	%	%
全国	(1)	**4,150**	**3,900**	**161,800**	**148,900**	**99**	**105**	**104**	**104**	**104**
(全国農業地域)										
北海道	(2)	188	3,470	6,520	6,150	109	109	118	119	111
都府県	(3)	3,970	…	…	…	nc	nc	nc	nc	nc
東北	(4)	700	…	…	…	nc	nc	nc	nc	nc
北陸	(5)	49	…	…	…	nc	nc	nc	nc	nc
関東・東山	(6)	1,050	…	…	…	nc	nc	nc	nc	nc
東海	(7)	185	…	…	…	nc	nc	nc	nc	nc
近畿	(8)	136	…	…	…	nc	nc	nc	nc	nc
中国	(9)	52	…	…	…	nc	nc	nc	nc	nc
四国	(10)	992	…	…	…	nc	nc	nc	nc	nc
九州	(11)	746	…	…	…	nc	nc	nc	nc	nc
沖縄	(12)	52	1,900	988	858	90	92	82	83	89
(都道府県)										
北海道	(13)	188	3,470	6,520	6,150	109	109	118	119	111
青森	(14)	646	3,440	22,200	20,900	103	99	101	101	98
岩手	(15)	28	1,600	448	277	93	99	92	91	98
宮城	(16)	12	…	…	…	nc	nc	nc	nc	nc
秋田	(17)	0	…	…	…	nc	nc	nc	nc	nc
山形	(18)	2	…	…	…	nc	nc	nc	nc	nc
福島	(19)	12	…	…	…	nc	nc	nc	nc	nc
茨城	(20)	193	4,120	7,950	7,540	99	98	98	98	110
栃木	(21)	35	…	…	…	nc	nc	nc	nc	nc
群馬	(22)	13	…	…	…	nc	nc	nc	nc	nc
埼玉	(23)	144	3,420	4,920	4,390	96	102	98	98	104
千葉	(24)	622	3,850	23,900	23,000	95	108	102	102	103
東京	(25)	10	…	…	…	nc	nc	nc	nc	nc
神奈川	(26)	33	…	…	…	nc	nc	nc	nc	nc
新潟	(27)	34	2,390	813	748	97	124	120	121	107
富山	(28)	9	…	…	…	nc	nc	nc	nc	nc
石川	(29)	2	…	…	…	nc	nc	nc	nc	nc
福井	(30)	4	…	…	…	nc	nc	nc	nc	nc
山梨	(31)	3	…	…	…	nc	nc	nc	nc	nc
長野	(32)	-	…	…	…	nc	nc	nc	nc	nc
岐阜	(33)	68	4,700	3,200	3,010	99	105	104	104	106
静岡	(34)	52	3,220	1,670	1,430	95	111	104	104	113
愛知	(35)	49	2,980	1,460	1,210	98	98	96	96	104
三重	(36)	16	…	…	…	nc	nc	nc	nc	nc
滋賀	(37)	4	…	…	…	nc	nc	nc	nc	nc
京都	(38)	13	…	…	…	nc	nc	nc	nc	nc
大阪	(39)	3	…	…	…	nc	nc	nc	nc	nc
兵庫	(40)	62	3,830	2,370	2,250	98	93	91	91	106
奈良	(41)	4	…	…	…	nc	nc	nc	nc	nc
和歌山	(42)	50	5,320	2,660	2,450	93	116	107	107	116
鳥取	(43)	5	…	…	…	nc	nc	nc	nc	nc
島根	(44)	9	…	…	…	nc	nc	nc	nc	nc
岡山	(45)	12	2,180	262	215	80	110	88	90	110
広島	(46)	17	…	…	…	nc	nc	nc	nc	nc
山口	(47)	9	…	…	…	nc	nc	nc	nc	nc
徳島	(48)	969	5,280	51,200	46,700	100	106	106	106	102
香川	(49)	7	…	…	…	nc	nc	nc	nc	nc
愛媛	(50)	9	…	…	…	nc	nc	nc	nc	nc
高知	(51)	7	…	…	…	nc	nc	nc	nc	nc
福岡	(52)	23	…	…	…	nc	nc	nc	nc	nc
佐賀	(53)	5	…	…	…	nc	nc	nc	nc	nc
長崎	(54)	296	3,930	11,600	10,900	100	111	110	110	103
熊本	(55)	233	3,440	8,020	7,320	99	111	110	110	115
大分	(56)	20	2,930	586	496	100	103	103	103	104
宮崎	(57)	120	3,620	4,340	4,010	96	104	100	100	99
鹿児島	(58)	49	2,590	1,270	1,040	109	107	118	124	102
沖縄	(59)	52	1,900	988	858	90	92	82	83	89
関東農政局	(60)	1,110	…	…	…	nc	nc	nc	nc	nc
東海農政局	(61)	133	…	…	…	nc	nc	nc	nc	nc
中国四国農政局	(62)	1,040	…	…	…	nc	nc	nc	nc	nc

ウ　秋にんじん

作付面積	10a当たり収量	収穫量	出荷量	対前年産比 作付面積	対前年産比 10a当たり収量	対前年産比 収穫量	対前年産比 出荷量	(参考) 対平均収量比	
ha	kg	t	t	%	%	%	%	%	
5,370	3,910	210,100	191,500	99	118	118	119	118	(1)
4,480	4,200	188,200	175,500	100	118	119	119	117	(2)
886	…	…	…	nc	nc	nc	nc	nc	(3)
544	…	…	…	nc	nc	nc	nc	nc	(4)
82	…	…	…	nc	nc	nc	nc	nc	(5)
151	…	…	…	nc	nc	nc	nc	nc	(6)
13	…	…	…	nc	nc	nc	nc	nc	(7)
11	…	…	…	nc	nc	nc	nc	nc	(8)
27	…	…	…	nc	nc	nc	nc	nc	(9)
12	…	…	…	nc	nc	nc	nc	nc	(10)
46	…	…	…	nc	nc	nc	nc	nc	(11)
-	…	…	…	nc	nc	nc	nc	nc	(12)
4,480	4,200	188,200	175,500	100	118	119	119	117	(13)
303	3,370	10,200	9,490	103	113	116	117	117	(14)
103	…	…	…	nc	nc	nc	nc	nc	(15)
10	…	…	…	nc	nc	nc	nc	nc	(16)
60	…	…	…	nc	nc	nc	nc	nc	(17)
61	…	…	…	nc	nc	nc	nc	nc	(18)
7	…	…	…	nc	nc	nc	nc	nc	(19)
27	…	…	…	nc	nc	nc	nc	nc	(20)
18	…	…	…	nc	nc	nc	nc	nc	(21)
12	…	…	…	nc	nc	nc	nc	nc	(22)
7	…	…	…	nc	nc	nc	nc	nc	(23)
-	…	…	…	nc	nc	nc	nc	nc	(24)
-	…	…	…	nc	nc	nc	nc	nc	(25)
12	…	…	…	nc	nc	nc	nc	nc	(26)
67	…	…	…	nc	nc	nc	nc	nc	(27)
13	…	…	…	nc	nc	nc	nc	nc	(28)
0	…	…	…	nc	nc	nc	nc	nc	(29)
2	…	…	…	nc	nc	nc	nc	nc	(30)
11	…	…	…	nc	nc	nc	nc	nc	(31)
64	…	…	…	nc	nc	nc	nc	nc	(32)
4	…	…	…	nc	nc	nc	nc	nc	(33)
3	…	…	…	nc	nc	nc	nc	nc	(34)
1	…	…	…	nc	nc	nc	nc	nc	(35)
5	…	…	…	nc	nc	nc	nc	nc	(36)
1	…	…	…	nc	nc	nc	nc	nc	(37)
1	…	…	…	nc	nc	nc	nc	nc	(38)
-	…	…	…	nc	nc	nc	nc	nc	(39)
5	…	…	…	nc	nc	nc	nc	nc	(40)
4	…	…	…	nc	nc	nc	nc	nc	(41)
0	…	…	…	nc	nc	nc	nc	nc	(42)
1	…	…	…	nc	nc	nc	nc	nc	(43)
9	…	…	…	nc	nc	nc	nc	nc	(44)
5	…	…	…	nc	nc	nc	nc	nc	(45)
9	…	…	…	nc	nc	nc	nc	nc	(46)
3	…	…	…	nc	nc	nc	nc	nc	(47)
2	…	…	…	nc	nc	nc	nc	nc	(48)
2	…	…	…	nc	nc	nc	nc	nc	(49)
6	…	…	…	nc	nc	nc	nc	nc	(50)
2	…	…	…	nc	nc	nc	nc	nc	(51)
3	…	…	…	nc	nc	nc	nc	nc	(52)
2	…	…	…	nc	nc	nc	nc	nc	(53)
8	…	…	…	nc	nc	nc	nc	nc	(54)
15	…	…	…	nc	nc	nc	nc	nc	(55)
11	…	…	…	nc	nc	nc	nc	nc	(56)
-	…	…	…	nc	nc	nc	nc	nc	(57)
7	…	…	…	nc	nc	nc	nc	nc	(58)
-	…	…	…	nc	nc	nc	nc	nc	(59)
154	…	…	…	nc	nc	nc	nc	nc	(60)
10	…	…	…	nc	nc	nc	nc	nc	(61)
39	…	…	…	nc	nc	nc	nc	nc	(62)

3　令和元年産都道府県別の作付面積、10ａ当たり収量、収穫量及び出荷量 （続き）

(3) にんじん（続き）

エ　冬にんじん

全国農業地域・都道府県		作付面積	10ａ当たり収量	収穫量	出荷量	対前年産比				(参考) 対平均収量比
						作付面積	10ａ当たり収量	収穫量	出荷量	
		ha	kg	t	t	%	%	%	%	%
全国	**(1)**	**7,520**	**2,970**	**223,000**	**193,400**	**99**	**94**	**93**	**93**	**95**
(全国農業地域)										
北海道	(2)	-	…	…	…	nc	nc	nc	nc	nc
都府県	(3)	7,520	…	…	…	nc	nc	nc	nc	nc
東北	(4)	474	…	…	…	nc	nc	nc	nc	nc
北陸	(5)	267	…	…	…	nc	nc	nc	nc	nc
関東・東山	(6)	3,660	…	…	…	nc	nc	nc	nc	nc
東海	(7)	571	…	…	…	nc	nc	nc	nc	nc
近畿	(8)	169	…	…	…	nc	nc	nc	nc	nc
中国	(9)	215	…	…	…	nc	nc	nc	nc	nc
四国	(10)	164	…	…	…	nc	nc	nc	nc	nc
九州	(11)	1,910	…	…	…	nc	nc	nc	nc	nc
沖縄	(12)	92	1,530	1,410	1,170	88	111	98	99	93
(都道府県)										
北海道	(13)	-	…	…	…	nc	nc	nc	nc	nc
青森	(14)	236	3,030	7,150	6,440	101	105	106	106	107
岩手	(15)	24	…	…	…	nc	nc	nc	nc	nc
宮城	(16)	83	…	…	…	nc	nc	nc	nc	nc
秋田	(17)	9	…	…	…	nc	nc	nc	nc	nc
山形	(18)	-	…	…	…	nc	nc	nc	nc	nc
福島	(19)	122	1,230	1,500	654	102	101	103	106	101
茨城	(20)	629	3,030	19,100	16,400	101	85	86	93	85
栃木	(21)	76	…	…	…	nc	nc	nc	nc	nc
群馬	(22)	56	…	…	…	nc	nc	nc	nc	nc
埼玉	(23)	366	3,740	13,700	11,400	99	99	97	97	102
千葉	(24)	2,330	2,990	69,700	64,200	99	82	81	81	86
東京	(25)	97	3,050	2,960	2,750	98	96	94	94	86
神奈川	(26)	91	…	…	…	nc	nc	nc	nc	nc
新潟	(27)	145	2,530	3,670	2,840	99	100	98	100	100
富山	(28)	55	…	…	…	nc	nc	nc	nc	nc
石川	(29)	33	939	310	252	92	103	95	93	76
福井	(30)	34	…	…	…	nc	nc	nc	nc	nc
山梨	(31)	9	…	…	…	nc	nc	nc	nc	nc
長野	(32)	-	…	…	…	nc	nc	nc	nc	nc
岐阜	(33)	110	2,510	2,760	1,990	101	127	128	128	101
静岡	(34)	49	…	…	…	nc	nc	nc	nc	nc
愛知	(35)	360	5,060	18,200	16,700	111	120	134	135	113
三重	(36)	52	1,580	822	402	98	85	83	83	95
滋賀	(37)	46	…	…	…	nc	nc	nc	nc	nc
京都	(38)	41	…	…	…	nc	nc	nc	nc	nc
大阪	(39)	4	…	…	…	nc	nc	nc	nc	nc
兵庫	(40)	52	…	…	…	nc	nc	nc	nc	nc
奈良	(41)	20	…	…	…	nc	nc	nc	nc	nc
和歌山	(42)	6	…	…	…	nc	nc	nc	nc	nc
鳥取	(43)	69	2,510	1,730	1,490	93	104	97	97	91
島根	(44)	29	…	…	…	nc	nc	nc	nc	nc
岡山	(45)	40	1,840	736	537	71	123	88	91	109
広島	(46)	26	…	…	…	nc	nc	nc	nc	nc
山口	(47)	51	…	…	…	nc	nc	nc	nc	nc
徳島	(48)	10	…	…	…	nc	nc	nc	nc	nc
香川	(49)	95	2,880	2,740	2,580	96	101	97	98	102
愛媛	(50)	28	…	…	…	nc	nc	nc	nc	nc
高知	(51)	31	…	…	…	nc	nc	nc	nc	nc
福岡	(52)	78	…	…	…	nc	nc	nc	nc	nc
佐賀	(53)	20	…	…	…	nc	nc	nc	nc	nc
長崎	(54)	513	3,780	19,400	18,100	96	92	89	88	101
熊本	(55)	333	2,890	9,620	8,300	96	97	93	93	96
大分	(56)	109	2,260	2,460	1,820	101	97	98	99	108
宮崎	(57)	346	3,320	11,500	10,200	98	108	106	104	106
鹿児島	(58)	510	3,510	17,900	15,200	100	106	106	106	103
沖縄	(59)	92	1,530	1,410	1,170	88	111	98	99	93
関東農政局	(60)	3,710	…	…	…	nc	nc	nc	nc	nc
東海農政局	(61)	522	4,180	21,800	19,100	107	122	131	133	111
中国四国農政局	(62)	379	…	…	…	nc	nc	nc	nc	nc

(4)　ごぼう

作付面積	10a当たり収量	収穫量	出荷量	対前年産比				(参考)対平均収量比	
				作付面積	10a当たり収量	収穫量	出荷量		
ha	kg	t	t	%	%	%	%	%	
7,540	**1,810**	**136,800**	**119,400**	**98**	**103**	**101**	**102**	**98**	(1)
607	2,040	12,400	11,600	99	93	92	93	90	(2)
6,930	…	…	…	nc	nc	nc	nc	nc	(3)
2,700	…	…	…	nc	nc	nc	nc	nc	(4)
121	…	…	…	nc	nc	nc	nc	nc	(5)
2,090	…	…	…	nc	nc	nc	nc	nc	(6)
114	…	…	…	nc	nc	nc	nc	nc	(7)
124	…	…	…	nc	nc	nc	nc	nc	(8)
198	…	…	…	nc	nc	nc	nc	nc	(9)
104	…	…	…	nc	nc	nc	nc	nc	(10)
1,480	…	…	…	nc	nc	nc	nc	nc	(11)
4	…	…	…	nc	nc	nc	nc	nc	(12)
607	2,040	12,400	11,600	99	93	92	93	90	(13)
2,360	2,180	51,400	48,300	100	103	104	104	99	(14)
86	…	…	…	nc	nc	nc	nc	nc	(15)
41	…	…	…	nc	nc	nc	nc	nc	(16)
70	…	…	…	nc	nc	nc	nc	nc	(17)
35	…	…	…	nc	nc	nc	nc	nc	(18)
107	…	…	…	nc	nc	nc	nc	nc	(19)
793	1,720	13,600	12,500	96	100	95	100	90	(20)
265	1,770	4,690	4,430	90	105	95	95	110	(21)
410	1,840	7,540	6,840	99	101	100	100	103	(22)
100	…	…	…	nc	nc	nc	nc	nc	(23)
364	2,060	7,500	6,640	97	100	97	97	104	(24)
34	…	…	…	nc	nc	nc	nc	nc	(25)
39	…	…	…	nc	nc	nc	nc	nc	(26)
94	…	…	…	nc	nc	nc	nc	nc	(27)
5	…	…	…	nc	nc	nc	nc	nc	(28)
12	…	…	…	nc	nc	nc	nc	nc	(29)
10	…	…	…	nc	nc	nc	nc	nc	(30)
28	…	…	…	nc	nc	nc	nc	nc	(31)
61	…	…	…	nc	nc	nc	nc	nc	(32)
29	…	…	…	nc	nc	nc	nc	nc	(33)
20	…	…	…	nc	nc	nc	nc	nc	(34)
46	…	…	…	nc	nc	nc	nc	nc	(35)
19	…	…	…	nc	nc	nc	nc	nc	(36)
12	…	…	…	nc	nc	nc	nc	nc	(37)
33	…	…	…	nc	nc	nc	nc	nc	(38)
19	…	…	…	nc	nc	nc	nc	nc	(39)
33	…	…	…	nc	nc	nc	nc	nc	(40)
18	…	…	…	nc	nc	nc	nc	nc	(41)
9	…	…	…	nc	nc	nc	nc	nc	(42)
38	…	…	…	nc	nc	nc	nc	nc	(43)
37	…	…	…	nc	nc	nc	nc	nc	(44)
52	…	…	…	nc	nc	nc	nc	nc	(45)
41	…	…	…	nc	nc	nc	nc	nc	(46)
30	…	…	…	nc	nc	nc	nc	nc	(47)
50	…	…	…	nc	nc	nc	nc	nc	(48)
13	…	…	…	nc	nc	nc	nc	nc	(49)
32	…	…	…	nc	nc	nc	nc	nc	(50)
9	…	…	…	nc	nc	nc	nc	nc	(51)
48	…	…	…	nc	nc	nc	nc	nc	(52)
19	…	…	…	nc	nc	nc	nc	nc	(53)
25	…	…	…	nc	nc	nc	nc	nc	(54)
248	1,400	3,470	2,920	94	108	101	104	114	(55)
81	…	…	…	nc	nc	nc	nc	nc	(56)
604	1,770	10,700	9,700	98	129	127	126	109	(57)
451	1,290	5,820	5,350	101	96	98	99	86	(58)
4	…	…	…	nc	nc	nc	nc	nc	(59)
2,110	…	…	…	nc	nc	nc	nc	nc	(60)
94	…	…	…	nc	nc	nc	nc	nc	(61)
302	…	…	…	nc	nc	nc	nc	nc	(62)

3 令和元年産都道府県別の作付面積、10ａ当たり収量、収穫量及び出荷量 （続き）

(5) れんこん

全国農業地域・都道府県		作付面積	10ａ当たり収量	収穫量	出荷量	対前年産比 作付面積	対前年産比 10ａ当たり収量	対前年産比 収穫量	対前年産比 出荷量	(参考) 対平均収量比
		ha	kg	t	t	%	%	%	%	%
全国	**(1)**	**3,910**	**1,350**	**52,700**	**44,500**	**98**	**88**	**86**	**86**	**89**
(全国農業地域)										
北海道	(2)	−	…	…	…	nc	nc	nc	nc	nc
都府県	(3)	3,910	…	…	…	nc	nc	nc	nc	nc
東北	(4)	x	…	…	…	nc	nc	nc	nc	nc
北陸	(5)	235	…	…	…	nc	nc	nc	nc	nc
関東・東山	(6)	1,760	…	…	…	nc	nc	nc	nc	nc
東海	(7)	311	…	…	…	nc	nc	nc	nc	nc
近畿	(8)	x	…	…	…	nc	nc	nc	nc	nc
中国	(9)	359	…	…	…	nc	nc	nc	nc	nc
四国	(10)	556	…	…	…	nc	nc	nc	nc	nc
九州	(11)	635	…	…	…	nc	nc	nc	nc	nc
沖縄	(12)	x	…	…	…	nc	nc	nc	nc	nc
(都道府県)										
北海道	(13)	−	…	…	…	nc	nc	nc	nc	nc
青森	(14)	−	…	…	…	nc	nc	nc	nc	nc
岩手	(15)	x	…	…	…	nc	nc	nc	nc	nc
宮城	(16)	5	…	…	…	nc	nc	nc	nc	nc
秋田	(17)	−	…	…	…	nc	nc	nc	nc	nc
山形	(18)	1	…	…	…	nc	nc	nc	nc	nc
福島	(19)	0	…	…	…	nc	nc	nc	nc	nc
茨城	(20)	1,660	1,590	26,400	23,000	100	89	89	90	88
栃木	(21)	x	…	…	…	nc	nc	nc	nc	nc
群馬	(22)	1	…	…	…	nc	nc	nc	nc	nc
埼玉	(23)	x	…	…	…	nc	nc	nc	nc	nc
千葉	(24)	94	…	…	…	nc	nc	nc	nc	nc
東京	(25)	−	…	…	…	nc	nc	nc	nc	nc
神奈川	(26)	−	…	…	…	nc	nc	nc	nc	nc
新潟	(27)	157	…	…	…	nc	nc	nc	nc	nc
富山	(28)	3	…	…	…	nc	nc	nc	nc	nc
石川	(29)	75	…	…	…	nc	nc	nc	nc	nc
福井	(30)	0	…	…	…	nc	nc	nc	nc	nc
山梨	(31)	0	…	…	…	nc	nc	nc	nc	nc
長野	(32)	2	…	…	…	nc	nc	nc	nc	nc
岐阜	(33)	10	…	…	…	nc	nc	nc	nc	nc
静岡	(34)	29	…	…	…	nc	nc	nc	nc	nc
愛知	(35)	266	1,130	3,010	2,830	92	93	85	85	93
三重	(36)	6	…	…	…	nc	nc	nc	nc	nc
滋賀	(37)	4	…	…	…	nc	nc	nc	nc	nc
京都	(38)	2	…	…	…	nc	nc	nc	nc	nc
大阪	(39)	5	…	…	…	nc	nc	nc	nc	nc
兵庫	(40)	33	1,360	449	432	94	128	121	121	95
奈良	(41)	2	…	…	…	nc	nc	nc	nc	nc
和歌山	(42)	x	…	…	…	nc	nc	nc	nc	nc
鳥取	(43)	1	…	…	…	nc	nc	nc	nc	nc
島根	(44)	4	…	…	…	nc	nc	nc	nc	nc
岡山	(45)	89	1,520	1,350	1,210	97	94	91	90	94
広島	(46)	60	…	…	…	nc	nc	nc	nc	nc
山口	(47)	205	1,210	2,480	2,240	99	83	83	84	80
徳島	(48)	527	986	5,200	4,260	100	78	78	77	76
香川	(49)	8	…	…	…	nc	nc	nc	nc	nc
愛媛	(50)	21	…	…	…	nc	nc	nc	nc	nc
高知	(51)	0	…	…	…	nc	nc	nc	nc	nc
福岡	(52)	15	…	…	…	nc	nc	nc	nc	nc
佐賀	(53)	417	1,390	5,800	4,330	97	84	82	81	99
長崎	(54)	25	…	…	…	nc	nc	nc	nc	nc
熊本	(55)	163	1,210	1,970	1,450	100	97	97	97	87
大分	(56)	12	…	…	…	nc	nc	nc	nc	nc
宮崎	(57)	x	…	…	…	nc	nc	nc	nc	nc
鹿児島	(58)	x	…	…	…	nc	nc	nc	nc	nc
沖縄	(59)	x	…	…	…	nc	nc	nc	nc	nc
関東農政局	(60)	1,790	…	…	…	nc	nc	nc	nc	nc
東海農政局	(61)	282	…	…	…	nc	nc	nc	nc	nc
中国四国農政局	(62)	915	…	…	…	nc	nc	nc	nc	nc

(6) ばれいしょ（じゃがいも）
ア 計

作付面積	10a当たり収量	収穫量	出荷量	対前年産比				(参考)対平均収量比	
				作付面積	10a当たり収量	収穫量	出荷量		
ha	kg	t	t	%	%	%	%	%	
74,400	**3,220**	**2,399,000**	**2,027,000**	**97**	**109**	**106**	**107**	**106**	(1)
49,600	3,810	1,890,000	1,697,000	98	111	108	109	106	(2)
24,800	…	…	…	nc	nc	nc	nc	nc	(3)
3,320	…	…	…	nc	nc	nc	nc	nc	(4)
1,280	…	…	…	nc	nc	nc	nc	nc	(5)
6,270	…	…	…	nc	nc	nc	nc	nc	(6)
1,340	…	…	…	nc	nc	nc	nc	nc	(7)
980	…	…	…	nc	nc	nc	nc	nc	(8)
1,310	…	…	…	nc	nc	nc	nc	nc	(9)
572	…	…	…	nc	nc	nc	nc	nc	(10)
9,630	…	…	…	nc	nc	nc	nc	nc	(11)
72	…	…	…	nc	nc	nc	nc	nc	(12)
49,600	3,810	1,890,000	1,697,000	98	111	108	109	106	(13)
658	2,360	15,500	11,800	91	107	97	98	104	(14)
381	…	…	…	nc	nc	nc	nc	nc	(15)
520	1,320	6,860	2,090	nc	nc	nc	nc	95	(16)
548	…	…	…	nc	nc	nc	nc	nc	(17)
188	…	…	…	nc	nc	nc	nc	nc	(18)
1,020	1,700	17,300	2,330	97	99	96	98	95	(19)
1,610	3,000	48,300	40,800	103	101	104	105	103	(20)
517	…	…	…	nc	nc	nc	nc	nc	(21)
358	…	…	…	nc	nc	nc	nc	nc	(22)
690	…	…	…	nc	nc	nc	nc	nc	(23)
1,180	2,500	29,500	24,500	98	93	92	92	106	(24)
203	…	…	…	nc	nc	nc	nc	nc	(25)
407	…	…	…	nc	nc	nc	nc	nc	(26)
610	…	…	…	nc	nc	nc	nc	nc	(27)
121	…	…	…	nc	nc	nc	nc	nc	(28)
234	…	…	…	nc	nc	nc	nc	nc	(29)
318	…	…	…	nc	nc	nc	nc	nc	(30)
291	…	…	…	nc	nc	nc	nc	nc	(31)
1,020	1,890	19,300	1,690	93	97	90	95	93	(32)
302	…	…	…	nc	nc	nc	nc	nc	(33)
544	2,680	14,600	12,400	97	105	102	102	118	(34)
287	…	…	…	nc	nc	nc	nc	nc	(35)
209	1,110	2,330	1,420	102	93	95	95	85	(36)
138	…	…	…	nc	nc	nc	nc	nc	(37)
208	…	…	…	nc	nc	nc	nc	nc	(38)
77	…	…	…	nc	nc	nc	nc	nc	(39)
334	…	…	…	nc	nc	nc	nc	nc	(40)
161	…	…	…	nc	nc	nc	nc	nc	(41)
62	…	…	…	nc	nc	nc	nc	nc	(42)
169	…	…	…	nc	nc	nc	nc	nc	(43)
163	…	…	…	nc	nc	nc	nc	nc	(44)
229	1,130	2,590	630	91	92	83	88	90	(45)
517	1,220	6,330	1,790	98	95	93	94	95	(46)
228	…	…	…	nc	nc	nc	nc	nc	(47)
101	…	…	…	nc	nc	nc	nc	nc	(48)
85	…	…	…	nc	nc	nc	nc	nc	(49)
283	…	…	…	nc	nc	nc	nc	nc	(50)
103	…	…	…	nc	nc	nc	nc	nc	(51)
337	…	…	…	nc	nc	nc	nc	nc	(52)
144	2,020	2,910	1,880	93	97	90	88	105	(53)
3,400	2,670	90,900	79,200	95	104	99	99	105	(54)
575	2,310	13,300	9,930	97	106	104	107	113	(55)
142	…	…	…	nc	nc	nc	nc	nc	(56)
453	2,490	11,300	10,400	84	116	97	96	106	(57)
4,580	2,070	95,000	87,000	102	97	98	99	103	(58)
72	…	…	…	nc	nc	nc	nc	nc	(59)
6,820	…	…	…	nc	nc	nc	nc	nc	(60)
798	…	…	…	nc	nc	nc	nc	nc	(61)
1,880	…	…	…	nc	nc	nc	nc	nc	(62)

3　令和元年産都道府県別の作付面積、10a当たり収量、収穫量及び出荷量　（続き）

(6)　ばれいしょ（じゃがいも）（続き）
イ　春植えばれいしょ

全国農業地域・都道府県		作付面積	10a当たり収量	収穫量	出荷量	対前年産比 作付面積	対前年産比 10a当たり収量	対前年産比 収穫量	対前年産比 出荷量	(参考) 対平均収量比
		ha	kg	t	t	%	%	%	%	%
全国	(1)	**72,000**	**3,270**	**2,357,000**	**1,996,000**	**97**	**109**	**106**	**108**	**105**
(全国農業地域)										
北海道	(2)	49,600	3,810	1,890,000	1,697,000	98	111	108	109	106
都府県	(3)	22,400	2,090	467,600	298,500	96	101	97	99	nc
東北	(4)	3,320	…	…	…	nc	nc	nc	nc	nc
北陸	(5)	1,260	…	…	…	nc	nc	nc	nc	nc
関東・東山	(6)	6,200	…	…	…	nc	nc	nc	nc	nc
東海	(7)	1,230	…	…	…	nc	nc	nc	nc	nc
近畿	(8)	930	…	…	…	nc	nc	nc	nc	nc
中国	(9)	1,020	…	…	…	nc	nc	nc	nc	nc
四国	(10)	441	…	…	…	nc	nc	nc	nc	nc
九州	(11)	7,970	…	…	…	nc	nc	nc	nc	nc
沖縄	(12)	-	…	…	…	nc	nc	nc	nc	nc
(都道府県)										
北海道	(13)	49,600	3,810	1,890,000	1,697,000	98	111	108	109	106
青森	(14)	658	2,360	15,500	11,800	91	107	97	98	104
岩手	(15)	381	…	…	…	nc	nc	nc	nc	nc
宮城	(16)	520	1,320	6,860	2,090	nc	nc	nc	nc	95
秋田	(17)	548	…	…	…	nc	nc	nc	nc	nc
山形	(18)	188	…	…	…	nc	nc	nc	nc	nc
福島	(19)	1,020	1,700	17,300	2,330	97	99	96	98	95
茨城	(20)	1,600	3,010	48,200	40,800	103	101	104	105	103
栃木	(21)	514	…	…	…	nc	nc	nc	nc	nc
群馬	(22)	357	…	…	…	nc	nc	nc	nc	nc
埼玉	(23)	677	…	…	…	nc	nc	nc	nc	nc
千葉	(24)	1,180	2,500	29,500	24,500	98	93	92	92	106
東京	(25)	191	…	…	…	nc	nc	nc	nc	nc
神奈川	(26)	371	…	…	…	nc	nc	nc	nc	nc
新潟	(27)	608	…	…	…	nc	nc	nc	nc	nc
富山	(28)	119	…	…	…	nc	nc	nc	nc	nc
石川	(29)	233	…	…	…	nc	nc	nc	nc	nc
福井	(30)	300	…	…	…	nc	nc	nc	nc	nc
山梨	(31)	288	…	…	…	nc	nc	nc	nc	nc
長野	(32)	1,020	1,890	19,300	1,690	93	97	90	95	93
岐阜	(33)	290	…	…	…	nc	nc	nc	nc	nc
静岡	(34)	512	2,760	14,100	12,100	97	105	101	102	118
愛知	(35)	237	…	…	…	nc	nc	nc	nc	nc
三重	(36)	189	1,160	2,190	1,380	102	94	96	96	85
滋賀	(37)	120	…	…	…	nc	nc	nc	nc	nc
京都	(38)	205	…	…	…	nc	nc	nc	nc	nc
大阪	(39)	65	…	…	…	nc	nc	nc	nc	nc
兵庫	(40)	326	…	…	…	nc	nc	nc	nc	nc
奈良	(41)	157	…	…	…	nc	nc	nc	nc	nc
和歌山	(42)	57	…	…	…	nc	nc	nc	nc	nc
鳥取	(43)	167	…	…	…	nc	nc	nc	nc	nc
島根	(44)	148	…	…	…	nc	nc	nc	nc	nc
岡山	(45)	191	1,030	1,970	350	95	87	82	85	85
広島	(46)	345	1,300	4,490	1,190	97	96	93	95	94
山口	(47)	166	…	…	…	nc	nc	nc	nc	nc
徳島	(48)	91	…	…	…	nc	nc	nc	nc	nc
香川	(49)	57	…	…	…	nc	nc	nc	nc	nc
愛媛	(50)	210	…	…	…	nc	nc	nc	nc	nc
高知	(51)	83	…	…	…	nc	nc	nc	nc	nc
福岡	(52)	290	…	…	…	nc	nc	nc	nc	nc
佐賀	(53)	108	2,200	2,380	1,680	92	96	88	87	105
長崎	(54)	2,500	2,900	72,500	63,300	96	105	101	101	104
熊本	(55)	523	2,440	12,800	9,650	97	107	105	107	114
大分	(56)	111	…	…	…	nc	nc	nc	nc	nc
宮崎	(57)	398	2,630	10,500	9,890	82	117	96	96	107
鹿児島	(58)	4,040	2,070	83,600	77,200	102	98	100	100	104
沖縄	(59)	-	…	…	…	nc	nc	nc	nc	nc
関東農政局	(60)	6,710	…	…	…	nc	nc	nc	nc	nc
東海農政局	(61)	716	…	…	…	nc	nc	nc	nc	nc
中国四国農政局	(62)	1,460	…	…	…	nc	nc	nc	nc	nc

ウ　秋植えばれいしょ

作付面積	10a当たり収量	収穫量	出荷量	対前年産比				(参考)対平均収量比	
				作付面積	10a当たり収量	収穫量	出荷量		
ha	kg	t	t	%	%	%	%	%	
2,410	1,730	41,800	31,400	96	95	92	90	105	(1)
-	-	-	-	nc	nc	nc	nc	nc	(2)
2,410	…	…	…	nc	nc	nc	nc	nc	(3)
-	…	…	…	nc	nc	nc	nc	nc	(4)
23	…	…	…	nc	nc	nc	nc	nc	(5)
74	…	…	…	nc	nc	nc	nc	nc	(6)
114	…	…	…	nc	nc	nc	nc	nc	(7)
50	…	…	…	nc	nc	nc	nc	nc	(8)
289	…	…	…	nc	nc	nc	nc	nc	(9)
131	…	…	…	nc	nc	nc	nc	nc	(10)
1,660	…	…	…	nc	nc	nc	nc	nc	(11)
72	…	…	…	nc	nc	nc	nc	nc	(12)
-	-	-	-	nc	nc	nc	nc	nc	(13)
-	-	-	-	nc	nc	nc	nc	nc	(14)
-	…	…	…	nc	nc	nc	nc	nc	(15)
-	-	-	-	nc	nc	nc	nc	nc	(16)
-	…	…	…	nc	nc	nc	nc	nc	(17)
-	…	…	…	nc	nc	nc	nc	nc	(18)
-	-	-	-	nc	nc	nc	nc	nc	(19)
6	978	54	31	86	98	77	63	84	(20)
3	…	…	…	nc	nc	nc	nc	nc	(21)
1	…	…	…	nc	nc	nc	nc	nc	(22)
13	…	…	…	nc	nc	nc	nc	nc	(23)
-	-	-	-	nc	nc	nc	nc	nc	(24)
12	…	…	…	nc	nc	nc	nc	nc	(25)
36	…	…	…	nc	nc	nc	nc	nc	(26)
2	…	…	…	nc	nc	nc	nc	nc	(27)
2	…	…	…	nc	nc	nc	nc	nc	(28)
1	…	…	…	nc	nc	nc	nc	nc	(29)
18	…	…	…	nc	nc	nc	nc	nc	(30)
3	…	…	…	nc	nc	nc	nc	nc	(31)
-	-	-	-	nc	nc	nc	nc	nc	(32)
12	…	…	…	nc	nc	nc	nc	nc	(33)
32	1,470	470	346	100	107	107	107	104	(34)
50	…	…	…	nc	nc	nc	nc	nc	(35)
20	685	137	38	100	84	84	84	77	(36)
18	…	…	…	nc	nc	nc	nc	nc	(37)
3	…	…	…	nc	nc	nc	nc	nc	(38)
12	…	…	…	nc	nc	nc	nc	nc	(39)
8	…	…	…	nc	nc	nc	nc	nc	(40)
4	…	…	…	nc	nc	nc	nc	nc	(41)
5	…	…	…	nc	nc	nc	nc	nc	(42)
2	…	…	…	nc	nc	nc	nc	nc	(43)
15	…	…	…	nc	nc	nc	nc	nc	(44)
38	1,640	623	280	73	119	87	93	112	(45)
172	1,070	1,840	604	100	93	93	93	98	(46)
62	…	…	…	nc	nc	nc	nc	nc	(47)
10	…	…	…	nc	nc	nc	nc	nc	(48)
28	…	…	…	nc	nc	nc	nc	nc	(49)
73	…	…	…	nc	nc	nc	nc	nc	(50)
20	…	…	…	nc	nc	nc	nc	nc	(51)
47	…	…	…	nc	nc	nc	nc	nc	(52)
36	1,460	526	200	97	101	99	99	104	(53)
895	2,060	18,400	15,900	92	100	92	90	109	(54)
52	1,030	536	282	96	94	90	91	98	(55)
31	…	…	…	nc	nc	nc	nc	nc	(56)
55	1,370	754	554	104	99	102	101	96	(57)
544	2,090	11,400	9,770	99	89	88	88	102	(58)
72	…	…	…	nc	nc	nc	nc	nc	(59)
106	…	…	…	nc	nc	nc	nc	nc	(60)
82	…	…	…	nc	nc	nc	nc	nc	(61)
420	…	…	…	nc	nc	nc	nc	nc	(62)

3 令和元年産都道府県別の作付面積、10ａ当たり収量、収穫量及び出荷量 （続き）

(7) さといも

ア 計

全国農業地域・都道府県	作付面積	10ａ当たり収量	収穫量	出荷量	対前年産比				(参考)対平均収量比
					作付面積	10ａ当たり収量	収穫量	出荷量	
	ha	kg	t	t	%	%	%	%	%
全国 (1)	**11,100**	**1,260**	**140,400**	**92,100**	**97**	**100**	**97**	**97**	**100**
(全国農業地域)									
北海道 (2)	x	…	…	…	nc	nc	nc	nc	nc
都府県 (3)	11,100	…	…	…	nc	nc	nc	nc	nc
東北 (4)	799	…	…	…	nc	nc	nc	nc	nc
北陸 (5)	974	…	…	…	nc	nc	nc	nc	nc
関東・東山 (6)	3,820	…	…	…	nc	nc	nc	nc	nc
東海 (7)	1,060	1,160	12,300	6,520	98	114	112	111	107
近畿 (8)	558	…	…	…	nc	nc	nc	nc	nc
中国 (9)	571	…	…	…	nc	nc	nc	nc	nc
四国 (10)	611	…	…	…	nc	nc	nc	nc	nc
九州 (11)	2,680	…	…	…	nc	nc	nc	nc	nc
沖縄 (12)	10	549	55	48	111	105	117	117	99
(都道府県)									
北海道 (13)	x	…	…	…	nc	nc	nc	nc	nc
青森 (14)	9	…	…	…	nc	nc	nc	nc	nc
岩手 (15)	108	701	757	372	98	102	100	100	98
宮城 (16)	108	…	…	…	nc	nc	nc	nc	nc
秋田 (17)	140	…	…	…	nc	nc	nc	nc	nc
山形 (18)	180	961	1,730	834	99	104	103	103	104
福島 (19)	254	798	2,030	835	99	100	99	99	97
茨城 (20)	277	1,150	3,190	1,690	83	98	82	82	103
栃木 (21)	492	1,640	8,070	5,210	95	99	94	99	107
群馬 (22)	281	1,000	2,810	1,240	101	106	107	107	103
埼玉 (23)	803	2,290	18,400	13,300	99	103	102	102	108
千葉 (24)	1,160	1,110	12,900	10,600	93	84	78	79	85
東京 (25)	218	1,200	2,620	2,260	96	103	98	99	112
神奈川 (26)	392	1,330	5,210	3,650	90	96	86	86	96
新潟 (27)	581	895	5,200	3,130	97	98	95	97	77
富山 (28)	149	1,040	1,550	982	96	101	97	104	86
石川 (29)	27	…	…	…	nc	nc	nc	nc	nc
福井 (30)	217	1,270	2,760	1,460	95	108	102	107	102
山梨 (31)	88	…	…	…	nc	nc	nc	nc	nc
長野 (32)	114	…	…	…	nc	nc	nc	nc	nc
岐阜 (33)	309	984	3,040	1,090	99	130	129	129	104
静岡 (34)	272	1,430	3,890	2,510	96	107	103	103	101
愛知 (35)	295	1,160	3,420	2,160	98	112	110	113	117
三重 (36)	185	1,060	1,960	755	97	118	115	115	117
滋賀 (37)	80	…	…	…	nc	nc	nc	nc	nc
京都 (38)	142	…	…	…	nc	nc	nc	nc	nc
大阪 (39)	50	1,770	885	769	100	103	103	103	99
兵庫 (40)	172	…	…	…	nc	nc	nc	nc	nc
奈良 (41)	89	…	…	…	nc	nc	nc	nc	nc
和歌山 (42)	25	…	…	…	nc	nc	nc	nc	nc
鳥取 (43)	90	…	…	…	nc	nc	nc	nc	nc
島根 (44)	105	…	…	…	nc	nc	nc	nc	nc
岡山 (45)	61	…	…	…	nc	nc	nc	nc	nc
広島 (46)	153	…	…	…	nc	nc	nc	nc	nc
山口 (47)	162	723	1,170	897	98	91	89	82	102
徳島 (48)	30	…	…	…	nc	nc	nc	nc	nc
香川 (49)	84	…	…	…	nc	nc	nc	nc	nc
愛媛 (50)	427	2,380	10,200	7,450	105	104	109	112	108
高知 (51)	70	…	…	…	nc	nc	nc	nc	nc
福岡 (52)	221	694	1,530	875	98	103	101	101	96
佐賀 (53)	95	…	…	…	nc	nc	nc	nc	nc
長崎 (54)	103	…	…	…	nc	nc	nc	nc	nc
熊本 (55)	493	1,130	5,570	3,890	93	109	101	101	102
大分 (56)	263	1,080	2,840	1,700	97	122	118	120	119
宮崎 (57)	951	1,260	12,000	9,980	94	91	86	87	89
鹿児島 (58)	550	1,450	7,980	6,660	96	112	107	109	112
沖縄 (59)	10	549	55	48	111	105	117	117	99
関東農政局 (60)	4,090	…	…	…	nc	nc	nc	nc	nc
東海農政局 (61)	789	1,070	8,420	4,010	98	119	117	118	112
中国四国農政局 (62)	1,180	…	…	…	nc	nc	nc	nc	nc

イ　秋冬さといも

作付面積	10a当たり収量	収穫量	出荷量	対前年産比				(参考)対平均収量比	
				作付面積	10a当たり収量	収穫量	出荷量		
ha	kg	t	t	%	%	%	%	%	
11,100	1,260	140,300	92,100	97	100	97	97	100	(1)
x	…	…	…	nc	nc	nc	nc	nc	(2)
11,100	…	…	…	nc	nc	nc	nc	nc	(3)
799	…	…	…	nc	nc	nc	nc	nc	(4)
974	…	…	…	nc	nc	nc	nc	nc	(5)
3,820	…	…	…	nc	nc	nc	nc	nc	(6)
1,060	1,160	12,300	6,520	98	114	112	111	107	(7)
558	…	…	…	nc	nc	nc	nc	nc	(8)
571	…	…	…	nc	nc	nc	nc	nc	(9)
611	…	…	…	nc	nc	nc	nc	nc	(10)
2,680	…	…	…	nc	nc	nc	nc	nc	(11)
-	…	…	…	nc	nc	nc	nc	nc	(12)
x	…	…	…	nc	nc	nc	nc	nc	(13)
9	…	…	…	nc	nc	nc	nc	nc	(14)
108	701	757	372	98	102	100	100	98	(15)
108	…	…	…	nc	nc	nc	nc	nc	(16)
140	…	…	…	nc	nc	nc	nc	nc	(17)
180	961	1,730	834	99	104	103	103	104	(18)
254	798	2,030	835	99	100	99	99	97	(19)
277	1,150	3,190	1,690	83	98	82	82	103	(20)
492	1,640	8,070	5,210	95	99	94	99	107	(21)
281	1,000	2,810	1,240	101	106	107	107	103	(22)
803	2,290	18,400	13,300	99	103	102	102	108	(23)
1,160	1,110	12,900	10,600	93	84	78	79	85	(24)
218	1,200	2,620	2,260	96	103	98	99	112	(25)
392	1,330	5,210	3,650	90	96	86	86	96	(26)
581	895	5,200	3,130	97	98	95	97	77	(27)
149	1,040	1,550	982	96	101	97	104	86	(28)
27	…	…	…	nc	nc	nc	nc	nc	(29)
217	1,270	2,760	1,460	95	108	102	107	102	(30)
88	…	…	…	nc	nc	nc	nc	nc	(31)
114	…	…	…	nc	nc	nc	nc	nc	(32)
309	984	3,040	1,090	99	130	129	129	104	(33)
272	1,430	3,890	2,510	96	107	103	103	101	(34)
295	1,160	3,420	2,160	98	112	110	113	117	(35)
185	1,060	1,960	755	97	118	115	115	117	(36)
80	…	…	…	nc	nc	nc	nc	nc	(37)
142	…	…	…	nc	nc	nc	nc	nc	(38)
50	1,770	885	769	100	103	103	103	99	(39)
172	…	…	…	nc	nc	nc	nc	nc	(40)
89	…	…	…	nc	nc	nc	nc	nc	(41)
25	…	…	…	nc	nc	nc	nc	nc	(42)
90	…	…	…	nc	nc	nc	nc	nc	(43)
105	…	…	…	nc	nc	nc	nc	nc	(44)
61	…	…	…	nc	nc	nc	nc	nc	(45)
153	…	…	…	nc	nc	nc	nc	nc	(46)
162	723	1,170	897	98	91	89	82	102	(47)
30	…	…	…	nc	nc	nc	nc	nc	(48)
84	…	…	…	nc	nc	nc	nc	nc	(49)
427	2,380	10,200	7,450	105	104	109	112	106	(50)
70	…	…	…	nc	nc	nc	nc	nc	(51)
221	694	1,530	875	98	103	101	101	96	(52)
95	…	…	…	nc	nc	nc	nc	nc	(53)
103	…	…	…	nc	nc	nc	nc	nc	(54)
493	1,130	5,570	3,890	93	109	101	101	102	(55)
263	1,080	2,840	1,700	97	122	118	120	119	(56)
951	1,260	12,000	9,980	94	91	86	87	89	(57)
550	1,450	7,980	6,660	96	112	107	109	112	(58)
-	…	…	…	nc	nc	nc	nc	nc	(59)
4,090	…	…	…	nc	nc	nc	nc	nc	(60)
789	1,070	8,420	4,010	98	119	117	118	112	(61)
1,180	…	…	…	nc	nc	nc	nc	nc	(62)

3　令和元年産都道府県別の作付面積、10ａ当たり収量、収穫量及び出荷量　（続き）

(7)　さといも（続き）

ウ　その他さといも

全国農業地域・都道府県		作付面積	10ａ当たり収量	収穫量	出荷量	対前年産比				（参考）対平均収量比
						作付面積	10ａ当たり収量	収穫量	出荷量	
		ha	kg	t	t	%	%	%	%	%
全国	(1)	**10**	**549**	**55**	**48**	**91**	**93**	**85**	**83**	**72**
(全国農業地域)										
北海道	(2)	−	…	…	…	nc	nc	nc	nc	nc
都府県	(3)	10	…	…	…	nc	nc	nc	nc	nc
東北	(4)	−	…	…	…	nc	nc	nc	nc	nc
北陸	(5)	−	…	…	…	nc	nc	nc	nc	nc
関東・東山	(6)	−	…	…	…	nc	nc	nc	nc	nc
東海	(7)	−	…	…	…	nc	nc	nc	nc	nc
近畿	(8)	−	…	…	…	nc	nc	nc	nc	nc
中国	(9)	−	…	…	…	nc	nc	nc	nc	nc
四国	(10)	−	…	…	…	nc	nc	nc	nc	nc
九州	(11)	−	…	…	…	nc	nc	nc	nc	nc
沖縄	(12)	10	549	55	48	111	105	117	117	99
(都道府県)										
北海道	(13)	−	…	…	…	nc	nc	nc	nc	nc
青森	(14)	−	…	…	…	nc	nc	nc	nc	nc
岩手	(15)	−	…	…	…	nc	nc	nc	nc	nc
宮城	(16)	−	…	…	…	nc	nc	nc	nc	nc
秋田	(17)	−	…	…	…	nc	nc	nc	nc	nc
山形	(18)	−	…	…	…	nc	nc	nc	nc	nc
福島	(19)	−	…	…	…	nc	nc	nc	nc	nc
茨城	(20)	−	…	…	…	nc	nc	nc	nc	nc
栃木	(21)	−	…	…	…	nc	nc	nc	nc	nc
群馬	(22)	−	…	…	…	nc	nc	nc	nc	nc
埼玉	(23)	−	…	…	…	nc	nc	nc	nc	nc
千葉	(24)	−	…	…	…	nc	nc	nc	nc	nc
東京	(25)	−	…	…	…	nc	nc	nc	nc	nc
神奈川	(26)	−	…	…	…	nc	nc	nc	nc	nc
新潟	(27)	−	…	…	…	nc	nc	nc	nc	nc
富山	(28)	−	…	…	…	nc	nc	nc	nc	nc
石川	(29)	−	…	…	…	nc	nc	nc	nc	nc
福井	(30)	−	…	…	…	nc	nc	nc	nc	nc
山梨	(31)	−	…	…	…	nc	nc	nc	nc	nc
長野	(32)	−	…	…	…	nc	nc	nc	nc	nc
岐阜	(33)	−	…	…	…	nc	nc	nc	nc	nc
静岡	(34)	−	…	…	…	nc	nc	nc	nc	nc
愛知	(35)	−	…	…	…	nc	nc	nc	nc	nc
三重	(36)	−	…	…	…	nc	nc	nc	nc	nc
滋賀	(37)	−	…	…	…	nc	nc	nc	nc	nc
京都	(38)	−	…	…	…	nc	nc	nc	nc	nc
大阪	(39)	−	…	…	…	nc	nc	nc	nc	nc
兵庫	(40)	−	…	…	…	nc	nc	nc	nc	nc
奈良	(41)	−	…	…	…	nc	nc	nc	nc	nc
和歌山	(42)	−	…	…	…	nc	nc	nc	nc	nc
鳥取	(43)	−	…	…	…	nc	nc	nc	nc	nc
島根	(44)	−	…	…	…	nc	nc	nc	nc	nc
岡山	(45)	−	…	…	…	nc	nc	nc	nc	nc
広島	(46)	−	…	…	…	nc	nc	nc	nc	nc
山口	(47)	−	…	…	…	nc	nc	nc	nc	nc
徳島	(48)	−	…	…	…	nc	nc	nc	nc	nc
香川	(49)	−	…	…	…	nc	nc	nc	nc	nc
愛媛	(50)	−	…	…	…	nc	nc	nc	nc	nc
高知	(51)	−	…	…	…	nc	nc	nc	nc	nc
福岡	(52)	−	…	…	…	nc	nc	nc	nc	nc
佐賀	(53)	−	…	…	…	nc	nc	nc	nc	nc
長崎	(54)	−	…	…	…	nc	nc	nc	nc	nc
熊本	(55)	−	…	…	…	nc	nc	nc	nc	nc
大分	(56)	−	…	…	…	nc	nc	nc	nc	nc
宮崎	(57)	−	…	…	…	nc	nc	nc	nc	nc
鹿児島	(58)	−	…	…	…	nc	nc	nc	nc	nc
沖縄	(59)	10	549	55	48	111	105	117	117	99
関東農政局	(60)	−	…	…	…	nc	nc	nc	nc	nc
東海農政局	(61)	−	…	…	…	nc	nc	nc	nc	nc
中国四国農政局	(62)	−	…	…	…	nc	nc	nc	nc	nc

(8) やまのいも
ア 計

作付面積	10a当たり収量	収穫量	出荷量	対前年産比				(参考)対平均収量比	
				作付面積	10a当たり収量	収穫量	出荷量		
ha	kg	t	t	%	%	%	%	%	
7,130	2,420	172,700	145,500	100	110	110	108	110	(1)
2,070	3,600	74,500	63,300	108	114	123	118	111	(2)
5,060	…	…	…	nc	nc	nc	nc	nc	(3)
2,710	…	…	…	nc	nc	nc	nc	nc	(4)
122	…	…	…	nc	nc	nc	nc	nc	(5)
1,670	…	…	…	nc	nc	nc	nc	nc	(6)
135	…	…	…	nc	nc	nc	nc	nc	(7)
157	…	…	…	nc	nc	nc	nc	nc	(8)
107	…	…	…	nc	nc	nc	nc	nc	(9)
58	…	…	…	nc	nc	nc	nc	nc	(10)
97	…	…	…	nc	nc	nc	nc	nc	(11)
6	…	…	…	nc	nc	nc	nc	nc	(12)
2,070	3,600	74,500	63,300	108	114	123	118	111	(13)
2,280	2,470	56,300	51,200	100	103	103	103	99	(14)
189	1,900	3,590	2,990	97	105	102	102	107	(15)
32	…	…	…	nc	nc	nc	nc	nc	(16)
111	1,190	1,320	720	97	109	106	106	117	(17)
39	…	…	…	nc	nc	nc	nc	nc	(18)
59	…	…	…	nc	nc	nc	nc	nc	(19)
136	2,400	3,260	2,730	101	90	92	92	97	(20)
10	…	…	…	nc	nc	nc	nc	nc	(21)
484	1,340	6,490	5,050	94	107	101	101	123	(22)
172	1,010	1,740	1,390	96	100	96	113	98	(23)
497	1,320	6,560	4,830	100	100	100	100	102	(24)
9	…	…	…	nc	nc	nc	nc	nc	(25)
31	…	…	…	nc	nc	nc	nc	nc	(26)
70	…	…	…	nc	nc	nc	nc	nc	(27)
11	…	…	…	nc	nc	nc	nc	nc	(28)
34	…	…	…	nc	nc	nc	nc	nc	(29)
7	…	…	…	nc	nc	nc	nc	nc	(30)
47	1,380	649	483	94	94	88	90	90	(31)
285	2,360	6,730	5,010	95	100	95	95	95	(32)
23	…	…	…	nc	nc	nc	nc	nc	(33)
29	…	…	…	nc	nc	nc	nc	nc	(34)
40	…	…	…	nc	nc	nc	nc	nc	(35)
43	…	…	…	nc	nc	nc	nc	nc	(36)
16	…	…	…	nc	nc	nc	nc	nc	(37)
19	…	…	…	nc	nc	nc	nc	nc	(38)
0	…	…	…	nc	nc	nc	nc	nc	(39)
102	…	…	…	nc	nc	nc	nc	nc	(40)
18	…	…	…	nc	nc	nc	nc	nc	(41)
2	…	…	…	nc	nc	nc	nc	nc	(42)
55	3,100	1,710	1,370	90	114	103	109	134	(43)
17	…	…	…	nc	nc	nc	nc	nc	(44)
10	1,020	102	80	59	126	74	76	110	(45)
13	…	…	…	nc	nc	nc	nc	nc	(46)
12	…	…	…	nc	nc	nc	nc	nc	(47)
1	…	…	…	nc	nc	nc	nc	nc	(48)
5	…	…	…	nc	nc	nc	nc	nc	(49)
40	…	…	…	nc	nc	nc	nc	nc	(50)
12	…	…	…	nc	nc	nc	nc	nc	(51)
12	…	…	…	nc	nc	nc	nc	nc	(52)
6	…	…	…	nc	nc	nc	nc	nc	(53)
13	…	…	…	nc	nc	nc	nc	nc	(54)
26	…	…	…	nc	nc	nc	nc	nc	(55)
11	…	…	…	nc	nc	nc	nc	nc	(56)
3	…	…	…	nc	nc	nc	nc	nc	(57)
26	…	…	…	nc	nc	nc	nc	nc	(58)
6	…	…	…	nc	nc	nc	nc	nc	(59)
1,700	…	…	…	nc	nc	nc	nc	nc	(60)
106	…	…	…	nc	nc	nc	nc	nc	(61)
165	…	…	…	nc	nc	nc	nc	nc	(62)

3　令和元年産都道府県別の作付面積、10ａ当たり収量、収穫量及び出荷量（続き）

(8)　やまのいも（続き）

イ　計のうちながいも

全国農業地域・都道府県		作付面積	10ａ当たり収量	収穫量	出荷量	対前年産比				(参考)対平均収量比
						作付面積	10ａ当たり収量	収穫量	出荷量	
		ha	kg	t	t	%	%	%	%	%
全国	(1)	5,310	2,820	149,700	128,400	103	109	111	109	106
(全国農業地域)										
北海道	(2)	2,060	3,610	74,400	63,200	108	114	123	118	111
都府県	(3)	3,250	…	…	…	nc	nc	nc	nc	nc
東北	(4)	2,610	…	…	…	nc	nc	nc	nc	nc
北陸	(5)	76	…	…	…	nc	nc	nc	nc	nc
関東・東山	(6)	470	…	…	…	nc	nc	nc	nc	nc
東海	(7)	10	…	…	…	nc	nc	nc	nc	nc
近畿	(8)	5	…	…	…	nc	nc	nc	nc	nc
中国	(9)	x	…	…	…	nc	nc	nc	nc	nc
四国	(10)	6	…	…	…	nc	nc	nc	nc	nc
九州	(11)	14	…	…	…	nc	nc	nc	nc	nc
沖縄	(12)	0	…	…	…	nc	nc	nc	nc	nc
(都道府県)										
北海道	(13)	2,060	3,610	74,400	63,200	108	114	123	118	111
青森	(14)	2,250	2,480	55,800	50,700	100	103	103	103	99
岩手	(15)	187	1,910	3,570	2,980	97	105	102	102	107
宮城	(16)	27	…	…	…	nc	nc	nc	nc	nc
秋田	(17)	65	1,300	845	358	98	104	102	103	110
山形	(18)	37	…	…	…	nc	nc	nc	nc	nc
福島	(19)	45	…	…	…	nc	nc	nc	nc	nc
茨城	(20)	113	2,400	2,710	2,240	102	90	91	89	94
栃木	(21)	−	…	…	…	nc	nc	nc	nc	nc
群馬	(22)	−	−	−	−	nc	nc	nc	nc	−
埼玉	(23)	4	850	34	20	80	97	77	74	92
千葉	(24)	14	1,320	185	140	93	80	75	74	86
東京	(25)	9	…	…	…	nc	nc	nc	nc	nc
神奈川	(26)	2	…	…	…	nc	nc	nc	nc	nc
新潟	(27)	67	…	…	…	nc	nc	nc	nc	nc
富山	(28)	2	…	…	…	nc	nc	nc	nc	nc
石川	(29)	4	…	…	…	nc	nc	nc	nc	nc
福井	(30)	3	…	…	…	nc	nc	nc	nc	nc
山梨	(31)	43	1,400	602	453	98	91	89	91	84
長野	(32)	285	2,360	6,730	5,010	95	100	95	95	95
岐阜	(33)	2	…	…	…	nc	nc	nc	nc	nc
静岡	(34)	1	…	…	…	nc	nc	nc	nc	nc
愛知	(35)	−	…	…	…	nc	nc	nc	nc	nc
三重	(36)	7	…	…	…	nc	nc	nc	nc	nc
滋賀	(37)	4	…	…	…	nc	nc	nc	nc	nc
京都	(38)	1	…	…	…	nc	nc	nc	nc	nc
大阪	(39)	−	…	…	…	nc	nc	nc	nc	nc
兵庫	(40)	−	…	…	…	nc	nc	nc	nc	nc
奈良	(41)	0	…	…	…	nc	nc	nc	nc	nc
和歌山	(42)	−	…	…	…	nc	nc	nc	nc	nc
鳥取	(43)	51	3,060	1,560	1,290	100	104	104	104	123
島根	(44)	4	…	…	…	nc	nc	nc	nc	nc
岡山	(45)	x	x	x	x	x	x	x	x	nc
広島	(46)	−	…	…	…	nc	nc	nc	nc	nc
山口	(47)	−	…	…	…	nc	nc	nc	nc	nc
徳島	(48)	1	…	…	…	nc	nc	nc	nc	nc
香川	(49)	5	…	…	…	nc	nc	nc	nc	nc
愛媛	(50)	−	…	…	…	nc	nc	nc	nc	nc
高知	(51)	−	…	…	…	nc	nc	nc	nc	nc
福岡	(52)	3	…	…	…	nc	nc	nc	nc	nc
佐賀	(53)	−	…	…	…	nc	nc	nc	nc	nc
長崎	(54)	−	…	…	…	nc	nc	nc	nc	nc
熊本	(55)	−	…	…	…	nc	nc	nc	nc	nc
大分	(56)	11	…	…	…	nc	nc	nc	nc	nc
宮崎	(57)	−	…	…	…	nc	nc	nc	nc	nc
鹿児島	(58)	−	…	…	…	nc	nc	nc	nc	nc
沖縄	(59)	0	…	…	…	nc	nc	nc	nc	nc
関東農政局	(60)	471	…	…	…	nc	nc	nc	nc	nc
東海農政局	(61)	9	…	…	…	nc	nc	nc	nc	nc
中国四国農政局	(62)	x	…	…	…	nc	nc	nc	nc	nc

(9) はくさい
ア 計

作付面積	10a当たり収量	収穫量	出荷量	対前年産比 作付面積	対前年産比 10a当たり収量	対前年産比 収穫量	対前年産比 出荷量	(参考) 対平均収量比	
ha	kg	t	t	%	%	%	%	%	
16,700	**5,240**	**874,800**	**726,500**	**98**	**100**	**98**	**99**	**102**	(1)
613	4,190	25,700	23,900	97	102	99	100	103	(2)
16,100	…	…	…	nc	nc	nc	nc	nc	(3)
1,930	2,610	50,300	20,500	100	97	97	96	102	(4)
562	…	…	…	nc	nc	nc	nc	nc	(5)
8,270	…	…	…	nc	nc	nc	nc	nc	(6)
957	…	…	…	nc	nc	nc	nc	nc	(7)
988	…	…	…	nc	nc	nc	nc	nc	(8)
973	…	…	…	nc	nc	nc	nc	nc	(9)
303	…	…	…	nc	nc	nc	nc	nc	(10)
2,120	…	…	…	nc	nc	nc	nc	nc	(11)
10	…	…	…	nc	nc	nc	nc	nc	(12)
613	4,190	25,700	23,900	97	102	99	100	103	(13)
212	2,680	5,690	3,510	128	83	107	101	105	(14)
301	2,420	7,280	3,510	97	100	98	95	102	(15)
435	1,910	8,300	3,170	95	90	86	84	101	(16)
243	2,730	6,630	2,310	97	105	102	100	115	(17)
207	3,160	6,540	2,540	100	98	97	97	91	(18)
532	2,990	15,900	5,410	99	98	98	97	101	(19)
3,300	6,900	227,700	216,400	99	97	96	97	97	(20)
485	4,310	20,900	14,900	95	90	86	84	88	(21)
513	5,790	29,700	22,800	91	100	91	90	120	(22)
478	4,830	23,100	17,300	95	103	97	106	105	(23)
247	2,590	6,400	4,590	99	73	72	71	67	(24)
79	…	…	…	nc	nc	nc	nc	nc	(25)
156	…	…	…	nc	nc	nc	nc	nc	(26)
356	2,020	7,190	3,680	93	94	88	86	105	(27)
93	1,990	1,850	1,000	97	100	97	95	103	(28)
48	…	…	…	nc	nc	nc	nc	nc	(29)
65	…	…	…	nc	nc	nc	nc	nc	(30)
166	…	…	…	nc	nc	nc	nc	nc	(31)
2,850	8,160	232,500	207,900	103	100	103	103	99	(32)
226	2,850	6,450	3,190	98	96	95	95	93	(33)
133	…	…	…	nc	nc	nc	nc	nc	(34)
412	5,270	21,700	19,200	94	110	103	103	113	(35)
186	4,520	8,400	6,150	99	110	109	109	111	(36)
136	3,210	4,370	3,260	97	102	99	99	107	(37)
121	…	…	…	nc	nc	nc	nc	nc	(38)
26	…	…	…	nc	nc	nc	nc	nc	(39)
467	4,520	21,100	16,600	97	100	98	98	103	(40)
97	…	…	…	nc	nc	nc	nc	nc	(41)
141	6,600	9,300	8,200	101	104	106	106	95	(42)
108	3,490	3,770	1,890	96	93	89	89	127	(43)
165	…	…	…	nc	nc	nc	nc	nc	(44)
257	5,370	13,800	11,100	91	106	97	98	99	(45)
231	2,310	5,340	1,360	98	92	90	91	90	(46)
212	2,400	5,080	3,170	97	96	93	88	105	(47)
80	4,930	3,940	3,460	99	97	96	96	97	(48)
26	…	…	…	nc	nc	nc	nc	nc	(49)
133	3,410	4,530	3,430	97	100	97	97	104	(50)
64	…	…	…	nc	nc	nc	nc	nc	(51)
194	3,420	6,640	5,280	99	101	100	100	99	(52)
72	…	…	…	nc	nc	nc	nc	nc	(53)
381	5,850	22,300	20,400	100	98	99	99	95	(54)
419	4,340	18,200	15,700	99	115	114	113	120	(55)
410	5,610	23,000	20,000	99	98	96	96	107	(56)
240	4,380	10,500	9,340	96	107	103	104	101	(57)
403	5,560	22,400	19,500	98	104	102	103	106	(58)
10	…	…	…	nc	nc	nc	nc	nc	(59)
8,400	…	…	…	nc	nc	nc	nc	nc	(60)
824	4,440	36,600	28,500	96	107	103	103	109	(61)
1,280	…	…	…	nc	nc	nc	nc	nc	(62)

3 令和元年産都道府県別の作付面積、10ａ当たり収量、収穫量及び出荷量 （続き）

(9) はくさい（続き）

イ 春はくさい

全国農業地域・都道府県		作付面積	10ａ当たり収量	収穫量	出荷量	対前年産比 作付面積	対前年産比 10ａ当たり収量	対前年産比 収穫量	対前年産比 出荷量	（参考）対平均収量比
		ha	kg	t	t	%	%	%	%	%
全国	(1)	**1,810**	**6,450**	**116,800**	**107,600**	**98**	**102**	**101**	**101**	**106**
（全国農業地域）										
北海道	(2)	27	5,930	1,600	1,490	84	105	88	87	108
都府県	(3)	1,790	…	…	…	nc	nc	nc	nc	nc
東北	(4)	63	…	…	…	nc	nc	nc	nc	nc
北陸	(5)	8	…	…	…	nc	nc	nc	nc	nc
関東・東山	(6)	1,050	…	…	…	nc	nc	nc	nc	nc
東海	(7)	37	…	…	…	nc	nc	nc	nc	nc
近畿	(8)	32	…	…	…	nc	nc	nc	nc	nc
中国	(9)	68	…	…	…	nc	nc	nc	nc	nc
四国	(10)	19	…	…	…	nc	nc	nc	nc	nc
九州	(11)	512	…	…	…	nc	nc	nc	nc	nc
沖縄	(12)	2	…	…	…	nc	nc	nc	nc	nc
（都道府県）										
北海道	(13)	27	5,930	1,600	1,490	84	105	88	87	108
青森	(14)	14	…	…	…	nc	nc	nc	nc	nc
岩手	(15)	12	…	…	…	nc	nc	nc	nc	nc
宮城	(16)	26	…	…	…	nc	nc	nc	nc	nc
秋田	(17)	1	…	…	…	nc	nc	nc	nc	nc
山形	(18)	1	…	…	…	nc	nc	nc	nc	nc
福島	(19)	9	…	…	…	nc	nc	nc	nc	nc
茨城	(20)	652	7,800	50,900	49,200	99	100	100	100	104
栃木	(21)	27	…	…	…	nc	nc	nc	nc	nc
群馬	(22)	13	…	…	…	nc	nc	nc	nc	nc
埼玉	(23)	12	…	…	…	nc	nc	nc	nc	nc
千葉	(24)	4	…	…	…	nc	nc	nc	nc	nc
東京	(25)	-	…	…	…	nc	nc	nc	nc	nc
神奈川	(26)	2	…	…	…	nc	nc	nc	nc	nc
新潟	(27)	5	…	…	…	nc	nc	nc	nc	nc
富山	(28)	1	…	…	…	nc	nc	nc	nc	nc
石川	(29)	1	…	…	…	nc	nc	nc	nc	nc
福井	(30)	1	…	…	…	nc	nc	nc	nc	nc
山梨	(31)	8	…	…	…	nc	nc	nc	nc	nc
長野	(32)	327	7,270	23,800	21,100	101	103	103	104	106
岐阜	(33)	3	…	…	…	nc	nc	nc	nc	nc
静岡	(34)	2	…	…	…	nc	nc	nc	nc	nc
愛知	(35)	30	5,390	1,620	1,480	97	109	106	105	114
三重	(36)	2	…	…	…	nc	nc	nc	nc	nc
滋賀	(37)	4	…	…	…	nc	nc	nc	nc	nc
京都	(38)	11	…	…	…	nc	nc	nc	nc	nc
大阪	(39)	1	…	…	…	nc	nc	nc	nc	nc
兵庫	(40)	4	…	…	…	nc	nc	nc	nc	nc
奈良	(41)	4	…	…	…	nc	nc	nc	nc	nc
和歌山	(42)	8	5,210	391	356	100	91	85	85	94
鳥取	(43)	1	…	…	…	nc	nc	nc	nc	nc
島根	(44)	5	…	…	…	nc	nc	nc	nc	nc
岡山	(45)	37	5,460	2,020	1,790	90	103	94	93	105
広島	(46)	13	…	…	…	nc	nc	nc	nc	nc
山口	(47)	12	2,570	308	229	100	94	94	105	91
徳島	(48)	3	…	…	…	nc	nc	nc	nc	nc
香川	(49)	2	…	…	…	nc	nc	nc	nc	nc
愛媛	(50)	8	…	…	…	nc	nc	nc	nc	nc
高知	(51)	6	…	…	…	nc	nc	nc	nc	nc
福岡	(52)	16	…	…	…	nc	nc	nc	nc	nc
佐賀	(53)	4	…	…	…	nc	nc	nc	nc	nc
長崎	(54)	188	7,270	13,700	12,900	102	97	99	99	95
熊本	(55)	149	5,100	7,600	7,180	97	112	109	109	116
大分	(56)	61	4,110	2,510	2,290	97	103	100	100	109
宮崎	(57)	34	…	…	…	nc	nc	nc	nc	nc
鹿児島	(58)	60	3,940	2,360	2,020	100	105	104	109	103
沖縄	(59)	2	…	…	…	nc	nc	nc	nc	nc
関東農政局	(60)	1,050	…	…	…	nc	nc	nc	nc	nc
東海農政局	(61)	35	…	…	…	nc	nc	nc	nc	nc
中国四国農政局	(62)	87	…	…	…	nc	nc	nc	nc	nc

ウ　夏はくさい

作付面積	10 a 当たり収量	収穫量	出荷量	対前年産比				(参考)対平均収量比	
				作付面積	10 a 当たり収量	収穫量	出荷量		
ha	kg	t	t	%	%	%	%	%	
2,460	7,300	179,500	163,200	102	99	100	100	101	(1)
331	4,090	13,500	12,700	111	98	108	109	100	(2)
2,120	…	…	…	nc	nc	nc	nc	nc	(3)
101	…	…	…	nc	nc	nc	nc	nc	(4)
0	…	…	…	nc	nc	nc	nc	nc	(5)
1,970	…	…	…	nc	nc	nc	nc	nc	(6)
2	…	…	…	nc	nc	nc	nc	nc	(7)
9	…	…	…	nc	nc	nc	nc	nc	(8)
12	…	…	…	nc	nc	nc	nc	nc	(9)
3	…	…	…	nc	nc	nc	nc	nc	(10)
23	…	…	…	nc	nc	nc	nc	nc	(11)
1	…	…	…	nc	nc	nc	nc	nc	(12)
331	4,090	13,500	12,700	111	98	108	109	100	(13)
37	2,820	1,040	900	106	89	94	95	108	(14)
39	…	…	…	nc	nc	nc	nc	nc	(15)
6	…	…	…	nc	nc	nc	nc	nc	(16)
5	…	…	…	nc	nc	nc	nc	nc	(17)
4	…	…	…	nc	nc	nc	nc	nc	(18)
10	…	…	…	nc	nc	nc	nc	nc	(19)
-	…	…	…	nc	nc	nc	nc	nc	(20)
1	…	…	…	nc	nc	nc	nc	nc	(21)
124	6,710	8,320	7,290	73	103	74	74	135	(22)
8	…	…	…	nc	nc	nc	nc	nc	(23)
-	…	…	…	nc	nc	nc	nc	nc	(24)
-	…	…	…	nc	nc	nc	nc	nc	(25)
-	…	…	…	nc	nc	nc	nc	nc	(26)
-	…	…	…	nc	nc	nc	nc	nc	(27)
0	…	…	…	nc	nc	nc	nc	nc	(28)
0	…	…	…	nc	nc	nc	nc	nc	(29)
-	…	…	…	nc	nc	nc	nc	nc	(30)
20	…	…	…	nc	nc	nc	nc	nc	(31)
1,820	8,430	153,400	139,800	103	98	102	102	98	(32)
1	…	…	…	nc	nc	nc	nc	nc	(33)
1	…	…	…	nc	nc	nc	nc	nc	(34)
0	…	…	…	nc	nc	nc	nc	nc	(35)
0	…	…	…	nc	nc	nc	nc	nc	(36)
1	…	…	…	nc	nc	nc	nc	nc	(37)
1	…	…	…	nc	nc	nc	nc	nc	(38)
-	…	…	…	nc	nc	nc	nc	nc	(39)
1	…	…	…	nc	nc	nc	nc	nc	(40)
6	…	…	…	nc	nc	nc	nc	nc	(41)
0	…	…	…	nc	nc	nc	nc	nc	(42)
-	…	…	…	nc	nc	nc	nc	nc	(43)
2	…	…	…	nc	nc	nc	nc	nc	(44)
0	…	…	…	nc	nc	nc	nc	nc	(45)
3	…	…	…	nc	nc	nc	nc	nc	(46)
7	…	…	…	nc	nc	nc	nc	nc	(47)
1	…	…	…	nc	nc	nc	nc	nc	(48)
1	…	…	…	nc	nc	nc	nc	nc	(49)
-	…	…	…	nc	nc	nc	nc	nc	(50)
1	…	…	…	nc	nc	nc	nc	nc	(51)
1	…	…	…	nc	nc	nc	nc	nc	(52)
0	…	…	…	nc	nc	nc	nc	nc	(53)
1	…	…	…	nc	nc	nc	nc	nc	(54)
17	…	…	…	nc	nc	nc	nc	nc	(55)
3	…	…	…	nc	nc	nc	nc	nc	(56)
1	…	…	…	nc	nc	nc	nc	nc	(57)
-	…	…	…	nc	nc	nc	nc	nc	(58)
1	…	…	…	nc	nc	nc	nc	nc	(59)
1,970	…	…	…	nc	nc	nc	nc	nc	(60)
1	…	…	…	nc	nc	nc	nc	nc	(61)
15	…	…	…	nc	nc	nc	nc	nc	(62)

3 令和元年産都道府県別の作付面積、10a当たり収量、収穫量及び出荷量 （続き）

(9) はくさい（続き）

エ 秋冬はくさい

全国農業地域・都道府県	作付面積	10a当たり収量	収穫量	出荷量	対前年産比 作付面積	対前年産比 10a当たり収量	対前年産比 収穫量	対前年産比 出荷量	(参考)対平均収量比
	ha	kg	t	t	%	%	%	%	%
全国 (1)	**12,500**	**4,630**	**578,500**	**455,700**	**98**	**99**	**97**	**98**	**101**
(全国農業地域)									
北海道 (2)	255	4,160	10,600	9,700	85	107	91	92	107
都府県 (3)	12,200	…	…	…	nc	nc	nc	nc	nc
東北 (4)	1,770	…	…	…	nc	nc	nc	nc	nc
北陸 (5)	554	…	…	…	nc	nc	nc	nc	nc
関東・東山 (6)	5,250	…	…	…	nc	nc	nc	nc	nc
東海 (7)	918	…	…	…	nc	nc	nc	nc	nc
近畿 (8)	947	…	…	…	nc	nc	nc	nc	nc
中国 (9)	893	…	…	…	nc	nc	nc	nc	nc
四国 (10)	281	…	…	…	nc	nc	nc	nc	nc
九州 (11)	1,580	…	…	…	nc	nc	nc	nc	nc
沖縄 (12)	7	…	…	…	nc	nc	nc	nc	nc
(都道府県)									
北海道 (13)	255	4,160	10,600	9,700	85	107	91	92	107
青森 (14)	161	…	…	…	nc	nc	nc	nc	nc
岩手 (15)	250	2,430	6,080	2,710	97	101	98	98	103
宮城 (16)	403	1,870	7,540	2,740	95	91	86	85	101
秋田 (17)	237	2,740	6,490	2,230	99	105	104	104	115
山形 (18)	202	3,180	6,420	2,440	100	98	98	98	91
福島 (19)	513	3,030	15,500	5,160	99	98	97	97	101
茨城 (20)	2,650	6,670	176,800	167,200	99	97	95	97	94
栃木 (21)	457	4,150	19,000	13,100	95	88	84	81	86
群馬 (22)	376	5,560	20,900	15,100	98	101	100	99	115
埼玉 (23)	458	4,880	22,400	16,800	95	103	97	107	106
千葉 (24)	243	2,540	6,170	4,400	100	72	72	72	67
東京 (25)	79	…	…	…	nc	nc	nc	nc	nc
神奈川 (26)	154	…	…	…	nc	nc	nc	nc	nc
新潟 (27)	351	2,010	7,060	3,570	94	94	88	87	105
富山 (28)	92	2,000	1,840	1,000	97	101	98	97	104
石川 (29)	47	…	…	…	nc	nc	nc	nc	nc
福井 (30)	64	…	…	…	nc	nc	nc	nc	nc
山梨 (31)	138	…	…	…	nc	nc	nc	nc	nc
長野 (32)	698	7,920	55,300	47,000	103	103	106	107	101
岐阜 (33)	222	2,850	6,330	3,100	99	96	95	95	93
静岡 (34)	130	…	…	…	nc	nc	nc	nc	nc
愛知 (35)	382	5,270	20,100	17,700	94	110	103	103	113
三重 (36)	184	4,520	8,320	6,090	99	110	109	110	110
滋賀 (37)	131	3,200	4,190	3,110	97	101	98	98	106
京都 (38)	109	…	…	…	nc	nc	nc	nc	nc
大阪 (39)	25	…	…	…	nc	nc	nc	nc	nc
兵庫 (40)	462	4,550	21,000	16,500	97	101	98	98	103
奈良 (41)	87	…	…	…	nc	nc	nc	nc	nc
和歌山 (42)	133	6,690	8,900	7,830	102	105	107	107	95
鳥取 (43)	107	3,490	3,730	1,870	97	93	90	91	127
島根 (44)	158	…	…	…	nc	nc	nc	nc	nc
岡山 (45)	220	5,370	11,800	9,350	92	107	98	100	98
広島 (46)	215	2,310	4,970	1,160	98	91	89	89	89
山口 (47)	193	2,390	4,610	2,850	97	97	94	88	107
徳島 (48)	76	5,030	3,820	3,360	97	99	96	96	98
香川 (49)	23	…	…	…	nc	nc	nc	nc	nc
愛媛 (50)	125	3,470	4,340	3,320	97	100	97	97	105
高知 (51)	57	…	…	…	nc	nc	nc	nc	nc
福岡 (52)	177	3,440	6,090	4,860	99	101	100	99	98
佐賀 (53)	68	…	…	…	nc	nc	nc	nc	nc
長崎 (54)	192	4,460	8,560	7,530	99	98	97	97	97
熊本 (55)	253	3,970	10,000	7,940	101	118	119	119	124
大分 (56)	346	5,890	20,400	17,700	100	96	96	96	106
宮崎 (57)	205	4,460	9,140	8,180	99	106	105	106	102
鹿児島 (58)	343	5,820	20,000	17,500	98	104	102	102	106
沖縄 (59)	7	…	…	…	nc	nc	nc	nc	nc
関東農政局 (60)	5,380	…	…	…	nc	nc	nc	nc	nc
東海農政局 (61)	788	4,420	34,800	26,900	96	107	103	103	108
中国四国農政局 (62)	1,170	…	…	…	nc	nc	nc	nc	nc

(10) こまつな

作付面積	10a当たり収量	収穫量	出荷量	対前年産比 作付面積	対前年産比 10a当たり収量	対前年産比 収穫量	対前年産比 出荷量	(参考)対平均収量比	
ha	kg	t	t	%	%	%	%	%	
7,300	**1,570**	**114,900**	**102,100**	**101**	**99**	**99**	**100**	**96**	(1)
154	1,430	2,200	2,030	97	104	100	100	104	(2)
7,150	…	…	…	nc	nc	nc	nc	nc	(3)
459	…	…	…	nc	nc	nc	nc	nc	(4)
322	…	…	…	nc	nc	nc	nc	nc	(5)
3,750	…	…	…	nc	nc	nc	nc	nc	(6)
438	…	…	…	nc	nc	nc	nc	nc	(7)
715	…	…	…	nc	nc	nc	nc	nc	(8)
269	…	…	…	nc	nc	nc	nc	nc	(9)
214	…	…	…	nc	nc	nc	nc	nc	(10)
944	…	…	…	nc	nc	nc	nc	nc	(11)
37	…	…	…	nc	nc	nc	nc	nc	(12)
154	1,430	2,200	2,030	97	104	100	100	104	(13)
35	…	…	…	nc	nc	nc	nc	nc	(14)
47	…	…	…	nc	nc	nc	nc	nc	(15)
127	1,260	1,600	1,240	98	98	95	96	94	(16)
46	…	…	…	nc	nc	nc	nc	nc	(17)
114	1,280	1,460	1,260	102	99	101	102	97	(18)
90	…	…	…	nc	nc	nc	nc	nc	(19)
1,090	1,870	20,400	18,400	110	93	102	100	92	(20)
48	…	…	…	nc	nc	nc	nc	nc	(21)
545	1,270	6,920	6,210	104	91	95	95	89	(22)
832	1,720	14,300	12,400	98	99	97	99	95	(23)
339	1,650	5,590	4,590	99	90	89	89	84	(24)
457	1,810	8,270	7,930	100	105	105	106	101	(25)
406	1,680	6,820	6,500	99	115	114	114	111	(26)
131	1,040	1,360	784	97	106	102	97	94	(27)
40	…	…	…	nc	nc	nc	nc	nc	(28)
101	1,150	1,160	1,030	101	104	105	107	97	(29)
50	…	…	…	nc	nc	nc	nc	nc	(30)
10	…	…	…	nc	nc	nc	nc	nc	(31)
21	…	…	…	nc	nc	nc	nc	nc	(32)
145	1,490	2,160	1,890	99	96	95	95	101	(33)
141	1,520	2,140	1,920	109	96	105	105	92	(34)
105	1,450	1,520	1,410	101	101	101	104	102	(35)
47	…	…	…	nc	nc	nc	nc	nc	(36)
85	…	…	…	nc	nc	nc	nc	nc	(37)
194	1,760	3,410	3,130	99	104	103	103	99	(38)
195	1,920	3,740	3,470	99	106	105	105	100	(39)
124	1,740	2,160	1,980	98	104	103	103	98	(40)
60	1,610	966	840	100	107	107	107	93	(41)
57	1,600	912	803	88	101	89	89	94	(42)
30	1,790	537	483	nc	nc	nc	nc	nc	(43)
52	…	…	…	nc	nc	nc	nc	nc	(44)
45	…	…	…	nc	nc	nc	nc	nc	(45)
119	1,500	1,790	1,560	97	103	99	103	104	(46)
23	…	…	…	nc	nc	nc	nc	nc	(47)
110	995	1,090	915	96	102	98	98	100	(48)
43	1,080	464	379	91	96	87	89	96	(49)
37	…	…	…	nc	nc	nc	nc	nc	(50)
24	…	…	…	nc	nc	nc	nc	nc	(51)
703	1,700	12,000	11,500	111	92	103	102	81	(52)
18	…	…	…	nc	nc	nc	nc	nc	(53)
57	1,320	752	671	119	89	105	112	90	(54)
34	…	…	…	nc	nc	nc	nc	nc	(55)
17	…	…	…	nc	nc	nc	nc	nc	(56)
48	…	…	…	nc	nc	nc	nc	nc	(57)
67	…	…	…	nc	nc	nc	nc	nc	(58)
37	…	…	…	nc	nc	nc	nc	nc	(59)
3,890	…	…	…	nc	nc	nc	nc	nc	(60)
297	…	…	…	nc	nc	nc	nc	nc	(61)
483	…	…	…	nc	nc	nc	nc	nc	(62)

3　令和元年産都道府県別の作付面積、10ａ当たり収量、収穫量及び出荷量　（続き）

(11)　キャベツ
ア　計

全国農業地域・都道府県		作付面積	10ａ当たり収量	収穫量	出荷量	対前年産比 作付面積	対前年産比 10ａ当たり収量	対前年産比 収穫量	対前年産比 出荷量	（参考）対平均収量比
		ha	kg	t	t	%	%	%	%	%
全国	(1)	34,600	4,250	1,472,000	1,325,000	100	100	100	100	101
（全国農業地域）										
北海道	(2)	1,170	4,970	58,100	55,000	102	101	103	103	108
都府県	(3)	33,400	…	…	…	nc	nc	nc	nc	nc
東北	(4)	2,390	…	…	…	nc	nc	nc	nc	nc
北陸	(5)	784	…	…	…	nc	nc	nc	nc	nc
関東・東山	(6)	13,100	…	…	…	nc	nc	nc	nc	nc
東海	(7)	6,580	4,610	303,500	282,200	102	107	110	109	105
近畿	(8)	1,930	…	…	…	nc	nc	nc	nc	nc
中国	(9)	1,490	2,850	42,400	33,400	100	101	101	103	100
四国	(10)	868	…	…	…	nc	nc	nc	nc	nc
九州	(11)	6,010	3,470	208,400	186,800	100	101	102	102	101
沖縄	(12)	242	…	…	…	nc	nc	nc	nc	nc
（都道府県）										
北海道	(13)	1,170	4,970	58,100	55,000	102	101	103	103	108
青森	(14)	461	3,750	17,300	15,000	104	96	100	102	106
岩手	(15)	834	3,620	30,200	27,000	101	101	102	103	100
宮城	(16)	348	2,020	7,040	5,210	94	108	102	104	96
秋田	(17)	374	2,510	9,380	5,880	104	101	105	106	102
山形	(18)	116	…	…	…	nc	nc	nc	nc	nc
福島	(19)	253	2,290	5,790	3,560	102	101	102	103	102
茨城	(20)	2,370	4,460	105,600	99,200	98	99	96	96	98
栃木	(21)	192	…	…	…	nc	nc	nc	nc	nc
群馬	(22)	4,050	6,800	275,300	249,000	105	95	100	99	101
埼玉	(23)	449	3,920	17,600	13,800	105	103	108	110	103
千葉	(24)	2,750	4,030	110,800	103,300	96	92	89	90	92
東京	(25)	203	3,570	7,250	6,900	98	89	87	88	81
神奈川	(26)	1,440	4,470	64,300	61,200	90	100	90	90	97
新潟	(27)	467	…	…	…	nc	nc	nc	nc	nc
富山	(28)	134	2,520	3,380	2,300	131	107	140	128	118
石川	(29)	63	…	…	…	nc	nc	nc	nc	nc
福井	(30)	120	2,640	3,170	2,830	99	111	110	105	108
山梨	(31)	124	2,710	3,360	2,910	98	101	99	99	95
長野	(32)	1,550	4,540	70,400	64,000	101	102	102	103	102
岐阜	(33)	243	2,630	6,380	4,890	129	112	144	153	106
静岡	(34)	487	3,510	17,100	15,000	101	103	104	105	100
愛知	(35)	5,430	4,950	268,600	253,300	102	108	109	109	106
三重	(36)	420	2,710	11,400	9,020	104	103	108	107	93
滋賀	(37)	332	3,010	10,000	8,730	100	101	101	102	104
京都	(38)	255	2,780	7,090	5,700	99	108	107	107	95
大阪	(39)	244	4,300	10,500	9,720	94	105	99	99	101
兵庫	(40)	803	3,650	29,300	24,700	101	102	102	102	104
奈良	(41)	86	…	…	…	nc	nc	nc	nc	nc
和歌山	(42)	210	3,500	7,360	6,560	97	93	90	90	89
鳥取	(43)	193	2,300	4,440	2,480	100	102	102	104	87
島根	(44)	255	2,410	6,150	4,830	106	99	105	110	102
岡山	(45)	306	4,250	13,000	11,500	98	121	118	121	111
広島	(46)	418	2,460	10,300	7,580	98	97	95	95	102
山口	(47)	316	2,700	8,520	7,040	98	86	84	85	89
徳島	(48)	139	4,420	6,140	5,240	99	99	99	99	102
香川	(49)	241	4,150	10,000	9,010	96	102	98	98	103
愛媛	(50)	419	3,340	14,000	12,100	97	100	97	98	102
高知	(51)	69	…	…	…	nc	nc	nc	nc	nc
福岡	(52)	703	3,840	27,000	24,500	97	95	93	93	102
佐賀	(53)	291	3,200	9,310	7,870	87	100	87	87	95
長崎	(54)	435	2,780	12,100	10,300	95	92	87	87	94
熊本	(55)	1,400	3,190	44,600	40,800	101	108	109	109	107
大分	(56)	503	2,980	15,000	12,500	102	98	101	101	103
宮崎	(57)	622	3,730	23,200	21,300	101	114	116	116	98
鹿児島	(58)	2,050	3,770	77,200	69,500	103	99	102	102	100
沖縄	(59)	242	…	…	…	nc	nc	nc	nc	nc
関東農政局	(60)	13,600	…	…	…	nc	nc	nc	nc	nc
東海農政局	(61)	6,100	4,700	286,400	267,200	103	107	110	110	105
中国四国農政局	(62)	2,360	…	…	…	nc	nc	nc	nc	nc

イ 春キャベツ

作付面積	10a当たり収量	収穫量	出荷量	対前年産比				(参考)対平均収量比	
				作付面積	10a当たり収量	収穫量	出荷量		
ha	kg	t	t	%	%	%	%	%	
8,860	**4,020**	**356,500**	**323,700**	**98**	**96**	**95**	**95**	**97**	(1)
54	…	…	…	nc	nc	nc	nc	nc	(2)
8,810	…	…	…	nc	nc	nc	nc	nc	(3)
336	…	…	…	nc	nc	nc	nc	nc	(4)
181	…	…	…	nc	nc	nc	nc	nc	(5)
3,630	…	…	…	nc	nc	nc	nc	nc	(6)
1,680	4,240	71,200	66,300	103	89	92	92	91	(7)
638	…	…	…	nc	nc	nc	nc	nc	(8)
401	…	…	…	nc	nc	nc	nc	nc	(9)
311	…	…	…	nc	nc	nc	nc	nc	(10)
1,570	…	…	…	nc	nc	nc	nc	nc	(11)
57	…	…	…	nc	nc	nc	nc	nc	(12)
54	…	…	…	nc	nc	nc	nc	nc	(13)
30	…	…	…	nc	nc	nc	nc	nc	(14)
44	…	…	…	nc	nc	nc	nc	nc	(15)
113	1,570	1,770	1,100	90	100	90	87	98	(16)
28	…	…	…	nc	nc	nc	nc	nc	(17)
6	…	…	…	nc	nc	nc	nc	nc	(18)
115	2,320	2,670	1,430	98	99	97	97	99	(19)
916	5,070	46,400	44,300	98	99	97	97	99	(20)
60	…	…	…	nc	nc	nc	nc	nc	(21)
135	4,230	5,710	4,920	113	105	119	127	127	(22)
149	4,030	6,000	4,590	101	104	106	107	102	(23)
1,270	4,370	55,500	51,500	99	95	95	97	97	(24)
89	3,760	3,350	3,230	98	85	84	84	81	(25)
870	4,620	40,200	38,900	89	100	88	88	94	(26)
92	…	…	…	nc	nc	nc	nc	nc	(27)
44	2,820	1,240	832	100	126	126	141	134	(28)
15	…	…	…	nc	nc	nc	nc	nc	(29)
30	…	…	…	nc	nc	nc	nc	nc	(30)
11	…	…	…	nc	nc	nc	nc	nc	(31)
132	4,990	6,590	5,880	96	99	95	95	105	(32)
90	1,940	1,750	1,140	100	94	95	98	84	(33)
133	3,590	4,770	4,280	102	101	103	103	97	(34)
1,310	4,680	61,300	58,100	103	88	91	91	91	(35)
142	2,390	3,390	2,780	101	105	107	107	88	(36)
27	…	…	…	nc	nc	nc	nc	nc	(37)
141	2,950	4,160	3,620	101	102	103	103	94	(38)
45	3,740	1,680	1,610	78	94	73	73	93	(39)
321	3,490	11,200	9,600	100	97	97	98	101	(40)
27	…	…	…	nc	nc	nc	nc	nc	(41)
77	3,210	2,470	2,210	94	90	85	85	90	(42)
39	…	…	…	nc	nc	nc	nc	nc	(43)
78	…	…	…	nc	nc	nc	nc	nc	(44)
90	4,260	3,830	3,430	90	111	100	104	109	(45)
83	…	…	…	nc	nc	nc	nc	nc	(46)
111	2,560	2,840	2,340	97	80	78	80	89	(47)
52	4,620	2,400	2,200	98	100	98	99	102	(48)
99	4,570	4,520	4,130	99	90	89	89	96	(49)
132	3,120	4,120	3,440	98	98	95	96	100	(50)
28	…	…	…	nc	nc	nc	nc	nc	(51)
283	3,620	10,200	9,410	98	95	93	93	97	(52)
53	…	…	…	nc	nc	nc	nc	nc	(53)
139	3,250	4,520	3,840	97	93	91	91	96	(54)
312	3,770	11,800	10,900	105	108	115	114	109	(55)
147	3,800	5,590	4,540	99	99	99	99	105	(56)
191	3,580	6,840	6,130	97	104	101	101	93	(57)
447	4,060	18,100	16,500	104	100	104	104	104	(58)
57	…	…	…	nc	nc	nc	nc	nc	(59)
3,760	…	…	…	nc	nc	nc	nc	nc	(60)
1,550	4,280	66,400	62,000	103	88	91	91	90	(61)
712	…	…	…	nc	nc	nc	nc	nc	(62)

3 令和元年産都道府県別の作付面積、10ａ当たり収量、収穫量及び出荷量（続き）

(11) キャベツ（続き）

ウ 夏秋キャベツ

全国農業地域・都道府県	作付面積	10ａ当たり収量	収穫量	出荷量	対前年産比				(参考)対平均収量比
					作付面積	10ａ当たり収量	収穫量	出荷量	
	ha	kg	t	t	%	%	%	%	%
全国 (1)	10,300	4,860	500,800	449,900	101	99	100	100	104
(全国農業地域)									
北海道 (2)	917	4,930	45,200	43,000	105	104	109	109	111
都府県 (3)	9,420	…	…	…	nc	nc	nc	nc	nc
東北 (4)	1,680	…	…	…	nc	nc	nc	nc	nc
北陸 (5)	265	…	…	…	nc	nc	nc	nc	nc
関東・東山 (6)	5,900	…	…	…	nc	nc	nc	nc	nc
東海 (7)	74	…	…	…	nc	nc	nc	nc	nc
近畿 (8)	79	…	…	…	nc	nc	nc	nc	nc
中国 (9)	360	…	…	…	nc	nc	nc	nc	nc
四国 (10)	120	…	…	…	nc	nc	nc	nc	nc
九州 (11)	947	…	…	…	nc	nc	nc	nc	nc
沖縄 (12)	-	…	…	…	nc	nc	nc	nc	nc
(都道府県)									
北海道 (13)	917	4,930	45,200	43,000	105	104	109	109	111
青森 (14)	347	3,920	13,600	12,200	105	98	102	104	107
岩手 (15)	743	3,740	27,800	25,200	103	100	103	103	100
宮城 (16)	113	2,320	2,620	2,100	97	114	110	111	95
秋田 (17)	271	2,370	6,420	3,490	100	103	103	104	104
山形 (18)	110	…	…	…	nc	nc	nc	nc	nc
福島 (19)	96	…	…	…	nc	nc	nc	nc	nc
茨城 (20)	540	3,890	21,000	19,800	99	103	102	103	100
栃木 (21)	48	…	…	…	nc	nc	nc	nc	nc
群馬 (22)	3,600	7,220	259,900	236,000	101	97	98	98	102
埼玉 (23)	31	…	…	…	nc	nc	nc	nc	nc
千葉 (24)	75	2,660	2,000	1,760	100	64	65	64	77
東京 (25)	19	3,380	642	586	127	103	130	125	83
神奈川 (26)	65	3,160	2,050	1,940	100	119	118	119	101
新潟 (27)	197	…	…	…	nc	nc	nc	nc	nc
富山 (28)	50	…	…	…	nc	nc	nc	nc	nc
石川 (29)	13	…	…	…	nc	nc	nc	nc	nc
福井 (30)	5	…	…	…	nc	nc	nc	nc	nc
山梨 (31)	109	2,710	2,950	2,560	98	100	98	98	95
長野 (32)	1,420	4,490	63,800	58,100	101	102	103	104	101
岐阜 (33)	29	…	…	…	nc	nc	nc	nc	nc
静岡 (34)	26	…	…	…	nc	nc	nc	nc	nc
愛知 (35)	9	…	…	…	nc	nc	nc	nc	nc
三重 (36)	10	…	…	…	nc	nc	nc	nc	nc
滋賀 (37)	10	…	…	…	nc	nc	nc	nc	nc
京都 (38)	16	…	…	…	nc	nc	nc	nc	nc
大阪 (39)	3	…	…	…	nc	nc	nc	nc	nc
兵庫 (40)	37	…	…	…	nc	nc	nc	nc	nc
奈良 (41)	12	…	…	…	nc	nc	nc	nc	nc
和歌山 (42)	1	…	…	…	nc	nc	nc	nc	nc
鳥取 (43)	47	1,960	921	774	115	105	121	120	70
島根 (44)	52	1,660	863	717	104	102	107	107	100
岡山 (45)	69	3,810	2,630	2,290	93	119	111	113	116
広島 (46)	165	2,640	4,350	3,650	101	100	101	101	115
山口 (47)	27	…	…	…	nc	nc	nc	nc	nc
徳島 (48)	17	…	…	…	nc	nc	nc	nc	nc
香川 (49)	12	…	…	…	nc	nc	nc	nc	nc
愛媛 (50)	89	…	…	…	nc	nc	nc	nc	nc
高知 (51)	2	…	…	…	nc	nc	nc	nc	nc
福岡 (52)	41	…	…	…	nc	nc	nc	nc	nc
佐賀 (53)	10	…	…	…	nc	nc	nc	nc	nc
長崎 (54)	46	…	…	…	nc	nc	nc	nc	nc
熊本 (55)	501	2,400	12,000	11,300	99	108	106	106	108
大分 (56)	222	…	…	…	nc	nc	nc	nc	nc
宮崎 (57)	94	…	…	…	nc	nc	nc	nc	nc
鹿児島 (58)	33	…	…	…	nc	nc	nc	nc	nc
沖縄 (59)	-	…	…	…	nc	nc	nc	nc	nc
関東農政局 (60)	5,920	…	…	…	nc	nc	nc	nc	nc
東海農政局 (61)	48	…	…	…	nc	nc	nc	nc	nc
中国四国農政局 (62)	480	…	…	…	nc	nc	nc	nc	nc

エ　冬キャベツ

作付面積	10a当たり収量	収穫量	出荷量	対前年産比 作付面積	対前年産比 10a当たり収量	対前年産比 収穫量	対前年産比 出荷量	(参考)対平均収量比	
ha	kg	t	t	%	%	%	%	%	
15,400	**3,990**	**614,300**	**551,400**	**100**	**104**	**104**	**104**	**101**	(1)
195	5,470	10,700	9,950	96	100	96	97	105	(2)
15,200	…	…	…	nc	nc	nc	nc	nc	(3)
370	…	…	…	nc	nc	nc	nc	nc	(4)
338	…	…	…	nc	nc	nc	nc	nc	(5)
3,600	…	…	…	nc	nc	nc	nc	nc	(6)
4,830	…	…	…	nc	nc	nc	nc	nc	(7)
1,210	…	…	…	nc	nc	nc	nc	nc	(8)
727	3,000	21,800	17,000	101	103	104	108	98	(9)
437	…	…	…	nc	nc	nc	nc	nc	(10)
3,490	…	…	…	nc	nc	nc	nc	nc	(11)
185	…	…	…	nc	nc	nc	nc	nc	(12)
195	5,470	10,700	9,950	96	100	96	97	105	(13)
84	…	…	…	nc	nc	nc	nc	nc	(14)
47	…	…	…	nc	nc	nc	nc	nc	(15)
122	…	…	…	nc	nc	nc	nc	nc	(16)
75	…	…	…	nc	nc	nc	nc	nc	(17)
-	…	…	…	nc	nc	nc	nc	nc	(18)
42	…	…	…	nc	nc	nc	nc	nc	(19)
911	4,190	38,200	35,100	96	96	93	93	97	(20)
84	…	…	…	nc	nc	nc	nc	nc	(21)
318	…	…	…	nc	nc	nc	nc	nc	(22)
269	3,990	10,700	8,670	110	102	112	116	103	(23)
1,410	3,780	53,300	50,000	94	90	84	84	88	(24)
95	3,430	3,260	3,080	94	90	85	86	81	(25)
507	4,330	22,000	20,400	92	99	92	91	102	(26)
178	…	…	…	nc	nc	nc	nc	nc	(27)
40	…	…	…	nc	nc	nc	nc	nc	(28)
35	…	…	…	nc	nc	nc	nc	nc	(29)
85	2,720	2,310	2,140	100	111	111	109	110	(30)
4	…	…	…	nc	nc	nc	nc	nc	(31)
-	…	…	…	nc	nc	nc	nc	nc	(32)
124	…	…	…	nc	nc	nc	nc	nc	(33)
328	3,560	11,700	10,100	102	103	105	106	101	(34)
4,110	5,040	207,100	195,000	101	115	116	116	111	(35)
268	2,930	7,850	6,110	105	102	107	107	98	(36)
295	3,000	8,850	7,700	102	102	104	104	105	(37)
98	…	…	…	nc	nc	nc	nc	nc	(38)
196	4,460	8,740	8,040	99	107	106	106	103	(39)
445	3,880	17,300	14,700	101	104	105	107	107	(40)
47	…	…	…	nc	nc	nc	nc	nc	(41)
132	3,690	4,870	4,340	99	95	93	93	90	(42)
107	2,540	2,720	1,380	98	102	101	101	93	(43)
125	2,650	3,310	2,990	107	102	109	114	103	(44)
147	4,430	6,510	5,820	106	127	135	140	111	(45)
170	2,300	3,910	2,380	97	94	92	92	96	(46)
178	3,010	5,360	4,470	100	88	88	88	88	(47)
70	4,130	2,890	2,400	100	96	96	96	94	(48)
130	4,000	5,200	4,610	94	115	108	109	109	(49)
198	3,700	7,330	6,250	97	101	97	98	101	(50)
39	…	…	…	nc	nc	nc	nc	nc	(51)
379	4,190	15,900	14,400	98	95	94	93	105	(52)
228	3,280	7,480	6,510	88	101	89	89	94	(53)
250	2,730	6,830	5,830	94	90	85	84	91	(54)
585	3,560	20,800	18,600	102	105	108	108	103	(55)
134	…	…	…	nc	nc	nc	nc	nc	(56)
337	3,990	13,400	12,500	104	119	123	124	100	(57)
1,570	3,720	58,400	52,500	103	98	101	101	99	(58)
185	…	…	…	nc	nc	nc	nc	nc	(59)
3,930	…	…	…	nc	nc	nc	nc	nc	(60)
4,500	…	…	…	nc	nc	nc	nc	nc	(61)
1,160	…	…	…	nc	nc	nc	nc	nc	(62)

3　令和元年産都道府県別の作付面積、10ａ当たり収量、収穫量及び出荷量　（続き）

(12)　ちんげんさい

全国農業地域・都道府県		作付面積	10ａ当たり収量	収穫量	出荷量	対前年産比 作付面積	対前年産比 10ａ当たり収量	対前年産比 収穫量	対前年産比 出荷量	(参考) 対平均収量比
		ha	kg	t	t	%	%	%	%	%
全国	(1)	**2,140**	**1,920**	**41,100**	**36,100**	**99**	**99**	**98**	**96**	**97**
(全国農業地域)										
北海道	(2)	42	2,000	840	766	100	111	111	112	99
都府県	(3)	2,100	…	…	…	nc	nc	nc	nc	nc
東北	(4)	143	…	…	…	nc	nc	nc	nc	nc
北陸	(5)	41	…	…	…	nc	nc	nc	nc	nc
関東・東山	(6)	936	…	…	…	nc	nc	nc	nc	nc
東海	(7)	461	…	…	…	nc	nc	nc	nc	nc
近畿	(8)	89	…	…	…	nc	nc	nc	nc	nc
中国	(9)	81	…	…	…	nc	nc	nc	nc	nc
四国	(10)	62	…	…	…	nc	nc	nc	nc	nc
九州	(11)	210	…	…	…	nc	nc	nc	nc	nc
沖縄	(12)	75	1,270	953	805	103	102	104	105	95
(都道府県)										
北海道	(13)	42	2,000	840	766	100	111	111	112	99
青森	(14)	10	…	…	…	nc	nc	nc	nc	nc
岩手	(15)	6	…	…	…	nc	nc	nc	nc	nc
宮城	(16)	52	1,280	666	497	98	101	99	100	93
秋田	(17)	23	…	…	…	nc	nc	nc	nc	nc
山形	(18)	16	…	…	…	nc	nc	nc	nc	nc
福島	(19)	36	1,620	583	385	100	99	99	98	101
茨城	(20)	498	2,320	11,600	10,300	100	98	99	94	100
栃木	(21)	14	…	…	…	nc	nc	nc	nc	nc
群馬	(22)	144	1,280	1,840	1,630	97	80	77	77	66
埼玉	(23)	104	2,240	2,330	2,050	92	101	93	94	102
千葉	(24)	77	1,590	1,220	983	100	88	88	88	92
東京	(25)	3	…	…	…	nc	nc	nc	nc	nc
神奈川	(26)	3	…	…	…	nc	nc	nc	nc	nc
新潟	(27)	24	…	…	…	nc	nc	nc	nc	nc
富山	(28)	0	…	…	…	nc	nc	nc	nc	nc
石川	(29)	13	…	…	…	nc	nc	nc	nc	nc
福井	(30)	4	…	…	…	nc	nc	nc	nc	nc
山梨	(31)	5	…	…	…	nc	nc	nc	nc	nc
長野	(32)	88	2,070	1,820	1,640	96	100	96	96	99
岐阜	(33)	7	…	…	…	nc	nc	nc	nc	nc
静岡	(34)	312	2,410	7,520	7,100	98	103	101	101	102
愛知	(35)	133	2,090	2,780	2,610	100	101	101	101	95
三重	(36)	9	…	…	…	nc	nc	nc	nc	nc
滋賀	(37)	12	…	…	…	nc	nc	nc	nc	nc
京都	(38)	2	…	…	…	nc	nc	nc	nc	nc
大阪	(39)	2	…	…	…	nc	nc	nc	nc	nc
兵庫	(40)	50	1,660	830	727	98	104	102	102	99
奈良	(41)	17	…	…	…	nc	nc	nc	nc	nc
和歌山	(42)	6	…	…	…	nc	nc	nc	nc	nc
鳥取	(43)	26	1,960	510	480	104	102	106	105	101
島根	(44)	7	…	…	…	nc	nc	nc	nc	nc
岡山	(45)	22	…	…	…	nc	nc	nc	nc	nc
広島	(46)	19	…	…	…	nc	nc	nc	nc	nc
山口	(47)	7	…	…	…	nc	nc	nc	nc	nc
徳島	(48)	38	1,200	456	410	100	108	108	108	87
香川	(49)	7	…	…	…	nc	nc	nc	nc	nc
愛媛	(50)	11	…	…	…	nc	nc	nc	nc	nc
高知	(51)	6	…	…	…	nc	nc	nc	nc	nc
福岡	(52)	60	1,460	876	805	103	95	99	100	97
佐賀	(53)	30	…	…	…	nc	nc	nc	nc	nc
長崎	(54)	9	…	…	…	nc	nc	nc	nc	nc
熊本	(55)	36	2,120	763	704	100	106	106	106	108
大分	(56)	36	…	…	…	nc	nc	nc	nc	nc
宮崎	(57)	9	…	…	…	nc	nc	nc	nc	nc
鹿児島	(58)	30	1,580	474	429	94	105	98	102	111
沖縄	(59)	75	1,270	953	805	103	102	104	105	95
関東農政局	(60)	1,250	…	…	…	nc	nc	nc	nc	nc
東海農政局	(61)	149	…	…	…	nc	nc	nc	nc	nc
中国四国農政局	(62)	143	…	…	…	nc	nc	nc	nc	nc

(13) ほうれんそう

作付面積	10a当たり収量	収穫量	出荷量	対前年産比				(参考)対平均収量比	
				作付面積	10a当たり収量	収穫量	出荷量		
ha	kg	t	t	%	%	%	%	%	
19,900	**1,090**	**217,800**	**184,900**	**98**	**97**	**95**	**95**	**92**	(1)
483	1,040	5,020	4,670	97	105	102	102	105	(2)
19,500	…	…	…	nc	nc	nc	nc	nc	(3)
1,920	…	…	…	nc	nc	nc	nc	nc	(4)
353	…	…	…	nc	nc	nc	nc	nc	(5)
9,220	…	…	…	nc	nc	nc	nc	nc	(6)
2,080	…	…	…	nc	nc	nc	nc	nc	(7)
1,220	…	…	…	nc	nc	nc	nc	nc	(8)
1,030	…	…	…	nc	nc	nc	nc	nc	(9)
709	…	…	…	nc	nc	nc	nc	nc	(10)
2,860	…	…	…	nc	nc	nc	nc	nc	(11)
76	…	…	…	nc	nc	nc	nc	nc	(12)
483	1,040	5,020	4,670	97	105	102	102	105	(13)
200	…	…	…	nc	nc	nc	nc	nc	(14)
722	485	3,500	2,860	96	103	99	99	99	(15)
349	732	2,550	1,490	96	89	86	86	83	(16)
197	725	1,430	1,090	96	102	98	98	114	(17)
152	…	…	…	nc	nc	nc	nc	nc	(18)
299	952	2,850	1,900	98	99	98	97	99	(19)
1,240	1,300	16,100	14,400	100	90	90	89	88	(20)
601	987	5,930	4,900	96	92	89	83	95	(21)
1,890	1,070	20,200	18,500	99	96	94	94	95	(22)
2,010	1,190	23,900	20,100	100	99	99	100	96	(23)
1,910	983	18,800	17,200	91	81	74	74	64	(24)
356	997	3,550	3,220	96	88	85	82	89	(25)
661	1,220	8,060	7,520	98	98	96	95	102	(26)
158	…	…	…	nc	nc	nc	nc	nc	(27)
60	875	525	280	94	109	103	105	118	(28)
60	…	…	…	nc	nc	nc	nc	nc	(29)
75	1,080	810	575	97	125	122	132	116	(30)
111	…	…	…	nc	nc	nc	nc	nc	(31)
429	841	3,610	2,520	101	98	99	104	98	(32)
1,220	945	11,500	10,200	98	117	115	115	104	(33)
310	…	…	…	nc	nc	nc	nc	nc	(34)
439	1,130	4,960	4,380	100	96	96	96	86	(35)
112	…	…	…	nc	nc	nc	nc	nc	(36)
106	1,160	1,230	809	98	100	98	100	107	(37)
329	1,570	5,170	4,450	99	98	97	97	103	(38)
140	…	…	…	nc	nc	nc	nc	nc	(39)
276	1,350	3,730	2,300	99	102	101	102	105	(40)
292	1,150	3,360	2,820	100	106	105	105	94	(41)
79	1,240	980	796	nc	nc	nc	nc	99	(42)
139	1,150	1,600	1,140	98	101	99	98	114	(43)
148	…	…	…	nc	nc	nc	nc	nc	(44)
150	…	…	…	nc	nc	nc	nc	nc	(45)
389	1,180	4,590	3,600	99	107	106	106	107	(46)
207	849	1,760	1,300	97	99	96	104	90	(47)
408	953	3,890	3,480	97	102	99	99	105	(48)
70	…	…	…	nc	nc	nc	nc	nc	(49)
166	852	1,410	1,050	97	105	101	103	96	(50)
65	…	…	…	nc	nc	nc	nc	nc	(51)
712	1,330	9,470	8,680	101	99	101	101	96	(52)
121	696	842	600	98	87	86	85	85	(53)
176	1,020	1,800	1,460	99	99	99	98	91	(54)
506	1,120	5,670	5,060	94	92	86	86	90	(55)
150	…	…	…	nc	nc	nc	nc	nc	(56)
1,000	1,610	16,100	14,300	105	98	103	103	92	(57)
190	…	…	…	nc	nc	nc	nc	nc	(58)
76	…	…	…	nc	nc	nc	nc	nc	(59)
9,530	…	…	…	nc	nc	nc	nc	nc	(60)
1,770	…	…	…	nc	nc	nc	nc	nc	(61)
1,740	…	…	…	nc	nc	nc	nc	nc	(62)

3 令和元年産都道府県別の作付面積、10a当たり収量、収穫量及び出荷量 （続き）

(14) ふき

全国農業地域・都道府県		作付面積	10a当たり収量	収穫量	出荷量	対前年産比 作付面積	対前年産比 10a当たり収量	対前年産比 収穫量	対前年産比 出荷量	(参考) 対平均収量比
		ha	kg	t	t	%	%	%	%	%
全国	(1)	**518**	**1,800**	**9,300**	**7,850**	**96**	**95**	**91**	**92**	**93**
(全国農業地域)										
北海道	(2)	23	1,900	437	417	100	114	114	115	123
都府県	(3)	495	…	…	…	nc	nc	nc	nc	nc
東北	(4)	92	…	…	…	nc	nc	nc	nc	nc
北陸	(5)	30	…	…	…	nc	nc	nc	nc	nc
関東・東山	(6)	156	…	…	…	nc	nc	nc	nc	nc
東海	(7)	92	…	…	…	nc	nc	nc	nc	nc
近畿	(8)	41	…	…	…	nc	nc	nc	nc	nc
中国	(9)	21	…	…	…	nc	nc	nc	nc	nc
四国	(10)	46	…	…	…	nc	nc	nc	nc	nc
九州	(11)	17	…	…	…	nc	nc	nc	nc	nc
沖縄	(12)	0	…	…	…	nc	nc	nc	nc	nc
(都道府県)										
北海道	(13)	23	1,900	437	417	100	114	114	115	123
青森	(14)	4	660	26	8	100	100	100	100	122
岩手	(15)	19	553	105	52	100	101	101	104	97
宮城	(16)	8	…	…	…	nc	nc	nc	nc	nc
秋田	(17)	33	873	288	204	97	95	92	91	93
山形	(18)	11	506	56	38	100	99	100	100	104
福島	(19)	17	541	92	78	94	98	93	94	99
茨城	(20)	5	…	…	…	nc	nc	nc	nc	nc
栃木	(21)	8	825	66	44	89	91	80	81	105
群馬	(22)	97	1,170	1,130	893	97	85	82	82	89
埼玉	(23)	4	…	…	…	nc	nc	nc	nc	nc
千葉	(24)	8	1,580	126	87	80	94	75	75	94
東京	(25)	3	…	…	…	nc	nc	nc	nc	nc
神奈川	(26)	4	…	…	…	nc	nc	nc	nc	nc
新潟	(27)	19	416	79	57	95	92	88	97	95
富山	(28)	3	…	…	…	nc	nc	nc	nc	nc
石川	(29)	6	…	…	…	nc	nc	nc	nc	nc
福井	(30)	2	…	…	…	nc	nc	nc	nc	nc
山梨	(31)	1	…	…	…	nc	nc	nc	nc	nc
長野	(32)	26	762	198	76	81	101	82	84	99
岐阜	(33)	3	…	…	…	nc	nc	nc	nc	nc
静岡	(34)	12	792	95	70	100	100	100	100	93
愛知	(35)	70	5,190	3,630	3,410	100	91	91	91	83
三重	(36)	7	…	…	…	nc	nc	nc	nc	nc
滋賀	(37)	3	…	…	…	nc	nc	nc	nc	nc
京都	(38)	10	590	59	53	77	108	83	83	107
大阪	(39)	11	7,850	864	812	92	102	94	94	96
兵庫	(40)	4	…	…	…	nc	nc	nc	nc	nc
奈良	(41)	4	…	…	…	nc	nc	nc	nc	nc
和歌山	(42)	9	…	…	…	nc	nc	nc	nc	nc
鳥取	(43)	2	…	…	…	nc	nc	nc	nc	nc
島根	(44)	5	…	…	…	nc	nc	nc	nc	nc
岡山	(45)	0	…	…	…	nc	nc	nc	nc	nc
広島	(46)	10	1,240	124	107	91	94	86	97	95
山口	(47)	4	…	…	…	nc	nc	nc	nc	nc
徳島	(48)	25	1,410	353	290	100	99	99	97	71
香川	(49)	3	…	…	…	nc	nc	nc	nc	nc
愛媛	(50)	16	775	124	66	94	83	78	78	80
高知	(51)	2	…	…	…	nc	nc	nc	nc	nc
福岡	(52)	9	…	…	…	nc	nc	nc	nc	nc
佐賀	(53)	x	…	…	…	nc	nc	nc	nc	nc
長崎	(54)	−	…	…	…	nc	nc	nc	nc	nc
熊本	(55)	3	…	…	…	nc	nc	nc	nc	nc
大分	(56)	3	…	…	…	nc	nc	nc	nc	nc
宮崎	(57)	−	…	…	…	nc	nc	nc	nc	nc
鹿児島	(58)	x	…	…	…	nc	nc	nc	nc	nc
沖縄	(59)	0	…	…	…	nc	nc	nc	nc	nc
関東農政局	(60)	168	…	…	…	nc	nc	nc	nc	nc
東海農政局	(61)	80	…	…	…	nc	nc	nc	nc	nc
中国四国農政局	(62)	67	…	…	…	nc	nc	nc	nc	nc

(15) みつば

作付面積	10a当たり収量	収穫量	出荷量	対前年産比 作付面積	対前年産比 10a当たり収量	対前年産比 収穫量	対前年産比 出荷量	(参考)対平均収量比	
ha	kg	t	t	%	%	%	%	%	
891	1,570	14,000	13,200	96	98	93	94	102	(1)
46	525	242	216	100	88	88	84	84	(2)
845	…	…	…	nc	nc	nc	nc	nc	(3)
73	…	…	…	nc	nc	nc	nc	nc	(4)
20	…	…	…	nc	nc	nc	nc	nc	(5)
403	…	…	…	nc	nc	nc	nc	nc	(6)
193	…	…	…	nc	nc	nc	nc	nc	(7)
44	…	…	…	nc	nc	nc	nc	nc	(8)
4	…	…	…	nc	nc	nc	nc	nc	(9)
15	…	…	…	nc	nc	nc	nc	nc	(10)
93	…	…	…	nc	nc	nc	nc	nc	(11)
0	…	…	…	nc	nc	nc	nc	nc	(12)
46	525	242	216	100	88	88	84	84	(13)
8	…	…	…	nc	nc	nc	nc	nc	(14)
8	…	…	…	nc	nc	nc	nc	nc	(15)
10	…	…	…	nc	nc	nc	nc	nc	(16)
5	…	…	…	nc	nc	nc	nc	nc	(17)
3	…	…	…	nc	nc	nc	nc	nc	(18)
39	1,290	503	444	98	99	97	97	98	(19)
166	1,040	1,730	1,580	92	106	98	98	132	(20)
9	…	…	…	nc	nc	nc	nc	nc	(21)
19	…	…	…	nc	nc	nc	nc	nc	(22)
55	2,530	1,390	1,310	93	101	94	94	93	(23)
152	1,790	2,720	2,600	99	97	96	97	101	(24)
1	…	…	…	nc	nc	nc	nc	nc	(25)
0	…	…	…	nc	nc	nc	nc	nc	(26)
17	…	…	…	nc	nc	nc	nc	nc	(27)
0	…	…	…	nc	nc	nc	nc	nc	(28)
0	…	…	…	nc	nc	nc	nc	nc	(29)
3	…	…	…	nc	nc	nc	nc	nc	(30)
0	…	…	…	nc	nc	nc	nc	nc	(31)
1	…	…	…	nc	nc	nc	nc	nc	(32)
0	…	…	…	nc	nc	nc	nc	nc	(33)
80	1,760	1,410	1,320	100	104	104	105	101	(34)
94	2,030	1,910	1,800	90	87	79	78	86	(35)
19	…	…	…	nc	nc	nc	nc	nc	(36)
7	…	…	…	nc	nc	nc	nc	nc	(37)
2	…	…	…	nc	nc	nc	nc	nc	(38)
27	2,230	602	585	96	100	97	97	98	(39)
3	…	…	…	nc	nc	nc	nc	nc	(40)
2	…	…	…	nc	nc	nc	nc	nc	(41)
3	…	…	…	nc	nc	nc	nc	nc	(42)
-	…	…	…	nc	nc	nc	nc	nc	(43)
0	…	…	…	nc	nc	nc	nc	nc	(44)
1	…	…	…	nc	nc	nc	nc	nc	(45)
2	…	…	…	nc	nc	nc	nc	nc	(46)
1	…	…	…	nc	nc	nc	nc	nc	(47)
4	…	…	…	nc	nc	nc	nc	nc	(48)
1	…	…	…	nc	nc	nc	nc	nc	(49)
1	…	…	…	nc	nc	nc	nc	nc	(50)
9	…	…	…	nc	nc	nc	nc	nc	(51)
21	1,370	288	276	84	104	87	86	96	(52)
-	…	…	…	nc	nc	nc	nc	nc	(53)
x	…	…	…	nc	nc	nc	nc	nc	(54)
3	…	…	…	nc	nc	nc	nc	nc	(55)
63	1,510	951	944	100	99	99	100	87	(56)
x	…	…	…	nc	nc	nc	nc	nc	(57)
2	…	…	…	nc	nc	nc	nc	nc	(58)
0	…	…	…	nc	nc	nc	nc	nc	(59)
483	…	…	…	nc	nc	nc	nc	nc	(60)
113	…	…	…	nc	nc	nc	nc	nc	(61)
19	…	…	…	nc	nc	nc	nc	nc	(62)

3 令和元年産都道府県別の作付面積、10a当たり収量、収穫量及び出荷量 （続き）

(16) しゅんぎく

全国農業地域・都道府県		作付面積	10a当たり収量	収穫量	出荷量	対前年産比				(参考)対平均収量比
						作付面積	10a当たり収量	収穫量	出荷量	
		ha	kg	t	t	%	%	%	%	%
全国	(1)	**1,830**	**1,470**	**26,900**	**21,800**	**97**	**99**	**96**	**96**	**96**
(全国農業地域)										
北海道	(2)	14	…	…	…	nc	nc	nc	nc	nc
都府県	(3)	1,820	…	…	…	nc	nc	nc	nc	nc
東北	(4)	231	…	…	…	nc	nc	nc	nc	nc
北陸	(5)	53	…	…	…	nc	nc	nc	nc	nc
関東・東山	(6)	591	…	…	…	nc	nc	nc	nc	nc
東海	(7)	85	…	…	…	nc	nc	nc	nc	nc
近畿	(8)	417	1,520	6,320	5,450	98	103	101	101	95
中国	(9)	134	…	…	…	nc	nc	nc	nc	nc
四国	(10)	68	…	…	…	nc	nc	nc	nc	nc
九州	(11)	234	…	…	…	nc	nc	nc	nc	nc
沖縄	(12)	5	…	…	…	nc	nc	nc	nc	nc
(都道府県)										
北海道	(13)	14	…	…	…	nc	nc	nc	nc	nc
青森	(14)	29	769	223	140	100	98	99	97	97
岩手	(15)	41	810	332	230	95	100	95	95	103
宮城	(16)	52	1,210	629	535	98	107	105	105	92
秋田	(17)	24	…	…	…	nc	nc	nc	nc	nc
山形	(18)	14	…	…	…	nc	nc	nc	nc	nc
福島	(19)	71	1,160	824	640	97	98	96	95	103
茨城	(20)	116	1,840	2,130	1,700	93	91	84	84	85
栃木	(21)	51	2,410	1,230	973	104	96	100	100	96
群馬	(22)	115	2,070	2,380	2,010	92	118	109	109	118
埼玉	(23)	73	1,400	1,020	725	91	101	92	97	99
千葉	(24)	162	1,720	2,790	2,450	99	82	82	82	78
東京	(25)	19	…	…	…	nc	nc	nc	nc	nc
神奈川	(26)	16	…	…	…	nc	nc	nc	nc	nc
新潟	(27)	32	859	275	173	97	94	92	94	85
富山	(28)	8	…	…	…	nc	nc	nc	nc	nc
石川	(29)	3	…	…	…	nc	nc	nc	nc	nc
福井	(30)	10	…	…	…	nc	nc	nc	nc	nc
山梨	(31)	3	…	…	…	nc	nc	nc	nc	nc
長野	(32)	36	1,090	392	271	100	96	96	96	101
岐阜	(33)	23	1,630	375	329	96	106	101	102	106
静岡	(34)	12	…	…	…	nc	nc	nc	nc	nc
愛知	(35)	32	1,950	624	449	97	100	97	97	98
三重	(36)	18	…	…	…	nc	nc	nc	nc	nc
滋賀	(37)	40	1,340	536	425	98	100	98	99	99
京都	(38)	32	1,640	525	419	100	109	109	109	99
大阪	(39)	187	1,680	3,140	2,980	98	102	100	100	94
兵庫	(40)	110	1,280	1,410	1,040	98	101	99	99	95
奈良	(41)	30	1,380	414	340	100	109	109	109	93
和歌山	(42)	18	1,620	292	243	95	101	95	96	89
鳥取	(43)	4	…	…	…	nc	nc	nc	nc	nc
島根	(44)	20	…	…	…	nc	nc	nc	nc	nc
岡山	(45)	21	1,240	260	195	81	105	85	103	103
広島	(46)	64	1,650	1,060	788	96	109	105	105	123
山口	(47)	25	1,040	260	151	86	87	75	73	106
徳島	(48)	12	…	…	…	nc	nc	nc	nc	nc
香川	(49)	11	…	…	…	nc	nc	nc	nc	nc
愛媛	(50)	24	1,170	281	193	100	104	104	104	95
高知	(51)	21	…	…	…	nc	nc	nc	nc	nc
福岡	(52)	156	1,340	2,090	1,850	101	96	97	97	96
佐賀	(53)	7	…	…	…	nc	nc	nc	nc	nc
長崎	(54)	15	…	…	…	nc	nc	nc	nc	nc
熊本	(55)	23	1,010	232	191	110	116	127	127	127
大分	(56)	13	…	…	…	nc	nc	nc	nc	nc
宮崎	(57)	5	…	…	…	nc	nc	nc	nc	nc
鹿児島	(58)	15	…	…	…	nc	nc	nc	nc	nc
沖縄	(59)	5	…	…	…	nc	nc	nc	nc	nc
関東農政局	(60)	603	…	…	…	nc	nc	nc	nc	nc
東海農政局	(61)	73	…	…	…	nc	nc	nc	nc	nc
中国四国農政局	(62)	202	…	…	…	nc	nc	nc	nc	nc

(17) みずな

作付面積	10a当たり収量	収穫量	出荷量	対前年産比 作付面積	対前年産比 10a当たり収量	対前年産比 収穫量	対前年産比 出荷量	(参考)対平均収量比	
ha	kg	t	t	%	%	%	%	%	
2,480	**1,790**	**44,400**	**39,800**	**99**	**104**	**103**	**102**	**105**	(1)
37	2,450	907	822	97	105	102	100	113	(2)
2,440	…	…	…	nc	nc	nc	nc	nc	(3)
105	…	…	…	nc	nc	nc	nc	nc	(4)
45	…	…	…	nc	nc	nc	nc	nc	(5)
1,280	…	…	…	nc	nc	nc	nc	nc	(6)
67	…	…	…	nc	nc	nc	nc	nc	(7)
450	…	…	…	nc	nc	nc	nc	nc	(8)
85	…	…	…	nc	nc	nc	nc	nc	(9)
63	…	…	…	nc	nc	nc	nc	nc	(10)
334	…	…	…	nc	nc	nc	nc	nc	(11)
6	…	…	…	nc	nc	nc	nc	nc	(12)
37	2,450	907	822	97	105	102	100	113	(13)
9	…	…	…	nc	nc	nc	nc	nc	(14)
11	…	…	…	nc	nc	nc	nc	nc	(15)
50	1,430	715	614	96	97	93	93	96	(16)
3	…	…	…	nc	nc	nc	nc	nc	(17)
15	…	…	…	nc	nc	nc	nc	nc	(18)
17	…	…	…	nc	nc	nc	nc	nc	(19)
1,010	2,260	22,800	20,800	103	105	109	106	110	(20)
15	…	…	…	nc	nc	nc	nc	nc	(21)
62	1,450	899	770	93	82	76	76	76	(22)
130	1,220	1,590	1,440	90	101	91	94	98	(23)
32	…	…	…	nc	nc	nc	nc	nc	(24)
13	…	…	…	nc	nc	nc	nc	nc	(25)
7	…	…	…	nc	nc	nc	nc	nc	(26)
7	…	…	…	nc	nc	nc	nc	nc	(27)
7	…	…	…	nc	nc	nc	nc	nc	(28)
6	…	…	…	nc	nc	nc	nc	nc	(29)
25	…	…	…	nc	nc	nc	nc	nc	(30)
3	…	…	…	nc	nc	nc	nc	nc	(31)
11	…	…	…	nc	nc	nc	nc	nc	(32)
22	…	…	…	nc	nc	nc	nc	nc	(33)
20	…	…	…	nc	nc	nc	nc	nc	(34)
17	…	…	…	nc	nc	nc	nc	nc	(35)
8	…	…	…	nc	nc	nc	nc	nc	(36)
103	1,430	1,470	1,300	100	99	99	99	97	(37)
147	1,610	2,370	2,150	99	110	108	108	101	(38)
45	2,190	986	929	98	104	102	102	104	(39)
113	1,710	1,930	1,680	100	101	101	101	101	(40)
32	1,450	464	448	97	101	98	99	93	(41)
10	…	…	…	nc	nc	nc	nc	nc	(42)
4	…	…	…	nc	nc	nc	nc	nc	(43)
19	…	…	…	nc	nc	nc	nc	nc	(44)
11	…	…	…	nc	nc	nc	nc	nc	(45)
45	1,780	801	468	100	104	104	104	112	(46)
6	…	…	…	nc	nc	nc	nc	nc	(47)
8	…	…	…	nc	nc	nc	nc	nc	(48)
12	…	…	…	nc	nc	nc	nc	nc	(49)
18	…	…	…	nc	nc	nc	nc	nc	(50)
25	…	…	…	nc	nc	nc	nc	nc	(51)
223	1,520	3,390	3,210	103	101	105	104	86	(52)
30	…	…	…	nc	nc	nc	nc	nc	(53)
16	…	…	…	nc	nc	nc	nc	nc	(54)
5	…	…	…	nc	nc	nc	nc	nc	(55)
4	…	…	…	nc	nc	nc	nc	nc	(56)
5	…	…	…	nc	nc	nc	nc	nc	(57)
51	1,400	714	630	88	99	87	86	98	(58)
6	…	…	…	nc	nc	nc	nc	nc	(59)
1,300	…	…	…	nc	nc	nc	nc	nc	(60)
47	…	…	…	nc	nc	nc	nc	nc	(61)
148	…	…	…	nc	nc	nc	nc	nc	(62)

3 令和元年産都道府県別の作付面積、10a当たり収量、収穫量及び出荷量 (続き)

(18) セルリー

全国農業地域・都道府県		作付面積	10a当たり収量	収穫量	出荷量	対前年産比				(参考)対平均収量比
						作付面積	10a当たり収量	収穫量	出荷量	
		ha	kg	t	t	%	%	%	%	%
全国	(1)	**552**	**5,690**	**31,400**	**30,000**	**96**	**105**	**101**	**102**	**103**
(全国農業地域)										
北海道	(2)	18	3,950	711	693	82	109	89	92	110
都府県	(3)	534	…	…	…	nc	nc	nc	nc	nc
東北	(4)	x	…	…	…	nc	nc	nc	nc	nc
北陸	(5)	7	…	…	…	nc	nc	nc	nc	nc
関東・東山	(6)	284	…	…	…	nc	nc	nc	nc	nc
東海	(7)	134	…	…	…	nc	nc	nc	nc	nc
近畿	(8)	5	…	…	…	nc	nc	nc	nc	nc
中国	(9)	3	…	…	…	nc	nc	nc	nc	nc
四国	(10)	13	…	…	…	nc	nc	nc	nc	nc
九州	(11)	x	…	…	…	nc	nc	nc	nc	nc
沖縄	(12)	6	…	…	…	nc	nc	nc	nc	nc
(都道府県)										
北海道	(13)	18	3,950	711	693	82	109	89	92	110
青森	(14)	x	…	…	…	nc	nc	nc	nc	nc
岩手	(15)	2	…	…	…	nc	nc	nc	nc	nc
宮城	(16)	3	…	…	…	nc	nc	nc	nc	nc
秋田	(17)	1	…	…	…	nc	nc	nc	nc	nc
山形	(18)	11	…	…	…	nc	nc	nc	nc	nc
福島	(19)	2	…	…	…	nc	nc	nc	nc	nc
茨城	(20)	17	…	…	…	nc	nc	nc	nc	nc
栃木	(21)	-	…	…	…	nc	nc	nc	nc	nc
群馬	(22)	2	…	…	…	nc	nc	nc	nc	nc
埼玉	(23)	3	…	…	…	nc	nc	nc	nc	nc
千葉	(24)	19	4,300	817	761	100	98	97	98	98
東京	(25)	0	…	…	…	nc	nc	nc	nc	nc
神奈川	(26)	1	…	…	…	nc	nc	nc	nc	nc
新潟	(27)	7	…	…	…	nc	nc	nc	nc	nc
富山	(28)	0	…	…	…	nc	nc	nc	nc	nc
石川	(29)	0	…	…	…	nc	nc	nc	nc	nc
福井	(30)	0	…	…	…	nc	nc	nc	nc	nc
山梨	(31)	0	…	…	…	nc	nc	nc	nc	nc
長野	(32)	242	5,550	13,400	13,100	98	101	99	100	98
岐阜	(33)	-	…	…	…	nc	nc	nc	nc	nc
静岡	(34)	91	6,680	6,080	5,820	93	105	98	98	104
愛知	(35)	41	7,110	2,920	2,770	100	111	111	111	110
三重	(36)	2	…	…	…	nc	nc	nc	nc	nc
滋賀	(37)	0	…	…	…	nc	nc	nc	nc	nc
京都	(38)	0	…	…	…	nc	nc	nc	nc	nc
大阪	(39)	1	…	…	…	nc	nc	nc	nc	nc
兵庫	(40)	4	…	…	…	nc	nc	nc	nc	nc
奈良	(41)	-	…	…	…	nc	nc	nc	nc	nc
和歌山	(42)	0	…	…	…	nc	nc	nc	nc	nc
鳥取	(43)	0	…	…	…	nc	nc	nc	nc	nc
島根	(44)	1	…	…	…	nc	nc	nc	nc	nc
岡山	(45)	1	…	…	…	nc	nc	nc	nc	nc
広島	(46)	1	…	…	…	nc	nc	nc	nc	nc
山口	(47)	-	…	…	…	nc	nc	nc	nc	nc
徳島	(48)	0	…	…	…	nc	nc	nc	nc	nc
香川	(49)	11	8,680	955	845	100	114	114	114	130
愛媛	(50)	1	…	…	…	nc	nc	nc	nc	nc
高知	(51)	1	…	…	…	nc	nc	nc	nc	nc
福岡	(52)	45	7,660	3,450	3,300	98	110	107	108	116
佐賀	(53)	0	…	…	…	nc	nc	nc	nc	nc
長崎	(54)	3	…	…	…	nc	nc	nc	nc	nc
熊本	(55)	10	…	…	…	nc	nc	nc	nc	nc
大分	(56)	2	…	…	…	nc	nc	nc	nc	nc
宮崎	(57)	x	…	…	…	nc	nc	nc	nc	nc
鹿児島	(58)	2	…	…	…	nc	nc	nc	nc	nc
沖縄	(59)	6	…	…	…	nc	nc	nc	nc	nc
関東農政局	(60)	375	…	…	…	nc	nc	nc	nc	nc
東海農政局	(61)	43	…	…	…	nc	nc	nc	nc	nc
中国四国農政局	(62)	16	…	…	…	nc	nc	nc	nc	nc

(19) アスパラガス

作付面積	10a当たり収量	収穫量	出荷量	対前年産比				(参考)対平均収量比	
				作付面積	10a当たり収量	収穫量	出荷量		
ha	kg	t	t	%	%	%	%	%	
5,010	**535**	**26,800**	**23,600**	**97**	**104**	**101**	**102**	**104**	(1)
1,250	267	3,340	3,040	98	94	92	92	91	(2)
3,760	…	…	…	nc	nc	nc	nc	nc	(3)
1,560	…	…	…	nc	nc	nc	nc	nc	(4)
243	…	…	…	nc	nc	nc	nc	nc	(5)
1,060	…	…	…	nc	nc	nc	nc	nc	(6)
32	…	…	…	nc	nc	nc	nc	nc	(7)
31	…	…	…	nc	nc	nc	nc	nc	(8)
229	…	…	…	nc	nc	nc	nc	nc	(9)
146	…	…	…	nc	nc	nc	nc	nc	(10)
454	…	…	…	nc	nc	nc	nc	nc	(11)
2	…	…	…	nc	nc	nc	nc	nc	(12)
1,250	267	3,340	3,040	98	94	92	92	91	(13)
139	438	609	452	100	96	96	94	111	(14)
300	171	513	431	100	99	99	99	86	(15)
26	…	…	…	nc	nc	nc	nc	nc	(16)
376	370	1,390	1,130	92	112	103	103	105	(17)
362	476	1,720	1,460	101	105	106	107	107	(18)
358	392	1,400	1,210	97	101	98	98	100	(19)
24	…	…	…	nc	nc	nc	nc	nc	(20)
104	1,630	1,700	1,460	103	98	101	102	101	(21)
74	…	…	…	nc	nc	nc	nc	nc	(22)
14	…	…	…	nc	nc	nc	nc	nc	(23)
5	…	…	…	nc	nc	nc	nc	nc	(24)
1	…	…	…	nc	nc	nc	nc	nc	(25)
1	…	…	…	nc	nc	nc	nc	nc	(26)
226	296	669	571	96	117	112	108	93	(27)
11	…	…	…	nc	nc	nc	nc	nc	(28)
4	…	…	…	nc	nc	nc	nc	nc	(29)
2	…	…	…	nc	nc	nc	nc	nc	(30)
9	…	…	…	nc	nc	nc	nc	nc	(31)
828	250	2,070	1,800	94	88	83	83	94	(32)
7	…	…	…	nc	nc	nc	nc	nc	(33)
6	…	…	…	nc	nc	nc	nc	nc	(34)
11	…	…	…	nc	nc	nc	nc	nc	(35)
8	…	…	…	nc	nc	nc	nc	nc	(36)
6	…	…	…	nc	nc	nc	nc	nc	(37)
3	…	…	…	nc	nc	nc	nc	nc	(38)
1	…	…	…	nc	nc	nc	nc	nc	(39)
13	…	…	…	nc	nc	nc	nc	nc	(40)
6	…	…	…	nc	nc	nc	nc	nc	(41)
2	…	…	…	nc	nc	nc	nc	nc	(42)
16	…	…	…	nc	nc	nc	nc	nc	(43)
26	658	171	135	104	123	128	130	123	(44)
61	531	324	282	97	107	104	108	83	(45)
113	900	1,020	837	100	137	138	138	152	(46)
13	…	…	…	nc	nc	nc	nc	nc	(47)
6	…	…	…	nc	nc	nc	nc	nc	(48)
85	979	832	752	97	105	102	103	99	(49)
49	1,170	573	487	98	106	104	105	98	(50)
6	…	…	…	nc	nc	nc	nc	nc	(51)
86	2,240	1,930	1,800	102	105	108	108	101	(52)
129	2,210	2,850	2,650	103	107	110	111	100	(53)
120	1,520	1,820	1,740	98	107	104	106	96	(54)
99	2,130	2,110	1,970	102	106	108	109	108	(55)
14	886	124	117	100	97	97	97	92	(56)
5	…	…	…	nc	nc	nc	nc	nc	(57)
1	…	…	…	nc	nc	nc	nc	nc	(58)
2	…	…	…	nc	nc	nc	nc	nc	(59)
1,070	…	…	…	nc	nc	nc	nc	nc	(60)
26	…	…	…	nc	nc	nc	nc	nc	(61)
375	…	…	…	nc	nc	nc	nc	nc	(62)

3　令和元年産都道府県別の作付面積、10ａ当たり収量、収穫量及び出荷量　（続き）

(20)　カリフラワー

全国農業地域・都道府県		作付面積	10ａ当たり収量	収穫量	出荷量	対前年産比 作付面積	対前年産比 10ａ当たり収量	対前年産比 収穫量	対前年産比 出荷量	(参考)対平均収量比
		ha	kg	t	t	%	%	%	%	%
全国	(1)	1,230	1,740	21,400	18,300	103	106	109	110	102
(全国農業地域)										
北海道	(2)	25	1,230	308	292	74	136	100	100	100
都府県	(3)	1,200	…	…	…	nc	nc	nc	nc	nc
東北	(4)	131	…	…	…	nc	nc	nc	nc	nc
北陸	(5)	97	…	…	…	nc	nc	nc	nc	nc
関東・東山	(6)	441	…	…	…	nc	nc	nc	nc	nc
東海	(7)	152	…	…	…	nc	nc	nc	nc	nc
近畿	(8)	33	…	…	…	nc	nc	nc	nc	nc
中国	(9)	35	…	…	…	nc	nc	nc	nc	nc
四国	(10)	107	…	…	…	nc	nc	nc	nc	nc
九州	(11)	198	…	…	…	nc	nc	nc	nc	nc
沖縄	(12)	9	…	…	…	nc	nc	nc	nc	nc
(都道府県)										
北海道	(13)	25	1,230	308	292	74	136	100	100	100
青森	(14)	18	956	172	121	100	98	98	98	102
岩手	(15)	18	…	…	…	nc	nc	nc	nc	nc
宮城	(16)	18	…	…	…	nc	nc	nc	nc	nc
秋田	(17)	27	1,010	273	159	96	112	108	108	115
山形	(18)	24	989	237	131	96	102	98	98	104
福島	(19)	26	862	224	113	100	97	97	96	102
茨城	(20)	110	2,270	2,500	2,350	97	111	108	108	110
栃木	(21)	5	…	…	…	nc	nc	nc	nc	nc
群馬	(22)	24	…	…	…	nc	nc	nc	nc	nc
埼玉	(23)	98	1,860	1,820	1,590	103	105	108	108	103
千葉	(24)	36	1,100	396	360	100	71	70	73	68
東京	(25)	30	1,660	498	481	100	84	84	87	82
神奈川	(26)	37	1,530	566	518	100	104	104	104	105
新潟	(27)	91	1,270	1,160	948	110	98	108	117	91
富山	(28)	4	…	…	…	nc	nc	nc	nc	nc
石川	(29)	2	…	…	…	nc	nc	nc	nc	nc
福井	(30)	0	…	…	…	nc	nc	nc	nc	nc
山梨	(31)	17	…	…	…	nc	nc	nc	nc	nc
長野	(32)	84	2,100	1,760	1,590	101	105	106	106	104
岐阜	(33)	7	…	…	…	nc	nc	nc	nc	nc
静岡	(34)	34	1,690	575	450	100	106	106	106	93
愛知	(35)	97	2,340	2,270	2,040	102	131	134	133	126
三重	(36)	14	…	…	…	nc	nc	nc	nc	nc
滋賀	(37)	4	…	…	…	nc	nc	nc	nc	nc
京都	(38)	6	…	…	…	nc	nc	nc	nc	nc
大阪	(39)	7	2,160	151	140	100	96	96	96	90
兵庫	(40)	9	…	…	…	nc	nc	nc	nc	nc
奈良	(41)	4	…	…	…	nc	nc	nc	nc	nc
和歌山	(42)	3	…	…	…	nc	nc	nc	nc	nc
鳥取	(43)	3	…	…	…	nc	nc	nc	nc	nc
島根	(44)	7	…	…	…	nc	nc	nc	nc	nc
岡山	(45)	10	1,590	159	135	91	106	96	99	96
広島	(46)	7	…	…	…	nc	nc	nc	nc	nc
山口	(47)	8	…	…	…	nc	nc	nc	nc	nc
徳島	(48)	85	2,300	1,960	1,800	102	103	105	105	95
香川	(49)	7	…	…	…	nc	nc	nc	nc	nc
愛媛	(50)	13	…	…	…	nc	nc	nc	nc	nc
高知	(51)	2	…	…	…	nc	nc	nc	nc	nc
福岡	(52)	52	1,760	915	813	106	96	102	101	93
佐賀	(53)	3	…	…	…	nc	nc	nc	nc	nc
長崎	(54)	8	…	…	…	nc	nc	nc	nc	nc
熊本	(55)	115	2,350	2,700	2,330	120	104	125	125	101
大分	(56)	2	…	…	…	nc	nc	nc	nc	nc
宮崎	(57)	2	…	…	…	nc	nc	nc	nc	nc
鹿児島	(58)	16	…	…	…	nc	nc	nc	nc	nc
沖縄	(59)	9	…	…	…	nc	nc	nc	nc	nc
関東農政局	(60)	475	…	…	…	nc	nc	nc	nc	nc
東海農政局	(61)	118	…	…	…	nc	nc	nc	nc	nc
中国四国農政局	(62)	142	…	…	…	nc	nc	nc	nc	nc

(21) ブロッコリー

作付面積	10a当たり収量	収穫量	出荷量	対前年産比 作付面積	対前年産比 10a当たり収量	対前年産比 収穫量	対前年産比 出荷量	(参考)対平均収量比	
ha	kg	t	t	%	%	%	%	%	
16,000	1,060	169,500	153,700	104	106	110	111	106	(1)
2,700	990	26,700	25,600	105	111	117	118	107	(2)
13,300	…	…	…	nc	nc	nc	nc	nc	(3)
976	…	…	…	nc	nc	nc	nc	nc	(4)
516	…	…	…	nc	nc	nc	nc	nc	(5)
3,900	…	…	…	nc	nc	nc	nc	nc	(6)
1,290	…	…	…	nc	nc	nc	nc	nc	(7)
435	…	…	…	nc	nc	nc	nc	nc	(8)
1,140	921	10,500	9,610	98	120	118	119	120	(9)
2,560	1,140	29,200	27,100	112	104	116	116	107	(10)
2,510	…	…	…	nc	nc	nc	nc	nc	(11)
29	…	…	…	nc	nc	nc	nc	nc	(12)
2,700	990	26,700	25,600	105	111	117	118	107	(13)
174	699	1,220	1,080	101	104	105	106	101	(14)
107	768	822	709	96	102	98	98	112	(15)
127	…	…	…	nc	nc	nc	nc	nc	(16)
44	…	…	…	nc	nc	nc	nc	nc	(17)
79	…	…	…	nc	nc	nc	nc	nc	(18)
445	845	3,760	3,260	100	96	96	96	94	(19)
218	845	1,840	1,540	100	91	92	93	92	(20)
150	1,010	1,520	1,210	93	94	88	81	96	(21)
630	1,040	6,550	5,650	95	100	95	95	103	(22)
1,260	1,210	15,200	13,100	102	107	109	109	106	(23)
320	727	2,330	1,990	100	97	97	98	105	(24)
174	1,150	2,000	1,830	97	113	109	108	105	(25)
110	1,200	1,320	1,180	86	99	85	84	104	(26)
150	…	…	…	nc	nc	nc	nc	nc	(27)
15	…	…	…	nc	nc	nc	nc	nc	(28)
280	546	1,530	1,390	115	107	123	124	96	(29)
71	…	…	…	nc	nc	nc	nc	nc	(30)
21	…	…	…	nc	nc	nc	nc	nc	(31)
1,010	1,050	10,600	10,200	107	102	109	110	107	(32)
64	…	…	…	nc	nc	nc	nc	nc	(33)
181	1,170	2,120	1,950	102	101	103	103	85	(34)
955	1,640	15,700	14,600	102	111	113	113	106	(35)
86	698	600	356	101	113	115	114	106	(36)
75	…	…	…	nc	nc	nc	nc	nc	(37)
39	723	282	200	100	106	106	106	94	(38)
33	1,480	488	452	100	104	104	103	93	(39)
137	1,030	1,410	1,160	112	101	114	115	107	(40)
15	…	…	…	nc	nc	nc	nc	nc	(41)
136	818	1,110	975	97	106	103	103	91	(42)
731	995	7,270	6,780	98	129	126	126	129	(43)
113	728	823	740	104	99	102	103	100	(44)
144	892	1,280	1,120	98	105	103	105	111	(45)
34	829	282	229	100	98	98	97	103	(46)
120	670	804	744	98	104	102	111	94	(47)
940	1,270	11,900	11,100	107	109	117	117	111	(48)
1,390	1,110	15,400	14,400	119	100	118	118	106	(49)
146	712	1,040	816	97	98	95	95	93	(50)
84	964	810	770	89	106	95	95	96	(51)
549	921	5,060	4,640	98	109	107	108	99	(52)
69	925	638	479	99	96	95	95	103	(53)
902	1,050	9,470	8,780	115	103	119	119	101	(54)
447	1,110	4,960	4,380	107	100	107	107	97	(55)
40	1,130	452	355	98	93	90	91	95	(56)
105	…	…	…	nc	nc	nc	nc	nc	(57)
394	1,090	4,290	3,650	108	100	108	108	101	(58)
29	…	…	…	nc	nc	nc	nc	nc	(59)
4,080	…	…	…	nc	nc	nc	nc	nc	(60)
1,110	…	…	…	nc	nc	nc	nc	nc	(61)
3,700	1,070	39,600	36,700	107	109	116	117	110	(62)

3 令和元年産都道府県別の作付面積、10ａ当たり収量、収穫量及び出荷量 （続き）

(22) レタス
ア 計

全国農業地域・都道府県		作付面積	10ａ当たり収量	収穫量	出荷量	対前年産比 作付面積	対前年産比 10ａ当たり収量	対前年産比 収穫量	対前年産比 出荷量	(参考)対平均収量比
		ha	kg	t	t	%	%	%	%	%
全国	(1)	**21,200**	**2,730**	**578,100**	**545,600**	**98**	**101**	**99**	**99**	**101**
(全国農業地域)										
北海道	(2)	478	2,660	12,700	11,800	96	93	89	89	98
都府県	(3)	20,700	…	…	…	nc	nc	nc	nc	nc
東北	(4)	881	…	…	…	nc	nc	nc	nc	nc
北陸	(5)	136	…	…	…	nc	nc	nc	nc	nc
関東・東山	(6)	11,900	…	…	…	nc	nc	nc	nc	nc
東海	(7)	1,320	…	…	…	nc	nc	nc	nc	nc
近畿	(8)	1,420	…	…	…	nc	nc	nc	nc	nc
中国	(9)	311	…	…	…	nc	nc	nc	nc	nc
四国	(10)	1,260	…	…	…	nc	nc	nc	nc	nc
九州	(11)	3,170	…	…	…	nc	nc	nc	nc	nc
沖縄	(12)	263	1,900	5,000	4,260	105	100	105	104	90
(都道府県)										
北海道	(13)	478	2,660	12,700	11,800	96	93	89	89	98
青森	(14)	88	2,360	2,080	1,900	95	104	99	99	116
岩手	(15)	442	2,350	10,400	9,480	102	103	105	106	103
宮城	(16)	126	…	…	…	nc	nc	nc	nc	nc
秋田	(17)	25	…	…	…	nc	nc	nc	nc	nc
山形	(18)	59	…	…	…	nc	nc	nc	nc	nc
福島	(19)	141	…	…	…	nc	nc	nc	nc	nc
茨城	(20)	3,460	2,500	86,400	83,300	93	103	96	96	105
栃木	(21)	206	2,490	5,130	4,810	89	97	86	88	101
群馬	(22)	1,340	3,840	51,500	48,600	101	111	112	112	99
埼玉	(23)	165	2,390	3,950	3,380	98	101	99	100	101
千葉	(24)	485	1,660	8,030	7,260	97	90	87	87	89
東京	(25)	25	…	…	…	nc	nc	nc	nc	nc
神奈川	(26)	119	…	…	…	nc	nc	nc	nc	nc
新潟	(27)	60	…	…	…	nc	nc	nc	nc	nc
富山	(28)	18	…	…	…	nc	nc	nc	nc	nc
石川	(29)	22	…	…	…	nc	nc	nc	nc	nc
福井	(30)	36	…	…	…	nc	nc	nc	nc	nc
山梨	(31)	113	…	…	…	nc	nc	nc	nc	nc
長野	(32)	6,040	3,270	197,800	191,500	98	96	95	94	97
岐阜	(33)	32	…	…	…	nc	nc	nc	nc	nc
静岡	(34)	917	2,690	24,700	23,700	98	102	100	100	106
愛知	(35)	329	1,650	5,440	4,990	95	100	96	96	102
三重	(36)	46	…	…	…	nc	nc	nc	nc	nc
滋賀	(37)	21	…	…	…	nc	nc	nc	nc	nc
京都	(38)	95	…	…	…	nc	nc	nc	nc	nc
大阪	(39)	17	2,290	389	365	100	102	102	102	110
兵庫	(40)	1,220	2,470	30,100	28,700	102	102	104	104	101
奈良	(41)	29	1,840	533	376	91	105	95	94	103
和歌山	(42)	43	…	…	…	nc	nc	nc	nc	nc
鳥取	(43)	18	…	…	…	nc	nc	nc	nc	nc
島根	(44)	42	…	…	…	nc	nc	nc	nc	nc
岡山	(45)	82	1,850	1,520	1,350	103	125	129	135	113
広島	(46)	70	…	…	…	nc	nc	nc	nc	nc
山口	(47)	99	…	…	…	nc	nc	nc	nc	nc
徳島	(48)	291	2,150	6,260	5,720	98	106	105	104	111
香川	(49)	815	2,230	18,200	16,800	97	100	97	97	105
愛媛	(50)	114	1,820	2,070	1,820	101	121	121	120	92
高知	(51)	35	…	…	…	nc	nc	nc	nc	nc
福岡	(52)	1,090	1,630	17,800	17,000	96	97	93	93	92
佐賀	(53)	91	1,980	1,800	1,530	96	96	91	91	94
長崎	(54)	953	3,780	36,000	32,600	101	106	107	107	109
熊本	(55)	613	2,890	17,700	16,600	99	107	105	106	107
大分	(56)	122	1,890	2,300	1,980	97	103	99	99	99
宮崎	(57)	71	…	…	…	nc	nc	nc	nc	nc
鹿児島	(58)	238	2,450	5,830	5,020	87	96	83	83	100
沖縄	(59)	263	1,900	5,000	4,260	105	100	105	104	90
関東農政局	(60)	12,900	…	…	…	nc	nc	nc	nc	nc
東海農政局	(61)	407	…	…	…	nc	nc	nc	nc	nc
中国四国農政局	(62)	1,570	…	…	…	nc	nc	nc	nc	nc

イ 計のうちサラダ菜

作付面積	10a当たり収量	収穫量	出荷量	対前年産比 作付面積	対前年産比 10a当たり収量	対前年産比 収穫量	対前年産比 出荷量	(参考)対平均収量比	
ha	kg	t	t	%	%	%	%	%	
443	**1,880**	**8,340**	**7,690**	**104**	**101**	**105**	**104**	**105**	(1)
11	2,010	221	191	138	111	152	158	98	(2)
432	…	…	…	nc	nc	nc	nc	nc	(3)
21	…	…	…	nc	nc	nc	nc	nc	(4)
38	…	…	…	nc	nc	nc	nc	nc	(5)
116	…	…	…	nc	nc	nc	nc	nc	(6)
89	…	…	…	nc	nc	nc	nc	nc	(7)
14	…	…	…	nc	nc	nc	nc	nc	(8)
39	…	…	…	nc	nc	nc	nc	nc	(9)
8	…	…	…	nc	nc	nc	nc	nc	(10)
101	…	…	…	nc	nc	nc	nc	nc	(11)
6	1,270	76	66	86	122	104	108	115	(12)
11	2,010	221	191	138	111	152	158	98	(13)
2	2,400	48	48	100	171	171	166	143	(14)
0	…	4	4	nc	nc	200	200	nc	(15)
6	…	…	…	nc	nc	nc	nc	nc	(16)
3	…	…	…	nc	nc	nc	nc	nc	(17)
0	…	…	…	nc	nc	nc	nc	nc	(18)
10	…	…	…	nc	nc	nc	nc	nc	(19)
−	−	−	−	nc	nc	nc	nc	−	(20)
x	x	x	x	x	x	x	x	x	(21)
x	x	x	x	x	x	x	x	x	(22)
26	2,070	537	462	104	101	105	107	99	(23)
84	1,760	1,480	1,400	100	93	93	92	101	(24)
−	…	…	…	nc	nc	nc	nc	nc	(25)
−	…	…	…	nc	nc	nc	nc	nc	(26)
12	…	…	…	nc	nc	nc	nc	nc	(27)
0	…	…	…	nc	nc	nc	nc	nc	(28)
18	…	…	…	nc	nc	nc	nc	nc	(29)
8	…	…	…	nc	nc	nc	nc	nc	(30)
3	…	…	…	nc	nc	nc	nc	nc	(31)
x	x	x	x	x	x	x	x	x	(32)
−	…	…	…	nc	nc	nc	nc	nc	(33)
68	1,840	1,250	1,190	94	112	106	105	108	(34)
6	1,820	109	99	100	117	117	118	121	(35)
15	…	…	…	nc	nc	nc	nc	nc	(36)
0	…	…	…	nc	nc	nc	nc	nc	(37)
0	…	…	…	nc	nc	nc	nc	nc	(38)
1	2,500	25	22	100	114	114	116	105	(39)
5	1,380	69	46	71	122	87	107	116	(40)
7	1,110	78	67	100	121	122	122	105	(41)
1	…	…	…	nc	nc	nc	nc	nc	(42)
7	…	…	…	nc	nc	nc	nc	nc	(43)
4	…	…	…	nc	nc	nc	nc	nc	(44)
0	…	5	5	nc	nc	45	45	nc	(45)
14	…	…	…	nc	nc	nc	nc	nc	(46)
14	…	…	…	nc	nc	nc	nc	nc	(47)
−	…	…	…	nc	nc	nc	nc	nc	(48)
3	1,670	50	41	100	89	89	82	104	(49)
4	1,550	62	43	100	117	117	126	95	(50)
1	…	…	…	nc	nc	nc	nc	nc	(51)
81	1,840	1,490	1,420	96	93	90	89	102	(52)
0	…	11	10	nc	nc	35	42	nc	(53)
3	2,030	61	57	nc	nc	nc	nc	nc	(54)
2	2,300	46	38	67	138	92	90	140	(55)
2	1,650	33	28	50	72	36	34	79	(56)
−	…	…	…	nc	nc	nc	nc	nc	(57)
13	2,550	332	294	118	121	144	144	136	(58)
6	1,270	76	66	86	122	104	108	115	(59)
184	…	…	…	nc	nc	nc	nc	nc	(60)
21	…	…	…	nc	nc	nc	nc	nc	(61)
47	…	…	…	nc	nc	nc	nc	nc	(62)

3　令和元年産都道府県別の作付面積、10ａ当たり収量、収穫量及び出荷量（続き）

(22)　レタス（続き）

ウ　春レタス

全国農業地域・都道府県		作付面積	10ａ当たり収量	収穫量	出荷量	対前年産比				(参考)対平均収量比
						作付面積	10ａ当たり収量	収穫量	出荷量	
		ha	kg	t	t	%	%	%	%	%
全国	(1)	**4,310**	**2,750**	**118,500**	**111,200**	**98**	**100**	**98**	**98**	**103**
(全国農業地域)										
北海道	(2)	59	…	…	…	nc	nc	nc	nc	nc
都府県	(3)	4,250	…	…	…	nc	nc	nc	nc	nc
東北	(4)	141	…	…	…	nc	nc	nc	nc	nc
北陸	(5)	20	…	…	…	nc	nc	nc	nc	nc
関東・東山	(6)	2,550	…	…	…	nc	nc	nc	nc	nc
東海	(7)	135	…	…	…	nc	nc	nc	nc	nc
近畿	(8)	376	…	…	…	nc	nc	nc	nc	nc
中国	(9)	95	…	…	…	nc	nc	nc	nc	nc
四国	(10)	221	…	…	…	nc	nc	nc	nc	nc
九州	(11)	x	…	…	…	nc	nc	nc	nc	nc
沖縄	(12)	46	2,080	957	827	92	100	92	93	90
(都道府県)										
北海道	(13)	59	…	…	…	nc	nc	nc	nc	nc
青森	(14)	5	…	…	…	nc	nc	nc	nc	nc
岩手	(15)	37	2,400	888	722	97	94	91	91	96
宮城	(16)	36	…	…	…	nc	nc	nc	nc	nc
秋田	(17)	2	…	…	…	nc	nc	nc	nc	nc
山形	(18)	38	…	…	…	nc	nc	nc	nc	nc
福島	(19)	23	…	…	…	nc	nc	nc	nc	nc
茨城	(20)	1,420	2,790	39,600	38,600	95	101	96	96	108
栃木	(21)	64	2,390	1,530	1,440	88	98	86	87	96
群馬	(22)	278	3,040	8,450	7,820	120	100	121	119	86
埼玉	(23)	67	2,320	1,550	1,310	96	100	96	96	96
千葉	(24)	82	1,750	1,440	1,290	99	92	91	91	89
東京	(25)	17	…	…	…	nc	nc	nc	nc	nc
神奈川	(26)	76	…	…	…	nc	nc	nc	nc	nc
新潟	(27)	8	…	…	…	nc	nc	nc	nc	nc
富山	(28)	2	…	…	…	nc	nc	nc	nc	nc
石川	(29)	4	…	…	…	nc	nc	nc	nc	nc
福井	(30)	6	…	…	…	nc	nc	nc	nc	nc
山梨	(31)	38	…	…	…	nc	nc	nc	nc	nc
長野	(32)	516	3,680	19,000	18,100	96	96	92	92	105
岐阜	(33)	12	…	…	…	nc	nc	nc	nc	nc
静岡	(34)	69	…	…	…	nc	nc	nc	nc	nc
愛知	(35)	47	…	…	…	nc	nc	nc	nc	nc
三重	(36)	7	…	…	…	nc	nc	nc	nc	nc
滋賀	(37)	3	…	…	…	nc	nc	nc	nc	nc
京都	(38)	16	…	…	…	nc	nc	nc	nc	nc
大阪	(39)	7	…	…	…	nc	nc	nc	nc	nc
兵庫	(40)	330	2,180	7,190	6,840	97	97	94	94	88
奈良	(41)	17	2,200	374	269	94	101	95	95	101
和歌山	(42)	3	…	…	…	nc	nc	nc	nc	nc
鳥取	(43)	4	…	…	…	nc	nc	nc	nc	nc
島根	(44)	13	…	…	…	nc	nc	nc	nc	nc
岡山	(45)	24	1,770	425	347	77	119	92	96	118
広島	(46)	26	…	…	…	nc	nc	nc	nc	nc
山口	(47)	28	…	…	…	nc	nc	nc	nc	nc
徳島	(48)	55	2,280	1,250	1,140	96	113	109	109	105
香川	(49)	129	2,330	3,010	2,750	89	102	91	91	100
愛媛	(50)	30	…	…	…	nc	nc	nc	nc	nc
高知	(51)	7	…	…	…	nc	nc	nc	nc	nc
福岡	(52)	256	1,830	4,680	4,380	102	99	102	102	93
佐賀	(53)	20	2,550	510	411	100	97	97	97	105
長崎	(54)	205	4,230	8,670	7,990	94	107	101	102	108
熊本	(55)	83	3,090	2,560	2,370	101	103	104	104	109
大分	(56)	54	2,500	1,350	1,150	98	100	99	98	98
宮崎	(57)	x	…	…	…	nc	nc	nc	nc	nc
鹿児島	(58)	27	…	…	…	nc	nc	nc	nc	nc
沖縄	(59)	46	2,080	957	827	92	100	92	93	90
関東農政局	(60)	2,620	…	…	…	nc	nc	nc	nc	nc
東海農政局	(61)	66	…	…	…	nc	nc	nc	nc	nc
中国四国農政局	(62)	316	…	…	…	nc	nc	nc	nc	nc

エ　春レタスのうちサラダ菜

作付面積	10a当たり収量	収穫量	出荷量	対前年産比				(参考)対平均収量比	
				作付面積	10a当たり収量	収穫量	出荷量		
ha	kg	t	t	%	%	%	%	%	
99	**1,820**	**1,800**	**1,660**	**99**	**98**	**97**	**98**	**101**	(1)
2	…	…	…	nc	nc	nc	nc	nc	(2)
97	…	…	…	nc	nc	nc	nc	nc	(3)
x	…	…	…	nc	nc	nc	nc	nc	(4)
6	…	…	…	nc	nc	nc	nc	nc	(5)
28	…	…	…	nc	nc	nc	nc	nc	(6)
21	…	…	…	nc	nc	nc	nc	nc	(7)
x	…	…	…	nc	nc	nc	nc	nc	(8)
14	…	…	…	nc	nc	nc	nc	nc	(9)
2	…	…	…	nc	nc	nc	nc	nc	(10)
19	…	…	…	nc	nc	nc	nc	nc	(11)
1	1,080	14	12	100	108	100	109	97	(12)
2	…	…	…	nc	nc	nc	nc	nc	(13)
x	…	…	…	nc	nc	nc	nc	nc	(14)
0	500	2	2	nc	106	200	200	105	(15)
1	…	…	…	nc	nc	nc	nc	nc	(16)
1	…	…	…	nc	nc	nc	nc	nc	(17)
0	…	…	…	nc	nc	nc	nc	nc	(18)
1	…	…	…	nc	nc	nc	nc	nc	(19)
–	–	–	–	nc	nc	nc	nc	–	(20)
x	x	x	x	x	x	x	x	x	(21)
x	x	x	x	x	x	x	x	x	(22)
7	2,140	150	122	100	95	101	103	90	(23)
20	1,840	368	350	100	92	92	92	97	(24)
–	…	…	…	nc	nc	nc	nc	nc	(25)
–	…	…	…	nc	nc	nc	nc	nc	(26)
2	…	…	…	nc	nc	nc	nc	nc	(27)
0	…	…	…	nc	nc	nc	nc	nc	(28)
3	…	…	…	nc	nc	nc	nc	nc	(29)
1	…	…	…	nc	nc	nc	nc	nc	(30)
1	…	…	…	nc	nc	nc	nc	nc	(31)
x	x	x	x	x	x	x	x	x	(32)
–	…	…	…	nc	nc	nc	nc	nc	(33)
16	…	…	…	nc	nc	nc	nc	nc	(34)
2	…	…	…	nc	nc	nc	nc	nc	(35)
3	…	…	…	nc	nc	nc	nc	nc	(36)
0	…	…	…	nc	nc	nc	nc	nc	(37)
0	…	…	…	nc	nc	nc	nc	nc	(38)
0	…	…	…	nc	nc	nc	nc	nc	(39)
1	1,030	14	13	50	98	82	93	95	(40)
2	1,360	22	18	100	101	100	100	102	(41)
x	…	…	…	nc	nc	nc	nc	nc	(42)
1	…	…	…	nc	nc	nc	nc	nc	(43)
1	…	…	…	nc	nc	nc	nc	nc	(44)
0	1,370	4	4	nc	101	80	80	120	(45)
3	…	…	…	nc	nc	nc	nc	nc	(46)
9	…	…	…	nc	nc	nc	nc	nc	(47)
–	–	–	–	nc	nc	nc	nc	nc	(48)
1	1,800	9	8	100	100	100	100	100	(49)
1	…	…	…	nc	nc	nc	nc	nc	(50)
0	…	…	…	nc	nc	nc	nc	nc	(51)
18	1,860	335	319	106	101	107	109	106	(52)
0	2,000	6	5	nc	100	75	71	97	(53)
–	–	–	–	nc	nc	nc	nc	nc	(54)
x	x	x	x	x	x	x	x	x	(55)
x	x	x	x	x	x	x	x	x	(56)
–	…	…	…	nc	nc	nc	nc	nc	(57)
0	…	…	…	nc	nc	nc	nc	nc	(58)
1	1,080	14	12	100	108	100	109	97	(59)
44	…	…	…	nc	nc	nc	nc	nc	(60)
5	…	…	…	nc	nc	nc	nc	nc	(61)
16	…	…	…	nc	nc	nc	nc	nc	(62)

3　令和元年産都道府県別の作付面積、10a当たり収量、収穫量及び出荷量 （続き）

(22)　レタス（続き）

オ　夏秋レタス

全国農業地域・都道府県	作付面積	10a当たり収量	収穫量	出荷量	対前年産比 作付面積	対前年産比 10a当たり収量	対前年産比 収穫量	対前年産比 出荷量	(参考) 対平均収量比
	ha	kg	t	t	%	%	%	%	%
全国 (1)	9,100	3,010	273,600	262,100	98	100	98	98	98
(全国農業地域)									
北海道 (2)	410	2,420	9,920	9,240	98	98	96	96	98
都府県 (3)	8,690	…	…	…	nc	nc	nc	nc	nc
東北 (4)	662	…	…	…	nc	nc	nc	nc	nc
北陸 (5)	82	…	…	…	nc	nc	nc	nc	nc
関東・東山 (6)	7,500	…	…	…	nc	nc	nc	nc	nc
東海 (7)	57	…	…	…	nc	nc	nc	nc	nc
近畿 (8)	51	…	…	…	nc	nc	nc	nc	nc
中国 (9)	64	…	…	…	nc	nc	nc	nc	nc
四国 (10)	13	…	…	…	nc	nc	nc	nc	nc
九州 (11)	x	…	…	…	nc	nc	nc	nc	nc
沖縄 (12)	11	…	…	…	nc	nc	nc	nc	nc
(都道府県)									
北海道 (13)	410	2,420	9,920	9,240	98	98	96	96	98
青森 (14)	81	2,340	1,900	1,730	94	104	98	99	116
岩手 (15)	402	2,340	9,410	8,690	103	104	106	107	104
宮城 (16)	57	…	…	…	nc	nc	nc	nc	nc
秋田 (17)	20	…	…	…	nc	nc	nc	nc	nc
山形 (18)	18	…	…	…	nc	nc	nc	nc	nc
福島 (19)	84	…	…	…	nc	nc	nc	nc	nc
茨城 (20)	746	2,290	17,100	16,600	100	105	106	106	103
栃木 (21)	54	…	…	…	nc	nc	nc	nc	nc
群馬 (22)	1,010	4,170	42,100	40,000	96	115	111	111	105
埼玉 (23)	8	…	…	…	nc	nc	nc	nc	nc
千葉 (24)	71	…	…	…	nc	nc	nc	nc	nc
東京 (25)	6	…	…	…	nc	nc	nc	nc	nc
神奈川 (26)	15	…	…	…	nc	nc	nc	nc	nc
新潟 (27)	46	…	…	…	nc	nc	nc	nc	nc
富山 (28)	12	…	…	…	nc	nc	nc	nc	nc
石川 (29)	9	…	…	…	nc	nc	nc	nc	nc
福井 (30)	15	…	…	…	nc	nc	nc	nc	nc
山梨 (31)	68	…	…	…	nc	nc	nc	nc	nc
長野 (32)	5,520	3,240	178,800	173,400	98	97	95	95	96
岐阜 (33)	7	…	…	…	nc	nc	nc	nc	nc
静岡 (34)	36	…	…	…	nc	nc	nc	nc	nc
愛知 (35)	6	…	…	…	nc	nc	nc	nc	nc
三重 (36)	8	…	…	…	nc	nc	nc	nc	nc
滋賀 (37)	4	…	…	…	nc	nc	nc	nc	nc
京都 (38)	30	…	…	…	nc	nc	nc	nc	nc
大阪 (39)	3	…	…	…	nc	nc	nc	nc	nc
兵庫 (40)	7	…	…	…	nc	nc	nc	nc	nc
奈良 (41)	6	…	…	…	nc	nc	nc	nc	nc
和歌山 (42)	1	…	…	…	nc	nc	nc	nc	nc
鳥取 (43)	11	…	…	…	nc	nc	nc	nc	nc
島根 (44)	13	…	…	…	nc	nc	nc	nc	nc
岡山 (45)	8	…	…	…	nc	nc	nc	nc	nc
広島 (46)	15	…	…	…	nc	nc	nc	nc	nc
山口 (47)	17	…	…	…	nc	nc	nc	nc	nc
徳島 (48)	4	…	…	…	nc	nc	nc	nc	nc
香川 (49)	4	…	…	…	nc	nc	nc	nc	nc
愛媛 (50)	4	…	…	…	nc	nc	nc	nc	nc
高知 (51)	1	…	…	…	nc	nc	nc	nc	nc
福岡 (52)	118	…	…	…	nc	nc	nc	nc	nc
佐賀 (53)	1	…	…	…	nc	nc	nc	nc	nc
長崎 (54)	56	…	…	…	nc	nc	nc	nc	nc
熊本 (55)	10	…	…	…	nc	nc	nc	nc	nc
大分 (56)	55	1,290	710	654	98	107	105	103	101
宮崎 (57)	x	…	…	…	nc	nc	nc	nc	nc
鹿児島 (58)	1	…	…	…	nc	nc	nc	nc	nc
沖縄 (59)	11	…	…	…	nc	nc	nc	nc	nc
関東農政局 (60)	7,540	…	…	…	nc	nc	nc	nc	nc
東海農政局 (61)	21	…	…	…	nc	nc	nc	nc	nc
中国四国農政局 (62)	77	…	…	…	nc	nc	nc	nc	nc

カ　夏秋レタスのうちサラダ菜

作付面積	10a当たり収量	収穫量	出荷量	対前年産比 作付面積	対前年産比 10a当たり収量	対前年産比 収穫量	対前年産比 出荷量	(参考)対平均収量比	
ha	kg	t	t	%	%	%	%	%	
161	**2,040**	**3,290**	**3,070**	**103**	**111**	**114**	**116**	**117**	(1)
8	2,220	178	151	160	117	187	199	104	(2)
153	…	…	…	nc	nc	nc	nc	nc	(3)
x	…	…	…	nc	nc	nc	nc	nc	(4)
16	…	…	…	nc	nc	nc	nc	nc	(5)
41	…	…	…	nc	nc	nc	nc	nc	(6)
31	…	…	…	nc	nc	nc	nc	nc	(7)
x	…	…	…	nc	nc	nc	nc	nc	(8)
13	…	…	…	nc	nc	nc	nc	nc	(9)
1	…	…	…	nc	nc	nc	nc	nc	(10)
38	…	…	…	nc	nc	nc	nc	nc	(11)
1	…	…	…	nc	nc	nc	nc	nc	(12)
8	2,220	178	151	160	117	187	199	104	(13)
x	x	x	x	x	x	x	x	x	(14)
0	550	2	2	nc	133	200	200	119	(15)
2	…	…	…	nc	nc	nc	nc	nc	(16)
1	…	…	…	nc	nc	nc	nc	nc	(17)
0	…	…	…	nc	nc	nc	nc	nc	(18)
3	…	…	…	nc	nc	nc	nc	nc	(19)
−	−	−	−	nc	nc	nc	nc	−	(20)
x	…	…	…	nc	nc	nc	nc	nc	(21)
x	x	x	x	x	x	x	x	x	(22)
3	…	…	…	nc	nc	nc	nc	nc	(23)
36	…	…	…	nc	nc	nc	nc	nc	(24)
−	…	…	…	nc	nc	nc	nc	nc	(25)
−	…	…	…	nc	nc	nc	nc	nc	(26)
6	…	…	…	nc	nc	nc	nc	nc	(27)
0	…	…	…	nc	nc	nc	nc	nc	(28)
7	…	…	…	nc	nc	nc	nc	nc	(29)
3	…	…	…	nc	nc	nc	nc	nc	(30)
1	…	…	…	nc	nc	nc	nc	nc	(31)
x	x	x	x	x	x	x	x	x	(32)
−	…	…	…	nc	nc	nc	nc	nc	(33)
25	…	…	…	nc	nc	nc	nc	nc	(34)
2	…	…	…	nc	nc	nc	nc	nc	(35)
4	…	…	…	nc	nc	nc	nc	nc	(36)
0	…	…	…	nc	nc	nc	nc	nc	(37)
0	…	…	…	nc	nc	nc	nc	nc	(38)
0	…	…	…	nc	nc	nc	nc	nc	(39)
1	…	…	…	nc	nc	nc	nc	nc	(40)
3	…	…	…	nc	nc	nc	nc	nc	(41)
x	…	…	…	nc	nc	nc	nc	nc	(42)
3	…	…	…	nc	nc	nc	nc	nc	(43)
1	…	…	…	nc	nc	nc	nc	nc	(44)
0	…	…	…	nc	nc	nc	nc	nc	(45)
6	…	…	…	nc	nc	nc	nc	nc	(46)
3	…	…	…	nc	nc	nc	nc	nc	(47)
−	…	…	…	nc	nc	nc	nc	nc	(48)
1	…	…	…	nc	nc	nc	nc	nc	(49)
0	…	…	…	nc	nc	nc	nc	nc	(50)
0	…	…	…	nc	nc	nc	nc	nc	(51)
33	…	…	…	nc	nc	nc	nc	nc	(52)
0	…	…	…	nc	nc	nc	nc	nc	(53)
3	…	…	…	nc	nc	nc	nc	nc	(54)
x	…	…	…	nc	nc	nc	nc	nc	(55)
x	x	x	x	x	x	x	x	x	(56)
−	…	…	…	nc	nc	nc	nc	nc	(57)
−	…	…	…	nc	nc	nc	nc	nc	(58)
1	…	…	…	nc	nc	nc	nc	nc	(59)
66	…	…	…	nc	nc	nc	nc	nc	(60)
6	…	…	…	nc	nc	nc	nc	nc	(61)
14	…	…	…	nc	nc	nc	nc	nc	(62)

3　令和元年産都道府県別の作付面積、10ａ当たり収量、収穫量及び出荷量（続き）

(22)　レタス（続き）
キ　冬レタス

全国農業地域・都道府県		作付面積	10ａ当たり収量	収穫量	出荷量	対前年産比 作付面積	対前年産比 10ａ当たり収量	対前年産比 収穫量	対前年産比 出荷量	(参考) 対平均収量比
		ha	kg	t	t	%	%	%	%	%
全国	(1)	7,790	2,390	186,000	172,300	97	103	100	100	104
(全国農業地域)										
北海道	(2)	9	…	…	…	nc	nc	nc	nc	nc
都府県	(3)	7,780	…	…	…	nc	nc	nc	nc	nc
東北	(4)	78	…	…	…	nc	nc	nc	nc	nc
北陸	(5)	34	…	…	…	nc	nc	nc	nc	nc
関東・東山	(6)	1,890	…	…	…	nc	nc	nc	nc	nc
東海	(7)	1,130	…	…	…	nc	nc	nc	nc	nc
近畿	(8)	997	…	…	…	nc	nc	nc	nc	nc
中国	(9)	152	…	…	…	nc	nc	nc	nc	nc
四国	(10)	1,020	…	…	…	nc	nc	nc	nc	nc
九州	(11)	2,270	…	…	…	nc	nc	nc	nc	nc
沖縄	(12)	206	1,880	3,870	3,290	108	101	108	106	90
(都道府県)										
北海道	(13)	9	…	…	…	nc	nc	nc	nc	nc
青森	(14)	2	…	…	…	nc	nc	nc	nc	nc
岩手	(15)	3	…	…	…	nc	nc	nc	nc	nc
宮城	(16)	33	…	…	…	nc	nc	nc	nc	nc
秋田	(17)	3	…	…	…	nc	nc	nc	nc	nc
山形	(18)	3	…	…	…	nc	nc	nc	nc	nc
福島	(19)	34	…	…	…	nc	nc	nc	nc	nc
茨城	(20)	1,290	2,300	29,700	28,100	88	105	92	92	102
栃木	(21)	88	2,760	2,430	2,260	94	96	90	93	108
群馬	(22)	44	…	…	…	nc	nc	nc	nc	nc
埼玉	(23)	90	2,520	2,270	1,960	98	103	101	101	103
千葉	(24)	332	1,660	5,510	4,990	96	87	84	84	87
東京	(25)	2	…	…	…	nc	nc	nc	nc	nc
神奈川	(26)	28	…	…	…	nc	nc	nc	nc	nc
新潟	(27)	6	…	…	…	nc	nc	nc	nc	nc
富山	(28)	4	…	…	…	nc	nc	nc	nc	nc
石川	(29)	9	…	…	…	nc	nc	nc	nc	nc
福井	(30)	15	…	…	…	nc	nc	nc	nc	nc
山梨	(31)	7	…	…	…	nc	nc	nc	nc	nc
長野	(32)	x	…	…	…	nc	nc	nc	nc	nc
岐阜	(33)	13	…	…	…	nc	nc	nc	nc	nc
静岡	(34)	812	2,760	22,400	21,500	98	103	101	101	107
愛知	(35)	276	1,630	4,500	4,130	94	101	95	96	102
三重	(36)	31	…	…	…	nc	nc	nc	nc	nc
滋賀	(37)	14	…	…	…	nc	nc	nc	nc	nc
京都	(38)	49	…	…	…	nc	nc	nc	nc	nc
大阪	(39)	7	1,920	134	128	100	101	100	100	103
兵庫	(40)	882	2,580	22,800	21,800	103	105	108	108	106
奈良	(41)	6	…	…	…	nc	nc	nc	nc	nc
和歌山	(42)	39	…	…	…	nc	nc	nc	nc	nc
鳥取	(43)	3	…	…	…	nc	nc	nc	nc	nc
島根	(44)	16	…	…	…	nc	nc	nc	nc	nc
岡山	(45)	50	1,910	955	880	122	134	163	171	112
広島	(46)	29	…	…	…	nc	nc	nc	nc	nc
山口	(47)	54	…	…	…	nc	nc	nc	nc	nc
徳島	(48)	232	2,140	4,970	4,550	98	105	103	103	113
香川	(49)	682	2,220	15,100	14,000	99	100	99	99	108
愛媛	(50)	80	1,800	1,440	1,310	99	110	109	108	87
高知	(51)	27	…	…	…	nc	nc	nc	nc	nc
福岡	(52)	712	1,620	11,500	11,000	96	96	92	92	93
佐賀	(53)	70	1,810	1,270	1,100	99	94	93	92	90
長崎	(54)	692	3,790	26,200	23,600	103	106	109	109	110
熊本	(55)	520	2,890	15,000	14,100	99	107	106	106	106
大分	(56)	13	…	…	…	nc	nc	nc	nc	nc
宮崎	(57)	54	…	…	…	nc	nc	nc	nc	nc
鹿児島	(58)	210	2,580	5,420	4,750	82	98	80	81	101
沖縄	(59)	206	1,880	3,870	3,290	108	101	108	106	90
関東農政局	(60)	2,700	…	…	…	nc	nc	nc	nc	nc
東海農政局	(61)	320	…	…	…	nc	nc	nc	nc	nc
中国四国農政局	(62)	1,170	…	…	…	nc	nc	nc	nc	nc

ク 冬レタスのうちサラダ菜

作付面積	10a当たり収量	収穫量	出荷量	対前年産比 作付面積	対前年産比 10a当たり収量	対前年産比 収穫量	対前年産比 出荷量	(参考)対平均収量比	
ha	kg	t	t	%	%	%	%	%	
183	**1,780**	**3,250**	**2,960**	**105**	**92**	**97**	**95**	**97**	(1)
1	…	…	…	nc	nc	nc	nc	nc	(2)
182	…	…	…	nc	nc	nc	nc	nc	(3)
10	…	…	…	nc	nc	nc	nc	nc	(4)
16	…	…	…	nc	nc	nc	nc	nc	(5)
47	…	…	…	nc	nc	nc	nc	nc	(6)
37	…	…	…	nc	nc	nc	nc	nc	(7)
7	…	…	…	nc	nc	nc	nc	nc	(8)
12	…	…	…	nc	nc	nc	nc	nc	(9)
5	…	…	…	nc	nc	nc	nc	nc	(10)
44	…	…	…	nc	nc	nc	nc	nc	(11)
4	976	39	32	80	102	87	89	92	(12)
1	…	…	…	nc	nc	nc	nc	nc	(13)
−	…	…	…	nc	nc	nc	nc	nc	(14)
−	…	…	…	nc	nc	nc	nc	nc	(15)
3	…	…	…	nc	nc	nc	nc	nc	(16)
1	…	…	…	nc	nc	nc	nc	nc	(17)
−	…	…	…	nc	nc	nc	nc	nc	(18)
6	…	…	…	nc	nc	nc	nc	nc	(19)
−	−	−	−	nc	nc	nc	nc	−	(20)
−	−	−	−	x	x	x	x	−	(21)
x	…	…	…	nc	nc	nc	nc	nc	(22)
16	2,090	334	298	94	102	96	99	100	(23)
28	1,570	440	417	100	78	78	78	86	(24)
−	…	…	…	nc	nc	nc	nc	nc	(25)
−	…	…	…	nc	nc	nc	nc	nc	(26)
4	…	…	…	nc	nc	nc	nc	nc	(27)
0	…	…	…	nc	nc	nc	nc	nc	(28)
8	…	…	…	nc	nc	nc	nc	nc	(29)
4	…	…	…	nc	nc	nc	nc	nc	(30)
1	…	…	…	nc	nc	nc	nc	nc	(31)
x	…	…	…	nc	nc	nc	nc	nc	(32)
−	…	…	…	nc	nc	nc	nc	nc	(33)
27	1,810	489	444	96	102	99	99	97	(34)
2	1,250	25	22	100	100	100	100	104	(35)
8	…	…	…	nc	nc	nc	nc	nc	(36)
0	…	…	…	nc	nc	nc	nc	nc	(37)
0	…	…	…	nc	nc	nc	nc	nc	(38)
1	1,790	14	12	100	101	100	100	98	(39)
3	1,410	42	26	75	101	75	100	105	(40)
2	…	…	…	nc	nc	nc	nc	nc	(41)
1	…	…	…	nc	nc	nc	nc	nc	(42)
3	…	…	…	nc	nc	nc	nc	nc	(43)
2	…	…	…	nc	nc	nc	nc	nc	(44)
0	1,810	5	5	nc	112	100	100	95	(45)
5	…	…	…	nc	nc	nc	nc	nc	(46)
2	…	…	…	nc	nc	nc	nc	nc	(47)
−	−	−	−	nc	nc	nc	nc	nc	(48)
1	1,800	18	11	100	101	72	52	110	(49)
3	1,470	44	28	100	111	110	117	99	(50)
1	…	…	…	nc	nc	nc	nc	nc	(51)
30	1,430	429	413	94	69	65	65	76	(52)
0	1,000	3	1	nc	100	100	100	68	(53)
−	−	−	−	nc	nc	nc	nc	nc	(54)
x	x	x	x	x	x	x	x	x	(55)
x	…	…	…	nc	nc	nc	nc	nc	(56)
−	…	…	…	nc	nc	nc	nc	nc	(57)
13	2,540	330	293	118	122	144	144	136	(58)
4	976	39	32	80	102	87	89	92	(59)
74	…	…	…	nc	nc	nc	nc	nc	(60)
10	…	…	…	nc	nc	nc	nc	nc	(61)
17	…	…	…	nc	nc	nc	nc	nc	(62)

3　令和元年産都道府県別の作付面積、10ａ当たり収量、収穫量及び出荷量　（続き）

(23)　ねぎ
ア　計

全国農業地域・都道府県	作付面積	10ａ当たり収量	収穫量	出荷量	対前年産比				（参考）対平均収量比
					作付面積	10ａ当たり収量	収穫量	出荷量	
	ha	kg	t	t	%	%	%	%	%
全国 (1)	**22,400**	**2,080**	**465,300**	**382,500**	**100**	**103**	**103**	**103**	**100**
(全国農業地域)									
北海道 (2)	623	3,290	20,500	19,200	96	111	106	107	108
都府県 (3)	21,800	…	…	…	nc	nc	nc	nc	nc
東北 (4)	3,230	1,910	61,800	45,400	100	99	100	100	100
北陸 (5)	1,100	1,470	16,200	12,200	99	100	99	99	87
関東・東山 (6)	9,530	…	…	…	nc	nc	nc	nc	nc
東海 (7)	1,350	1,810	24,500	18,500	99	101	100	99	97
近畿 (8)	1,230	…	…	…	nc	nc	nc	nc	nc
中国 (9)	1,530	…	…	…	nc	nc	nc	nc	nc
四国 (10)	918	1,340	12,300	10,500	97	98	95	95	95
九州 (11)	2,870	1,440	41,300	36,400	100	99	100	99	95
沖縄 (12)	14	…	…	…	nc	nc	nc	nc	nc
(都道府県)									
北海道 (13)	623	3,290	20,500	19,200	96	111	106	107	108
青森 (14)	498	2,470	12,300	9,650	97	99	96	97	99
岩手 (15)	438	1,560	6,850	5,170	98	98	96	95	98
宮城 (16)	606	1,390	8,410	5,970	98	92	91	92	98
秋田 (17)	584	2,350	13,700	11,000	102	102	104	104	102
山形 (18)	438	2,200	9,640	6,710	98	104	102	102	104
福島 (19)	670	1,630	10,900	6,940	107	101	108	109	100
茨城 (20)	2,000	2,620	52,300	45,600	105	100	105	105	103
栃木 (21)	634	1,850	11,700	9,070	109	91	98	97	97
群馬 (22)	1,030	2,050	21,100	16,100	99	109	108	108	108
埼玉 (23)	2,390	2,380	56,800	47,000	100	102	102	105	96
千葉 (24)	2,150	2,990	64,300	58,200	96	106	103	103	106
東京 (25)	123	…	…	…	nc	nc	nc	nc	nc
神奈川 (26)	400	2,140	8,560	7,540	112	99	111	111	91
新潟 (27)	645	1,550	9,970	7,130	100	98	98	97	85
富山 (28)	219	1,360	2,970	2,370	102	96	98	99	91
石川 (29)	100	1,120	1,120	812	87	113	98	106	91
福井 (30)	136	1,600	2,170	1,900	99	113	112	110	93
山梨 (31)	98	…	…	…	nc	nc	nc	nc	nc
長野 (32)	708	2,250	15,900	9,700	103	107	110	118	113
岐阜 (33)	208	1,050	2,180	1,110	96	107	102	102	97
静岡 (34)	485	1,960	9,500	8,310	97	97	94	94	91
愛知 (35)	411	2,030	8,330	6,240	99	108	107	107	105
三重 (36)	246	1,820	4,470	2,820	101	98	99	99	99
滋賀 (37)	123	…	…	…	nc	nc	nc	nc	nc
京都 (38)	321	2,310	7,400	6,380	99	127	126	124	102
大阪 (39)	263	2,520	6,630	6,270	99	103	101	101	99
兵庫 (40)	319	1,860	5,920	3,680	99	98	98	97	100
奈良 (41)	136	2,150	2,930	2,320	96	101	98	97	99
和歌山 (42)	68	…	…	…	nc	nc	nc	nc	nc
鳥取 (43)	634	2,050	13,000	11,800	99	116	115	115	110
島根 (44)	143	1,480	2,110	1,480	101	95	95	95	103
岡山 (45)	154	1,550	2,380	1,830	94	105	99	105	100
広島 (46)	424	1,820	7,710	6,420	99	99	98	98	103
山口 (47)	172	…	…	…	nc	nc	nc	nc	nc
徳島 (48)	224	1,460	3,280	2,800	101	94	95	96	95
香川 (49)	293	1,310	3,830	3,300	97	103	99	100	98
愛媛 (50)	152	1,380	2,090	1,560	101	92	92	92	91
高知 (51)	249	1,250	3,110	2,870	92	100	92	92	96
福岡 (52)	541	1,200	6,500	5,910	96	98	94	94	97
佐賀 (53)	272	904	2,460	1,930	96	98	95	95	96
長崎 (54)	180	1,520	2,740	2,390	101	96	96	96	89
熊本 (55)	235	1,700	4,000	3,130	89	103	92	91	105
大分 (56)	963	1,660	16,000	14,600	104	100	104	104	94
宮崎 (57)	143	1,300	1,860	1,600	95	102	97	98	88
鹿児島 (58)	533	1,450	7,730	6,840	107	97	103	104	96
沖縄 (59)	14	…	…	…	nc	nc	nc	nc	nc
関東農政局 (60)	10,000	…	…	…	nc	nc	nc	nc	nc
東海農政局 (61)	865	1,730	15,000	10,200	99	104	103	104	102
中国四国農政局 (62)	2,450	…	…	…	nc	nc	nc	nc	nc

イ　春ねぎ

作付面積	10a当たり収量	収穫量	出荷量	対前年産比				(参考)対平均収量比	
				作付面積	10a当たり収量	収穫量	出荷量		
ha	kg	t	t	%	%	%	%	%	
3,410	**2,370**	**80,900**	**71,800**	**99**	**105**	**104**	**105**	**98**	(1)
27	…	…	…	nc	nc	nc	nc	nc	(2)
3,380	…	…	…	nc	nc	nc	nc	nc	(3)
241	…	…	…	nc	nc	nc	nc	nc	(4)
65	…	…	…	nc	nc	nc	nc	nc	(5)
1,450	…	…	…	nc	nc	nc	nc	nc	(6)
213	…	…	…	nc	nc	nc	nc	nc	(7)
248	…	…	…	nc	nc	nc	nc	nc	(8)
296	…	…	…	nc	nc	nc	nc	nc	(9)
248	…	…	…	nc	nc	nc	nc	nc	(10)
610	…	…	…	nc	nc	nc	nc	nc	(11)
3	…	…	…	nc	nc	nc	nc	nc	(12)
27	…	…	…	nc	nc	nc	nc	nc	(13)
14	…	…	…	nc	nc	nc	nc	nc	(14)
30	…	…	…	nc	nc	nc	nc	nc	(15)
95	1,550	1,470	1,180	100	109	109	109	105	(16)
24	…	…	…	nc	nc	nc	nc	nc	(17)
22	…	…	…	nc	nc	nc	nc	nc	(18)
56	…	…	…	nc	nc	nc	nc	nc	(19)
479	3,160	15,100	14,200	108	96	104	104	97	(20)
42	…	…	…	nc	nc	nc	nc	nc	(21)
127	2,560	3,250	2,770	98	102	101	101	96	(22)
183	3,540	6,480	5,520	99	103	102	103	96	(23)
587	3,350	19,700	17,400	95	115	109	109	99	(24)
5	…	…	…	nc	nc	nc	nc	nc	(25)
16	…	…	…	nc	nc	nc	nc	nc	(26)
34	…	…	…	nc	nc	nc	nc	nc	(27)
14	…	…	…	nc	nc	nc	nc	nc	(28)
3	…	…	…	nc	nc	nc	nc	nc	(29)
14	…	…	…	nc	nc	nc	nc	nc	(30)
2	…	…	…	nc	nc	nc	nc	nc	(31)
13	…	…	…	nc	nc	nc	nc	nc	(32)
18	…	…	…	nc	nc	nc	nc	nc	(33)
96	2,330	2,240	2,140	99	97	96	96	96	(34)
65	2,420	1,570	1,340	98	104	102	102	107	(35)
34	1,930	656	490	100	97	97	98	93	(36)
13	…	…	…	nc	nc	nc	nc	nc	(37)
72	2,260	1,630	1,410	111	125	138	137	103	(38)
56	3,050	1,710	1,620	98	98	97	96	100	(39)
61	2,050	1,250	991	98	98	96	96	99	(40)
30	…	…	…	nc	nc	nc	nc	nc	(41)
16	…	…	…	nc	nc	nc	nc	nc	(42)
112	2,420	2,710	2,520	98	132	130	130	110	(43)
25	…	…	…	nc	nc	nc	nc	nc	(44)
22	1,570	345	283	79	114	89	95	108	(45)
97	1,730	1,680	1,360	100	102	102	101	102	(46)
40	…	…	…	nc	nc	nc	nc	nc	(47)
57	1,630	929	834	98	96	94	95	93	(48)
77	1,240	955	834	100	93	94	94	97	(49)
29	…	…	…	nc	nc	nc	nc	nc	(50)
85	1,100	935	870	94	96	90	90	94	(51)
140	1,220	1,710	1,570	97	98	95	95	99	(52)
76	818	622	503	97	99	97	97	90	(53)
37	2,000	740	676	93	98	91	91	100	(54)
29	…	…	…	nc	nc	nc	nc	nc	(55)
194	1,940	3,760	3,550	107	99	106	106	92	(56)
25	…	…	…	nc	nc	nc	nc	nc	(57)
109	1,480	1,610	1,410	97	102	99	101	105	(58)
3	…	…	…	nc	nc	nc	nc	nc	(59)
1,550	…	…	…	nc	nc	nc	nc	nc	(60)
117	…	…	…	nc	nc	nc	nc	nc	(61)
544	…	…	…	nc	nc	nc	nc	nc	(62)

3　令和元年産都道府県別の作付面積、10ａ当たり収量、収穫量及び出荷量 （続き）

(23)　ねぎ（続き）

ウ　夏ねぎ

全国農業地域・都道府県		作付面積	10ａ当たり収量	収穫量	出荷量	対前年産比 作付面積	対前年産比 10ａ当たり収量	対前年産比 収穫量	対前年産比 出荷量	(参考) 対平均収量比
		ha	kg	t	t	%	%	%	%	%
全国	(1)	4,910	1,840	90,500	80,700	100	105	105	105	102
(全国農業地域)										
北海道	(2)	327	3,190	10,400	9,830	96	113	108	110	109
都府県	(3)	4,580	…	…	…	nc	nc	nc	nc	nc
東北	(4)	848	…	…	…	nc	nc	nc	nc	nc
北陸	(5)	265	1,230	3,250	2,380	98	102	99	98	86
関東・東山	(6)	1,640	…	…	…	nc	nc	nc	nc	nc
東海	(7)	252	…	…	…	nc	nc	nc	nc	nc
近畿	(8)	263	…	…	…	nc	nc	nc	nc	nc
中国	(9)	384	…	…	…	nc	nc	nc	nc	nc
四国	(10)	243	…	…	…	nc	nc	nc	nc	nc
九州	(11)	681	…	…	…	nc	nc	nc	nc	nc
沖縄	(12)	3	…	…	…	nc	nc	nc	nc	nc
(都道府県)										
北海道	(13)	327	3,190	10,400	9,830	96	113	108	110	109
青森	(14)	187	2,470	4,620	4,020	94	98	92	93	102
岩手	(15)	156	1,640	2,560	2,050	104	101	104	106	98
宮城	(16)	122	1,420	1,730	1,410	96	108	104	102	109
秋田	(17)	171	2,070	3,540	3,250	101	101	101	101	100
山形	(18)	115	2,130	2,450	2,030	97	101	99	99	102
福島	(19)	97	…	…	…	nc	nc	nc	nc	nc
茨城	(20)	699	2,320	16,200	15,200	105	101	106	106	103
栃木	(21)	112	1,380	1,550	1,350	110	97	107	109	95
群馬	(22)	95	1,340	1,270	1,080	97	116	111	111	94
埼玉	(23)	299	2,140	6,400	5,480	102	104	106	107	101
千葉	(24)	274	2,910	7,970	7,580	97	108	105	105	117
東京	(25)	4	…	…	…	nc	nc	nc	nc	nc
神奈川	(26)	35	…	…	…	nc	nc	nc	nc	nc
新潟	(27)	157	1,240	1,950	1,330	99	101	101	95	86
富山	(28)	50	1,270	635	469	98	90	88	93	79
石川	(29)	26	904	235	202	87	106	92	98	83
福井	(30)	32	1,330	426	376	100	115	115	114	99
山梨	(31)	4	…	…	…	nc	nc	nc	nc	nc
長野	(32)	120	2,910	3,490	3,090	105	107	113	114	103
岐阜	(33)	24	…	…	…	nc	nc	nc	nc	nc
静岡	(34)	98	1,800	1,760	1,630	98	108	105	105	107
愛知	(35)	88	1,700	1,500	1,200	99	110	109	109	108
三重	(36)	42	1,050	441	349	100	110	110	110	83
滋賀	(37)	14	…	…	…	nc	nc	nc	nc	nc
京都	(38)	62	…	…	…	nc	nc	nc	nc	nc
大阪	(39)	78	1,950	1,520	1,460	99	107	105	105	98
兵庫	(40)	66	…	…	…	nc	nc	nc	nc	nc
奈良	(41)	26	…	…	…	nc	nc	nc	nc	nc
和歌山	(42)	17	…	…	…	nc	nc	nc	nc	nc
鳥取	(43)	179	1,250	2,240	2,110	98	111	109	109	105
島根	(44)	21	…	…	…	nc	nc	nc	nc	nc
岡山	(45)	24	1,580	379	326	89	125	111	112	114
広島	(46)	121	1,340	1,620	1,380	100	116	116	114	97
山口	(47)	39	…	…	…	nc	nc	nc	nc	nc
徳島	(48)	54	…	…	…	nc	nc	nc	nc	nc
香川	(49)	91	1,290	1,170	1,020	92	125	115	118	103
愛媛	(50)	38	…	…	…	nc	nc	nc	nc	nc
高知	(51)	60	…	…	…	nc	nc	nc	nc	nc
福岡	(52)	145	903	1,310	1,220	92	104	96	96	98
佐賀	(53)	76	…	…	…	nc	nc	nc	nc	nc
長崎	(54)	51	980	500	428	109	97	105	106	89
熊本	(55)	44	…	…	…	nc	nc	nc	nc	nc
大分	(56)	257	1,230	3,160	2,910	104	103	108	108	100
宮崎	(57)	20	…	…	…	nc	nc	nc	nc	nc
鹿児島	(58)	88	1,190	1,050	872	100	101	101	102	111
沖縄	(59)	3	…	…	…	nc	nc	nc	nc	nc
関東農政局	(60)	1,740	…	…	…	nc	nc	nc	nc	nc
東海農政局	(61)	154	…	…	…	nc	nc	nc	nc	nc
中国四国農政局	(62)	627	…	…	…	nc	nc	nc	nc	nc

エ　秋冬ねぎ

作付面積	10a当たり収量	収穫量	出荷量	対前年産比 作付面積	対前年産比 10a当たり収量	対前年産比 収穫量	対前年産比 出荷量	(参考) 対平均収量比	
ha	kg	t	t	%	%	%	%	%	
14,100	2,080	293,900	230,100	101	100	102	102	100	(1)
269	3,420	9,200	8,570	101	111	112	112	108	(2)
13,800	…	…	…	nc	nc	nc	nc	nc	(3)
2,150	1,930	41,600	28,400	100	98	98	99	99	(4)
770	1,560	12,000	9,020	99	100	99	100	87	(5)
6,440	…	…	…	nc	nc	nc	nc	nc	(6)
885	1,790	15,800	10,900	98	100	98	97	97	(7)
719	…	…	…	nc	nc	nc	nc	nc	(8)
847	…	…	…	nc	nc	nc	nc	nc	(9)
427	1,480	6,330	5,290	98	94	93	93	94	(10)
1,580	1,580	25,000	21,700	103	98	100	100	94	(11)
8	…	…	…	nc	nc	nc	nc	nc	(12)
269	3,420	9,200	8,570	101	111	112	112	108	(13)
297	2,510	7,450	5,440	101	100	101	102	97	(14)
252	1,540	3,880	2,900	95	96	91	89	97	(15)
389	1,340	5,210	3,380	98	84	83	83	93	(16)
389	2,500	9,730	7,330	103	102	105	105	103	(17)
301	2,260	6,800	4,360	99	106	104	104	104	(18)
517	1,640	8,480	4,950	99	100	99	99	99	(19)
821	2,560	21,000	16,200	103	102	104	105	106	(20)
480	1,900	9,120	6,750	111	91	101	98	98	(21)
812	2,050	16,600	12,200	100	110	109	109	111	(22)
1,910	2,300	43,900	36,000	101	101	102	105	95	(23)
1,290	2,840	36,600	33,200	97	102	99	99	109	(24)
114	…	…	…	nc	nc	nc	nc	nc	(25)
349	2,200	7,680	6,720	116	97	113	113	88	(26)
454	1,660	7,540	5,400	100	97	97	97	84	(27)
155	1,340	2,080	1,710	104	96	100	101	94	(28)
71	1,190	845	574	87	114	99	109	94	(29)
90	1,690	1,520	1,340	98	113	110	110	90	(30)
92	…	…	…	nc	nc	nc	nc	nc	(31)
575	2,100	12,100	6,360	102	106	108	120	114	(32)
166	1,010	1,680	689	97	107	103	103	97	(33)
291	1,890	5,500	4,540	97	93	90	90	86	(34)
258	2,040	5,260	3,700	99	109	108	108	104	(35)
170	1,980	3,370	1,980	101	96	97	97	103	(36)
96	…	…	…	nc	nc	nc	nc	nc	(37)
187	…	…	…	nc	nc	nc	nc	nc	(38)
129	…	…	…	nc	nc	nc	nc	nc	(39)
192	1,930	3,710	2,060	99	98	98	99	100	(40)
80	2,240	1,790	1,290	100	101	101	102	99	(41)
35	…	…	…	nc	nc	nc	nc	nc	(42)
343	2,350	8,060	7,210	99	114	112	112	111	(43)
97	1,520	1,470	990	100	97	97	97	103	(44)
108	1,540	1,660	1,220	100	99	99	106	96	(45)
206	2,140	4,410	3,680	99	93	92	92	109	(46)
93	…	…	…	nc	nc	nc	nc	nc	(47)
113	1,540	1,740	1,400	102	93	95	95	96	(48)
125	1,360	1,700	1,450	98	95	93	94	93	(49)
85	1,540	1,310	1,000	99	90	89	89	93	(50)
104	1,520	1,580	1,440	95	99	93	94	93	(51)
256	1,360	3,480	3,120	97	95	93	92	95	(52)
120	1,130	1,360	1,010	95	97	93	92	97	(53)
92	1,630	1,500	1,290	100	96	96	96	88	(54)
162	1,940	3,140	2,390	98	102	100	101	103	(55)
512	1,770	9,060	8,150	102	99	101	101	95	(56)
98	1,370	1,340	1,160	102	99	102	102	88	(57)
336	1,510	5,070	4,560	112	93	105	106	91	(58)
8	…	…	…	nc	nc	nc	nc	nc	(59)
6,730	…	…	…	nc	nc	nc	nc	nc	(60)
594	1,730	10,300	6,370	99	104	103	104	102	(61)
1,270	…	…	…	nc	nc	nc	nc	nc	(62)

3　令和元年産都道府県別の作付面積、10ａ当たり収量、収穫量及び出荷量　(続き)

(24)　にら

全国農業地域・都道府県	作付面積	10ａ当たり収量	収穫量	出荷量	対前年産比				(参考)対平均収量比
					作付面積	10ａ当たり収量	収穫量	出荷量	
	ha	kg	t	t	%	%	%	%	%
全国 (1)	**2,000**	**2,920**	**58,300**	**52,900**	**99**	**101**	**100**	**100**	**102**
(全国農業地域)									
北海道 (2)	66	4,480	2,960	2,820	97	105	102	102	100
都府県 (3)	1,940	…	…	…	nc	nc	nc	nc	nc
東北 (4)	454	…	…	…	nc	nc	nc	nc	nc
北陸 (5)	21	…	…	…	nc	nc	nc	nc	nc
関東・東山 (6)	879	…	…	…	nc	nc	nc	nc	nc
東海 (7)	14	…	…	…	nc	nc	nc	nc	nc
近畿 (8)	11	…	…	…	nc	nc	nc	nc	nc
中国 (9)	27	…	…	…	nc	nc	nc	nc	nc
四国 (10)	254	…	…	…	nc	nc	nc	nc	nc
九州 (11)	266	…	…	…	nc	nc	nc	nc	nc
沖縄 (12)	12	…	…	…	nc	nc	nc	nc	nc
(都道府県)									
北海道 (13)	66	4,480	2,960	2,820	97	105	102	102	100
青森 (14)	16	…	…	…	nc	nc	nc	nc	nc
岩手 (15)	12	…	…	…	nc	nc	nc	nc	nc
宮城 (16)	39	…	…	…	nc	nc	nc	nc	nc
秋田 (17)	30	…	…	…	nc	nc	nc	nc	nc
山形 (18)	202	1,430	2,890	2,450	100	110	110	110	101
福島 (19)	155	1,580	2,450	2,030	98	99	97	96	97
茨城 (20)	212	3,670	7,780	6,990	102	96	97	97	105
栃木 (21)	364	2,990	10,900	9,770	101	101	103	104	110
群馬 (22)	161	1,710	2,750	2,560	89	99	88	88	93
埼玉 (23)	8	…	…	…	nc	nc	nc	nc	nc
千葉 (24)	117	1,860	2,180	1,900	100	98	98	98	95
東京 (25)	4	…	…	…	nc	nc	nc	nc	nc
神奈川 (26)	4	…	…	…	nc	nc	nc	nc	nc
新潟 (27)	10	…	…	…	nc	nc	nc	nc	nc
富山 (28)	11	…	…	…	nc	nc	nc	nc	nc
石川 (29)	0	…	…	…	nc	nc	nc	nc	nc
福井 (30)	0	…	…	…	nc	nc	nc	nc	nc
山梨 (31)	0	…	…	…	nc	nc	nc	nc	nc
長野 (32)	9	…	…	…	nc	nc	nc	nc	nc
岐阜 (33)	0	…	…	…	nc	nc	nc	nc	nc
静岡 (34)	2	…	…	…	nc	nc	nc	nc	nc
愛知 (35)	6	…	…	…	nc	nc	nc	nc	nc
三重 (36)	6	…	…	…	nc	nc	nc	nc	nc
滋賀 (37)	1	…	…	…	nc	nc	nc	nc	nc
京都 (38)	2	…	…	…	nc	nc	nc	nc	nc
大阪 (39)	0	…	…	…	nc	nc	nc	nc	nc
兵庫 (40)	6	3,100	186	155	100	99	99	99	94
奈良 (41)	2	…	…	…	nc	nc	nc	nc	nc
和歌山 (42)	0	…	…	…	nc	nc	nc	nc	nc
鳥取 (43)	1	…	…	…	nc	nc	nc	nc	nc
島根 (44)	2	…	…	…	nc	nc	nc	nc	nc
岡山 (45)	16	…	…	…	nc	nc	nc	nc	nc
広島 (46)	7	…	…	…	nc	nc	nc	nc	nc
山口 (47)	1	…	…	…	nc	nc	nc	nc	nc
徳島 (48)	1	…	…	…	nc	nc	nc	nc	nc
香川 (49)	1	…	…	…	nc	nc	nc	nc	nc
愛媛 (50)	4	…	…	…	nc	nc	nc	nc	nc
高知 (51)	248	5,850	14,500	14,000	101	97	98	98	98
福岡 (52)	19	4,960	942	815	100	110	110	109	109
佐賀 (53)	9	…	…	…	nc	nc	nc	nc	nc
長崎 (54)	28	2,050	574	519	100	98	98	98	94
熊本 (55)	44	2,860	1,260	1,180	100	99	99	99	99
大分 (56)	60	4,480	2,690	2,610	100	99	99	99	92
宮崎 (57)	95	3,730	3,540	3,280	106	101	106	106	90
鹿児島 (58)	11	…	…	…	nc	nc	nc	nc	nc
沖縄 (59)	12	…	…	…	nc	nc	nc	nc	nc
関東農政局 (60)	881	…	…	…	nc	nc	nc	nc	nc
東海農政局 (61)	12	…	…	…	nc	nc	nc	nc	nc
中国四国農政局 (62)	281	…	…	…	nc	nc	nc	nc	nc

(25) たまねぎ

作付面積	10a当たり収量	収穫量	出荷量	対前年産比				(参考)対平均収量比	
				作付面積	10a当たり収量	収穫量	出荷量		
ha	kg	t	t	%	%	%	%	%	
25,900	5,150	1,334,000	1,211,000	99	117	115	116	112	(1)
14,600	5,770	842,400	794,100	99	118	117	118	110	(2)
11,300	…	…	…	nc	nc	nc	nc	nc	(3)
595	…	…	…	nc	nc	nc	nc	nc	(4)
580	…	…	…	nc	nc	nc	nc	nc	(5)
1,430	…	…	…	nc	nc	nc	nc	nc	(6)
1,110	4,210	46,700	40,200	99	106	105	107	103	(7)
2,190	…	…	…	nc	nc	nc	nc	nc	(8)
738	…	…	…	nc	nc	nc	nc	nc	(9)
681	…	…	…	nc	nc	nc	nc	nc	(10)
3,990	…	…	…	nc	nc	nc	nc	nc	(11)
20	…	…	…	nc	nc	nc	nc	nc	(12)
14,600	5,770	842,400	794,100	99	118	117	118	110	(13)
15	…	…	…	nc	nc	nc	nc	nc	(14)
91	…	…	…	nc	nc	nc	nc	nc	(15)
196	…	…	…	nc	nc	nc	nc	nc	(16)
90	…	…	…	nc	nc	nc	nc	nc	(17)
42	…	…	…	nc	nc	nc	nc	nc	(18)
161	…	…	…	nc	nc	nc	nc	nc	(19)
189	3,400	6,430	4,490	117	113	132	159	113	(20)
265	4,530	12,000	10,400	105	95	100	98	90	(21)
216	3,840	8,290	7,560	96	99	96	96	89	(22)
145	3,640	5,280	3,170	106	108	115	129	106	(23)
185	3,930	7,270	4,520	101	148	149	149	133	(24)
35	…	…	…	nc	nc	nc	nc	nc	(25)
186	…	…	…	nc	nc	nc	nc	nc	(26)
244	…	…	…	nc	nc	nc	nc	nc	(27)
234	4,290	10,000	9,200	108	170	183	190	126	(28)
34	…	…	…	nc	nc	nc	nc	nc	(29)
68	…	…	…	nc	nc	nc	nc	nc	(30)
51	…	…	…	nc	nc	nc	nc	nc	(31)
156	2,900	4,520	2,440	94	101	95	96	104	(32)
116	2,780	3,230	1,930	102	116	118	134	113	(33)
324	3,820	12,400	11,300	102	107	109	110	99	(34)
548	5,060	27,700	25,100	96	105	100	103	104	(35)
119	2,790	3,320	1,870	101	125	126	126	99	(36)
108	…	…	…	nc	nc	nc	nc	nc	(37)
120	…	…	…	nc	nc	nc	nc	nc	(38)
113	3,620	4,090	3,690	99	99	98	98	96	(39)
1,680	5,960	100,100	90,900	99	105	104	104	112	(40)
52	…	…	…	nc	nc	nc	nc	nc	(41)
119	4,310	5,130	4,160	100	113	113	113	106	(42)
62	…	…	…	nc	nc	nc	nc	nc	(43)
111	2,920	3,240	1,860	103	108	111	120	103	(44)
158	4,100	6,480	4,810	90	132	119	134	129	(45)
210	…	…	…	nc	nc	nc	nc	nc	(46)
197	3,440	6,780	4,770	96	110	106	115	118	(47)
90	…	…	…	nc	nc	nc	nc	nc	(48)
224	4,420	9,900	8,860	100	99	99	100	98	(49)
322	3,420	11,000	8,970	99	114	113	116	103	(50)
45	…	…	…	nc	nc	nc	nc	nc	(51)
155	3,420	5,300	3,090	101	102	103	104	114	(52)
2,310	5,980	138,100	128,800	95	123	117	118	127	(53)
880	4,000	35,200	31,800	105	115	121	121	107	(54)
319	4,200	13,400	11,300	101	128	129	129	128	(55)
120	…	…	…	nc	nc	nc	nc	nc	(56)
54	2,560	1,380	1,210	92	108	99	99	91	(57)
147	…	…	…	nc	nc	nc	nc	nc	(58)
20	…	…	…	nc	nc	nc	nc	nc	(59)
1,750	…	…	…	nc	nc	nc	nc	nc	(60)
783	4,380	34,300	28,900	97	107	104	106	104	(61)
1,420	…	…	…	nc	nc	nc	nc	nc	(62)

3　令和元年産都道府県別の作付面積、10ａ当たり収量、収穫量及び出荷量（続き）

(26)　にんにく

全国農業地域・都道府県		作付面積	10ａ当たり収量	収穫量	出荷量	対前年産比 作付面積	対前年産比 10ａ当たり収量	対前年産比 収穫量	対前年産比 出荷量	(参考) 対平均収量比
		ha	kg	t	t	%	%	%	%	%
全国	(1)	**2,510**	**829**	**20,800**	**15,000**	**102**	**101**	**103**	**104**	**95**
(全国農業地域)										
北海道	(2)	136	574	781	626	112	87	98	98	92
都府県	(3)	2,370	…	…	…	nc	nc	nc	nc	nc
東北	(4)	1,650	…	…	…	nc	nc	nc	nc	nc
北陸	(5)	48	…	…	…	nc	nc	nc	nc	nc
関東・東山	(6)	107	…	…	…	nc	nc	nc	nc	nc
東海	(7)	50	…	…	…	nc	nc	nc	nc	nc
近畿	(8)	66	…	…	…	nc	nc	nc	nc	nc
中国	(9)	43	…	…	…	nc	nc	nc	nc	nc
四国	(10)	153	…	…	…	nc	nc	nc	nc	nc
九州	(11)	237	…	…	…	nc	nc	nc	nc	nc
沖縄	(12)	14	…	…	…	nc	nc	nc	nc	nc
(都道府県)										
北海道	(13)	136	574	781	626	112	87	98	98	92
青森	(14)	1,440	964	13,900	10,400	101	102	104	105	97
岩手	(15)	57	616	351	214	97	99	95	94	96
宮城	(16)	29	…	…	…	nc	nc	nc	nc	nc
秋田	(17)	54	660	356	173	98	112	110	108	116
山形	(18)	22	…	…	…	nc	nc	nc	nc	nc
福島	(19)	46	650	299	36	105	100	104	113	98
茨城	(20)	16	…	…	…	nc	nc	nc	nc	nc
栃木	(21)	6	…	…	…	nc	nc	nc	nc	nc
群馬	(22)	3	…	…	…	nc	nc	nc	nc	nc
埼玉	(23)	11	…	…	…	nc	nc	nc	nc	nc
千葉	(24)	25	…	…	…	nc	nc	nc	nc	nc
東京	(25)	0	…	…	…	nc	nc	nc	nc	nc
神奈川	(26)	5	…	…	…	nc	nc	nc	nc	nc
新潟	(27)	29	…	…	…	nc	nc	nc	nc	nc
富山	(28)	7	…	…	…	nc	nc	nc	nc	nc
石川	(29)	2	…	…	…	nc	nc	nc	nc	nc
福井	(30)	10	…	…	…	nc	nc	nc	nc	nc
山梨	(31)	11	…	…	…	nc	nc	nc	nc	nc
長野	(32)	30	…	…	…	nc	nc	nc	nc	nc
岐阜	(33)	25	…	…	…	nc	nc	nc	nc	nc
静岡	(34)	4	…	…	…	nc	nc	nc	nc	nc
愛知	(35)	14	…	…	…	nc	nc	nc	nc	nc
三重	(36)	7	…	…	…	nc	nc	nc	nc	nc
滋賀	(37)	9	…	…	…	nc	nc	nc	nc	nc
京都	(38)	8	…	…	…	nc	nc	nc	nc	nc
大阪	(39)	2	…	…	…	nc	nc	nc	nc	nc
兵庫	(40)	18	…	…	…	nc	nc	nc	nc	nc
奈良	(41)	6	…	…	…	nc	nc	nc	nc	nc
和歌山	(42)	23	…	…	…	nc	nc	nc	nc	nc
鳥取	(43)	7	…	…	…	nc	nc	nc	nc	nc
島根	(44)	7	…	…	…	nc	nc	nc	nc	nc
岡山	(45)	5	…	…	…	nc	nc	nc	nc	nc
広島	(46)	16	…	…	…	nc	nc	nc	nc	nc
山口	(47)	8	…	…	…	nc	nc	nc	nc	nc
徳島	(48)	17	917	156	119	100	104	104	103	102
香川	(49)	102	727	742	663	104	122	127	128	98
愛媛	(50)	20	…	…	…	nc	nc	nc	nc	nc
高知	(51)	14	…	…	…	nc	nc	nc	nc	nc
福岡	(52)	32	…	…	…	nc	nc	nc	nc	nc
佐賀	(53)	11	…	…	…	nc	nc	nc	nc	nc
長崎	(54)	7	…	…	…	nc	nc	nc	nc	nc
熊本	(55)	38	840	319	238	100	103	103	103	104
大分	(56)	47	513	241	195	112	88	98	98	81
宮崎	(57)	55	470	259	245	92	92	85	84	73
鹿児島	(58)	47	802	377	270	107	94	100	101	89
沖縄	(59)	14	…	…	…	nc	nc	nc	nc	nc
関東農政局	(60)	111	…	…	…	nc	nc	nc	nc	nc
東海農政局	(61)	46	…	…	…	nc	nc	nc	nc	nc
中国四国農政局	(62)	196	…	…	…	nc	nc	nc	nc	nc

(27) きゅうり
ア 計

作付面積	10a当たり収量	収穫量	出荷量	対前年産比				(参考)対平均収量比	
				作付面積	10a当たり収量	収穫量	出荷量		
ha	kg	t	t	%	%	%	%	%	
10,300	**5,320**	**548,100**	**474,700**	**97**	**103**	**100**	**100**	**105**	(1)
149	10,700	15,900	14,700	97	107	104	103	109	(2)
10,100	…	…	…	nc	nc	nc	nc	nc	(3)
2,050	4,540	93,000	77,100	97	104	100	101	103	(4)
621	…	…	…	nc	nc	nc	nc	nc	(5)
3,480	…	…	…	nc	nc	nc	nc	nc	(6)
540	…	…	…	nc	nc	nc	nc	nc	(7)
605	2,910	17,600	13,100	96	101	97	97	97	(8)
560	…	…	…	nc	nc	nc	nc	nc	(9)
549	8,090	44,400	40,600	98	102	100	100	108	(10)
1,680	7,180	120,700	111,200	97	104	101	100	109	(11)
60	…	…	…	nc	nc	nc	nc	nc	(12)
149	10,700	15,900	14,700	97	107	104	103	109	(13)
145	4,060	5,890	4,860	97	117	113	120	127	(14)
239	5,480	13,100	10,900	100	100	99	100	96	(15)
376	3,540	13,300	10,500	89	109	97	97	112	(16)
265	3,390	8,990	6,450	99	108	107	108	104	(17)
344	3,920	13,500	10,200	98	104	102	103	105	(18)
682	5,600	38,200	34,200	99	99	98	98	98	(19)
489	5,010	24,500	21,400	97	104	101	100	99	(20)
272	4,340	11,800	9,770	95	94	90	92	95	(21)
821	7,190	59,000	52,900	100	108	107	107	119	(22)
623	7,320	45,600	41,100	100	99	100	99	103	(23)
452	6,440	29,100	26,100	97	85	82	82	94	(24)
75	…	…	…	nc	nc	nc	nc	nc	(25)
260	4,230	11,000	10,500	100	100	99	100	108	(26)
425	2,000	8,490	5,490	96	101	96	103	86	(27)
61	1,890	1,150	520	100	95	94	79	100	(28)
72	2,810	2,020	1,390	97	96	93	95	85	(29)
63	…	…	…	nc	nc	nc	nc	nc	(30)
126	3,810	4,800	3,820	99	111	111	112	119	(31)
364	3,760	13,700	10,000	91	101	93	98	99	(32)
164	3,450	5,650	4,050	99	97	96	95	93	(33)
117	…	…	…	nc	nc	nc	nc	nc	(34)
154	8,900	13,700	12,000	99	107	105	104	104	(35)
105	2,420	2,540	1,460	113	112	126	125	104	(36)
119	2,930	3,490	2,450	96	105	101	102	121	(37)
135	3,370	4,550	3,810	99	106	105	105	94	(38)
46	4,170	1,920	1,770	98	103	101	101	100	(39)
177	1,760	3,120	1,260	96	95	91	86	97	(40)
67	2,780	1,860	1,470	94	102	96	97	91	(41)
61	4,380	2,670	2,290	92	94	87	85	84	(42)
65	…	…	…	nc	nc	nc	nc	nc	(43)
120	1,690	2,030	1,160	99	103	102	105	104	(44)
80	3,260	2,610	2,000	90	145	131	133	146	(45)
159	2,590	4,120	3,130	99	107	106	118	110	(46)
136	2,560	3,480	2,460	99	102	101	101	125	(47)
68	11,200	7,610	6,610	99	101	100	99	104	(48)
101	3,660	3,700	3,210	102	99	101	102	92	(49)
228	3,740	8,530	7,500	99	107	106	107	101	(50)
152	16,200	24,600	23,300	95	103	98	98	115	(51)
171	5,600	9,570	8,610	98	101	99	99	99	(52)
150	8,870	13,300	12,200	91	114	104	104	121	(53)
141	5,420	7,640	6,830	101	97	99	98	99	(54)
282	4,860	13,700	12,500	100	106	105	104	104	(55)
139	2,210	3,070	2,450	99	99	98	99	96	(56)
643	9,810	63,100	59,600	97	105	101	100	109	(57)
150	6,870	10,300	9,050	94	99	93	93	121	(58)
60	…	…	…	nc	nc	nc	nc	nc	(59)
3,600	…	…	…	nc	nc	nc	nc	nc	(60)
423	5,180	21,900	17,500	102	103	105	104	101	(61)
1,110	…	…	…	nc	nc	nc	nc	nc	(62)

3　令和元年産都道府県別の作付面積、10ａ当たり収量、収穫量及び出荷量　(続き)

(27)　きゅうり（続き）
イ　冬春きゅうり

全国農業地域・都道府県	作付面積	10ａ当たり収量	収穫量	出荷量	対前年産比 作付面積	対前年産比 10ａ当たり収量	対前年産比 収穫量	対前年産比 出荷量	(参考)対平均収量比
	ha	kg	t	t	%	%	%	%	%
全国 (1)	**2,720**	**10,700**	**290,100**	**272,100**	**99**	**99**	**97**	**97**	**104**
(全国農業地域)									
北海道 (2)	21	…	…	…	nc	nc	nc	nc	nc
都府県 (3)	2,700	…	…	…	nc	nc	nc	nc	nc
東北 (4)	223	…	…	…	nc	nc	nc	nc	nc
北陸 (5)	54	…	…	…	nc	nc	nc	nc	nc
関東・東山 (6)	1,100	…	…	…	nc	nc	nc	nc	nc
東海 (7)	109	…	…	…	nc	nc	nc	nc	nc
近畿 (8)	65	…	…	…	nc	nc	nc	nc	nc
中国 (9)	34	…	…	…	nc	nc	nc	nc	nc
四国 (10)	213	15,700	33,500	31,600	99	99	98	98	106
九州 (11)	853	…	…	…	nc	nc	nc	nc	nc
沖縄 (12)	41	…	…	…	nc	nc	nc	nc	nc
(都道府県)									
北海道 (13)	21	…	…	…	nc	nc	nc	nc	nc
青森 (14)	7	…	…	…	nc	nc	nc	nc	nc
岩手 (15)	15	7,570	1,140	1,050	100	97	97	97	105
宮城 (16)	71	8,550	6,070	5,500	97	103	100	100	106
秋田 (17)	4	…	…	…	nc	nc	nc	nc	nc
山形 (18)	27	8,280	2,240	2,050	100	103	103	105	105
福島 (19)	99	7,440	7,370	6,920	99	98	97	97	97
茨城 (20)	151	9,450	14,300	13,600	106	91	96	96	89
栃木 (21)	49	11,700	5,730	5,400	100	94	94	95	99
群馬 (22)	282	12,300	34,700	32,400	99	100	99	99	108
埼玉 (23)	279	10,900	30,400	28,100	100	96	96	96	99
千葉 (24)	195	10,500	20,500	19,600	98	81	80	80	91
東京 (25)	10	…	…	…	nc	nc	nc	nc	nc
神奈川 (26)	85	7,350	6,250	6,010	100	94	95	95	110
新潟 (27)	41	6,090	2,500	2,260	100	98	98	97	94
富山 (28)	2	…	…	…	nc	nc	nc	nc	nc
石川 (29)	9	…	…	…	nc	nc	nc	nc	nc
福井 (30)	2	…	…	…	nc	nc	nc	nc	nc
山梨 (31)	22	5,890	1,300	1,210	105	96	101	101	101
長野 (32)	30	…	…	…	nc	nc	nc	nc	nc
岐阜 (33)	20	12,500	2,500	2,360	100	94	94	94	95
静岡 (34)	30	…	…	…	nc	nc	nc	nc	nc
愛知 (35)	53	20,500	10,900	10,300	98	106	105	104	105
三重 (36)	6	7,330	469	417	100	103	108	108	89
滋賀 (37)	17	9,340	1,590	1,520	100	103	103	103	95
京都 (38)	16	…	…	…	nc	nc	nc	nc	nc
大阪 (39)	4	…	…	…	nc	nc	nc	nc	nc
兵庫 (40)	5	…	…	…	nc	nc	nc	nc	nc
奈良 (41)	6	…	…	…	nc	nc	nc	nc	nc
和歌山 (42)	17	7,320	1,240	1,150	81	87	70	70	82
鳥取 (43)	5	…	…	…	nc	nc	nc	nc	nc
島根 (44)	6	6,380	408	371	86	102	100	101	101
岡山 (45)	2	…	…	…	nc	nc	nc	nc	nc
広島 (46)	10	9,700	970	922	100	103	103	103	103
山口 (47)	11	7,600	836	751	100	102	102	103	114
徳島 (48)	30	18,200	5,460	5,060	100	98	98	98	99
香川 (49)	22	5,410	1,190	1,070	100	94	94	93	89
愛媛 (50)	34	8,160	2,770	2,540	100	95	95	95	94
高知 (51)	127	19,000	24,100	22,900	98	101	99	99	110
福岡 (52)	41	13,600	5,580	5,200	100	103	103	102	101
佐賀 (53)	57	13,300	7,580	7,200	88	124	109	109	124
長崎 (54)	45	8,710	3,920	3,650	100	100	101	100	100
熊本 (55)	75	8,260	6,200	5,880	100	105	105	105	103
大分 (56)	16	…	…	…	nc	nc	nc	nc	nc
宮崎 (57)	556	10,700	59,500	56,200	98	104	101	101	109
鹿児島 (58)	63	13,600	8,570	7,900	100	99	99	97	120
沖縄 (59)	41	…	…	…	nc	nc	nc	nc	nc
関東農政局 (60)	1,130	…	…	…	nc	nc	nc	nc	nc
東海農政局 (61)	79	17,600	13,900	13,100	99	104	103	102	104
中国四国農政局 (62)	247	…	…	…	nc	nc	nc	nc	nc

ウ 夏秋きゅうり

作付面積	10a当たり収量	収穫量	出荷量	対前年産比				(参考)対平均収量比	
				作付面積	10a当たり収量	収穫量	出荷量		
ha	kg	t	t	%	%	%	%	%	
7,580	**3,400**	**258,000**	**202,600**	**97**	**106**	**102**	**104**	**107**	(1)
128	10,700	13,700	12,700	93	107	100	99	110	(2)
7,450	…	…	…	nc	nc	nc	nc	nc	(3)
1,830	4,130	75,600	61,000	96	105	101	101	102	(4)
567	…	…	…	nc	nc	nc	nc	nc	(5)
2,380	…	…	…	nc	nc	nc	nc	nc	(6)
431	…	…	…	nc	nc	nc	nc	nc	(7)
540	2,350	12,700	8,450	97	103	100	101	98	(8)
526	…	…	…	nc	nc	nc	nc	nc	(9)
336	…	…	…	nc	nc	nc	nc	nc	(10)
823	…	…	…	nc	nc	nc	nc	nc	(11)
19	…	…	…	nc	nc	nc	nc	nc	(12)
128	10,700	13,700	12,700	93	107	100	99	110	(13)
138	4,000	5,520	4,550	96	118	113	121	129	(14)
224	5,350	12,000	9,820	100	100	100	100	96	(15)
305	2,370	7,230	5,040	87	108	95	95	109	(16)
261	3,340	8,720	6,200	99	108	107	107	104	(17)
317	3,570	11,300	8,130	98	105	102	102	105	(18)
583	5,290	30,800	27,300	99	99	98	98	98	(19)
338	3,010	10,200	7,800	94	117	110	110	109	(20)
223	2,710	6,040	4,370	94	92	86	89	87	(21)
539	4,500	24,300	20,500	100	122	122	121	138	(22)
344	4,410	15,200	13,000	101	106	108	107	112	(23)
257	3,340	8,580	6,450	96	93	89	89	106	(24)
65	…	…	…	nc	nc	nc	nc	nc	(25)
175	2,730	4,780	4,470	99	108	107	107	110	(26)
384	1,560	5,990	3,230	95	101	96	107	82	(27)
59	1,750	1,030	406	100	97	97	94	104	(28)
63	1,690	1,060	514	100	92	91	91	85	(29)
61	…	…	…	nc	nc	nc	nc	nc	(30)
104	3,370	3,500	2,610	98	117	115	118	124	(31)
334	3,520	11,800	8,290	92	101	93	100	99	(32)
144	2,190	3,150	1,690	99	98	98	98	93	(33)
87	…	…	…	nc	nc	nc	nc	nc	(34)
101	…	…	…	nc	nc	nc	nc	nc	(35)
99	…	…	…	nc	nc	nc	nc	nc	(36)
102	1,860	1,900	933	95	104	99	100	120	(37)
119	2,860	3,400	2,700	99	104	103	103	93	(38)
42	3,920	1,650	1,530	98	104	102	101	98	(39)
172	1,700	2,920	1,080	98	98	96	98	100	(40)
61	2,350	1,430	1,070	95	100	95	96	87	(41)
44	3,240	1,430	1,140	98	111	109	109	92	(42)
60	…	…	…	nc	nc	nc	nc	nc	(43)
114	1,420	1,620	785	100	102	103	105	106	(44)
78	3,130	2,440	1,850	90	144	129	134	146	(45)
149	2,110	3,150	2,210	99	108	108	126	113	(46)
125	2,110	2,640	1,710	98	101	100	101	131	(47)
38	…	…	…	nc	nc	nc	nc	nc	(48)
79	3,180	2,510	2,140	103	102	105	106	97	(49)
194	2,970	5,760	4,960	98	113	112	114	103	(50)
25	…	…	…	nc	nc	nc	nc	nc	(51)
130	3,070	3,990	3,410	98	97	95	95	94	(52)
93	6,110	5,680	4,970	94	104	97	97	142	(53)
96	3,870	3,720	3,180	nc	nc	nc	nc	100	(54)
207	3,630	7,510	6,660	100	106	105	105	105	(55)
123	1,700	2,090	1,530	98	95	93	93	93	(56)
87	4,160	3,620	3,360	92	106	97	96	94	(57)
87	…	…	…	nc	nc	nc	nc	nc	(58)
19	…	…	…	nc	nc	nc	nc	nc	(59)
2,470	…	…	…	nc	nc	nc	nc	nc	(60)
344	…	…	…	nc	nc	nc	nc	nc	(61)
862	…	…	…	nc	nc	nc	nc	nc	(62)

3　令和元年産都道府県別の作付面積、10ａ当たり収量、収穫量及び出荷量（続き）

(28)　かぼちゃ

全国農業地域・都道府県		作付面積	10ａ当たり収量	収穫量	出荷量	対前年産比 作付面積	対前年産比 10ａ当たり収量	対前年産比 収穫量	対前年産比 出荷量	(参考) 対平均収量比
		ha	kg	t	t	%	%	%	%	%
全国	(1)	**15,300**	**1,210**	**185,600**	**149,700**	**101**	**115**	**117**	**120**	**98**
(全国農業地域)										
北海道	(2)	7,260	1,210	87,800	83,000	103	130	134	135	96
都府県	(3)	8,040	…	…	…	nc	nc	nc	nc	nc
東北	(4)	1,600	…	…	…	nc	nc	nc	nc	nc
北陸	(5)	644	…	…	…	nc	nc	nc	nc	nc
関東・東山	(6)	1,910	…	…	…	nc	nc	nc	nc	nc
東海	(7)	451	…	…	…	nc	nc	nc	nc	nc
近畿	(8)	483	…	…	…	nc	nc	nc	nc	nc
中国	(9)	536	…	…	…	nc	nc	nc	nc	nc
四国	(10)	224	…	…	…	nc	nc	nc	nc	nc
九州	(11)	1,790	…	…	…	nc	nc	nc	nc	nc
沖縄	(12)	397	897	3,560	3,140	93	102	95	94	105
(都道府県)										
北海道	(13)	7,260	1,210	87,800	83,000	103	130	134	135	96
青森	(14)	216	1,130	2,440	1,460	105	102	107	108	100
岩手	(15)	212	…	…	…	nc	nc	nc	nc	nc
宮城	(16)	213	745	1,590	640	94	104	98	101	100
秋田	(17)	360	839	3,020	1,510	99	108	106	106	111
山形	(18)	294	923	2,710	1,400	99	97	96	97	95
福島	(19)	308	730	2,250	928	99	101	100	99	100
茨城	(20)	443	1,530	6,780	5,500	96	89	85	85	92
栃木	(21)	146	…	…	…	nc	nc	nc	nc	nc
群馬	(22)	165	…	…	…	nc	nc	nc	nc	nc
埼玉	(23)	70	…	…	…	nc	nc	nc	nc	nc
千葉	(24)	212	1,790	3,790	2,730	96	90	87	86	91
東京	(25)	40	…	…	…	nc	nc	nc	nc	nc
神奈川	(26)	219	1,980	4,340	3,720	106	125	132	128	122
新潟	(27)	316	602	1,900	1,270	102	109	111	115	95
富山	(28)	32	…	…	…	nc	nc	nc	nc	nc
石川	(29)	227	1,100	2,500	2,060	99	116	115	120	96
福井	(30)	69	…	…	…	nc	nc	nc	nc	nc
山梨	(31)	73	…	…	…	nc	nc	nc	nc	nc
長野	(32)	542	1,190	6,450	4,910	103	97	100	111	98
岐阜	(33)	100	…	…	…	nc	nc	nc	nc	nc
静岡	(34)	78	…	…	…	nc	nc	nc	nc	nc
愛知	(35)	118	…	…	…	nc	nc	nc	nc	nc
三重	(36)	155	1,200	1,860	751	99	103	102	102	73
滋賀	(37)	88	…	…	…	nc	nc	nc	nc	nc
京都	(38)	96	…	…	…	nc	nc	nc	nc	nc
大阪	(39)	12	…	…	…	nc	nc	nc	nc	nc
兵庫	(40)	185	…	…	…	nc	nc	nc	nc	nc
奈良	(41)	83	…	…	…	nc	nc	nc	nc	nc
和歌山	(42)	19	1,380	262	207	95	116	110	110	105
鳥取	(43)	59	…	…	…	nc	nc	nc	nc	nc
島根	(44)	94	…	…	…	nc	nc	nc	nc	nc
岡山	(45)	115	1,530	1,760	1,370	91	102	93	95	94
広島	(46)	170	1,330	2,260	1,130	99	104	103	103	125
山口	(47)	98	787	771	470	92	97	90	93	94
徳島	(48)	36	…	…	…	nc	nc	nc	nc	nc
香川	(49)	32	…	…	…	nc	nc	nc	nc	nc
愛媛	(50)	108	1,120	1,210	918	108	114	123	129	92
高知	(51)	48	…	…	…	nc	nc	nc	nc	nc
福岡	(52)	98	…	…	…	nc	nc	nc	nc	nc
佐賀	(53)	70	1,150	805	570	101	94	96	95	101
長崎	(54)	484	1,140	5,520	4,670	100	135	135	137	103
熊本	(55)	141	1,540	2,170	1,740	102	99	101	101	89
大分	(56)	115	1,340	1,540	1,090	98	106	103	107	106
宮崎	(57)	200	2,270	4,540	4,150	100	94	94	94	96
鹿児島	(58)	680	1,190	8,090	7,020	94	101	95	95	102
沖縄	(59)	397	897	3,560	3,140	93	102	95	94	105
関東農政局	(60)	1,990	…	…	…	nc	nc	nc	nc	nc
東海農政局	(61)	373	…	…	…	nc	nc	nc	nc	nc
中国四国農政局	(62)	760	…	…	…	nc	nc	nc	nc	nc

(29) なす
ア 計

作付面積	10a当たり収量	収穫量	出荷量	対前年産比 作付面積	対前年産比 10a当たり収量	対前年産比 収穫量	対前年産比 出荷量	(参考)対平均収量比	
ha	kg	t	t	%	%	%	%	%	
8,650	3,490	301,700	239,500	96	104	100	101	105	(1)
17	…	…	…	nc	nc	nc	nc	nc	(2)
8,630	…	…	…	nc	nc	nc	nc	nc	(3)
1,490	…	…	…	nc	nc	nc	nc	nc	(4)
897	…	…	…	nc	nc	nc	nc	nc	(5)
2,490	…	…	…	nc	nc	nc	nc	nc	(6)
653	…	…	…	nc	nc	nc	nc	nc	(7)
754	…	…	…	nc	nc	nc	nc	nc	(8)
623	…	…	…	nc	nc	nc	nc	nc	(9)
635	8,330	52,900	48,500	98	106	104	104	109	(10)
1,060	6,160	65,300	58,700	97	105	102	102	104	(11)
23	…	…	…	nc	nc	nc	nc	nc	(12)
17	…	…	…	nc	nc	nc	nc	nc	(13)
95	…	…	…	nc	nc	nc	nc	nc	(14)
120	2,440	2,930	1,760	99	98	97	97	99	(15)
211	1,300	2,750	1,300	99	107	105	106	112	(16)
390	1,560	6,080	2,150	99	110	108	110	130	(17)
408	1,440	5,860	2,710	96	108	104	105	105	(18)
265	1,650	4,380	2,440	98	95	94	92	93	(19)
434	3,660	15,900	14,000	101	95	96	97	93	(20)
359	3,760	13,500	11,700	95	96	91	91	101	(21)
530	5,000	26,500	23,100	95	108	103	103	121	(22)
287	3,350	9,620	7,160	99	105	105	105	102	(23)
291	1,980	5,770	4,110	94	78	74	76	74	(24)
72	…	…	…	nc	nc	nc	nc	nc	(25)
150	2,270	3,410	3,110	88	98	87	87	97	(26)
535	1,130	6,040	2,600	94	96	90	113	89	(27)
177	1,280	2,270	434	91	108	98	112	111	(28)
85	…	…	…	nc	nc	nc	nc	nc	(29)
100	1,400	1,400	510	100	83	83	82	119	(30)
133	4,320	5,750	4,840	96	106	102	102	97	(31)
235	1,700	4,000	791	88	99	87	97	93	(32)
158	1,750	2,760	1,420	98	103	101	99	88	(33)
102	…	…	…	nc	nc	nc	nc	nc	(34)
247	5,220	12,900	11,200	100	108	108	108	103	(35)
146	1,450	2,110	1,330	100	98	98	99	78	(36)
148	1,720	2,550	849	93	105	98	99	117	(37)
179	4,630	8,290	7,140	99	111	110	110	87	(38)
98	6,710	6,580	6,440	98	105	103	103	95	(39)
185	1,830	3,380	1,110	101	105	105	109	103	(40)
92	5,640	5,190	4,570	98	105	102	104	92	(41)
52	…	…	…	nc	nc	nc	nc	nc	(42)
81	…	…	…	nc	nc	nc	nc	nc	(43)
131	1,320	1,730	679	95	99	94	89	98	(44)
126	4,070	5,130	4,250	96	109	105	105	95	(45)
150	2,250	3,380	2,380	100	110	110	129	114	(46)
135	1,750	2,360	1,620	98	117	114	115	111	(47)
91	7,330	6,670	5,880	99	102	101	101	96	(48)
70	2,570	1,800	1,260	103	106	109	110	93	(49)
150	2,420	3,630	2,640	97	114	110	113	103	(50)
324	12,600	40,800	38,700	97	108	104	104	113	(51)
235	7,870	18,500	16,900	98	91	89	88	99	(52)
60	5,820	3,490	2,840	92	117	108	107	114	(53)
86	2,200	1,890	1,540	101	105	106	107	99	(54)
425	8,310	35,300	32,700	101	110	111	112	108	(55)
118	1,540	1,820	1,240	96	94	91	91	86	(56)
52	4,370	2,270	2,030	98	102	100	100	101	(57)
88	2,320	2,040	1,400	86	112	96	96	107	(58)
23	…	…	…	nc	nc	nc	nc	nc	(59)
2,590	…	…	…	nc	nc	nc	nc	nc	(60)
551	3,230	17,800	14,000	99	107	106	106	96	(61)
1,260	…	…	…	nc	nc	nc	nc	nc	(62)

3 令和元年産都道府県別の作付面積、10ａ当たり収量、収穫量及び出荷量 （続き）

(29) なす（続き）
イ 冬春なす

全国農業地域・都道府県		作付面積	10ａ当たり収量	収穫量	出荷量	対前年産比				(参考)対平均収量比
						作付面積	10ａ当たり収量	収穫量	出荷量	
		ha	kg	t	t	%	%	%	%	%
全国	(1)	1,070	11,200	119,700	112,900	99	104	102	102	107
(全国農業地域)										
北海道	(2)	2	…	…	…	nc	nc	nc	nc	nc
都府県	(3)	1,070	…	…	…	nc	nc	nc	nc	nc
東北	(4)	8	…	…	…	nc	nc	nc	nc	nc
北陸	(5)	2	…	…	…	nc	nc	nc	nc	nc
関東・東山	(6)	x	…	…	…	nc	nc	nc	nc	nc
東海	(7)	72	…	…	…	nc	nc	nc	nc	nc
近畿	(8)	88	…	…	…	nc	nc	nc	nc	nc
中国	(9)	24	…	…	…	nc	nc	nc	nc	nc
四国	(10)	324	13,000	42,100	39,900	99	105	104	104	107
九州	(11)	338	…	…	…	nc	nc	nc	nc	nc
沖縄	(12)	15	…	…	…	nc	nc	nc	nc	nc
(都道府県)										
北海道	(13)	2	…	…	…	nc	nc	nc	nc	nc
青森	(14)	-	…	…	…	nc	nc	nc	nc	nc
岩手	(15)	-	…	…	…	nc	nc	nc	nc	nc
宮城	(16)	4	…	…	…	nc	nc	nc	nc	nc
秋田	(17)	-	…	…	…	nc	nc	nc	nc	nc
山形	(18)	4	…	…	…	nc	nc	nc	nc	nc
福島	(19)	0	…	…	…	nc	nc	nc	nc	nc
茨城	(20)	6	…	…	…	nc	nc	nc	nc	nc
栃木	(21)	27	7,510	2,030	1,880	104	98	102	100	92
群馬	(22)	117	5,860	6,860	6,450	98	105	102	102	115
埼玉	(23)	25	5,680	1,420	1,300	96	100	96	98	100
千葉	(24)	23	5,630	1,290	1,250	88	96	85	86	87
東京	(25)	-	…	…	…	nc	nc	nc	nc	nc
神奈川	(26)	0	…	…	…	nc	nc	nc	nc	nc
新潟	(27)	2	…	…	…	nc	nc	nc	nc	nc
富山	(28)	-	…	…	…	nc	nc	nc	nc	nc
石川	(29)	0	…	…	…	nc	nc	nc	nc	nc
福井	(30)	-	…	…	…	nc	nc	nc	nc	nc
山梨	(31)	x	…	…	…	nc	nc	nc	nc	nc
長野	(32)	-	…	…	…	nc	nc	nc	nc	nc
岐阜	(33)	1	…	…	…	nc	nc	nc	nc	nc
静岡	(34)	6	…	…	…	nc	nc	nc	nc	nc
愛知	(35)	60	12,400	7,440	7,020	98	108	106	106	109
三重	(36)	5	…	…	…	nc	nc	nc	nc	nc
滋賀	(37)	6	…	…	…	nc	nc	nc	nc	nc
京都	(38)	1	…	…	…	nc	nc	nc	nc	nc
大阪	(39)	51	8,140	4,150	4,080	96	98	94	94	94
兵庫	(40)	2	…	…	…	nc	nc	nc	nc	nc
奈良	(41)	19	7,410	1,410	1,350	95	102	97	98	105
和歌山	(42)	9	…	…	…	nc	nc	nc	nc	nc
鳥取	(43)	-	…	…	…	nc	nc	nc	nc	nc
島根	(44)	1	…	…	…	nc	nc	nc	nc	nc
岡山	(45)	21	11,200	2,350	2,140	91	107	97	97	97
広島	(46)	1	…	…	…	nc	nc	nc	nc	nc
山口	(47)	1	…	…	…	nc	nc	nc	nc	nc
徳島	(48)	16	9,100	1,460	1,310	100	98	98	99	96
香川	(49)	6	6,160	345	291	100	103	99	102	77
愛媛	(50)	10	5,750	575	499	100	101	102	103	102
高知	(51)	292	13,600	39,700	37,800	99	105	105	105	109
福岡	(52)	104	14,100	14,700	14,000	97	88	86	86	102
佐賀	(53)	14	14,300	2,000	1,880	93	113	106	106	115
長崎	(54)	11	8,290	912	815	100	118	118	117	114
熊本	(55)	177	15,100	26,700	25,000	104	109	112	112	106
大分	(56)	-	…	…	…	nc	nc	nc	nc	nc
宮崎	(57)	21	6,790	1,430	1,330	100	98	99	99	99
鹿児島	(58)	11	7,830	861	767	100	116	116	111	111
沖縄	(59)	15	…	…	…	nc	nc	nc	nc	nc
関東農政局	(60)	x	…	…	…	nc	nc	nc	nc	nc
東海農政局	(61)	66	…	…	…	nc	nc	nc	nc	nc
中国四国農政局	(62)	348	…	…	…	nc	nc	nc	nc	nc

ウ 夏秋なす

作付面積	10a当たり収量	収穫量	出荷量	対前年産比 作付面積	対前年産比 10a当たり収量	対前年産比 収穫量	対前年産比 出荷量	(参考)対平均収量比	
ha	kg	t	t	%	%	%	%	%	
7,580	2,400	182,000	126,500	96	103	99	101	102	(1)
15	…	…	…	nc	nc	nc	nc	nc	(2)
7,560	…	…	…	nc	nc	nc	nc	nc	(3)
1,480	…	…	…	nc	nc	nc	nc	nc	(4)
895	…	…	…	nc	nc	nc	nc	nc	(5)
2,290	…	…	…	nc	nc	nc	nc	nc	(6)
581	…	…	…	nc	nc	nc	nc	nc	(7)
666	…	…	…	nc	nc	nc	nc	nc	(8)
599	…	…	…	nc	nc	nc	nc	nc	(9)
311	…	…	…	nc	nc	nc	nc	nc	(10)
726	…	…	…	nc	nc	nc	nc	nc	(11)
8	…	…	…	nc	nc	nc	nc	nc	(12)
15	…	…	…	nc	nc	nc	nc	nc	(13)
95	…	…	…	nc	nc	nc	nc	nc	(14)
120	2,440	2,930	1,760	99	98	97	97	99	(15)
207	1,220	2,530	1,100	98	105	103	102	110	(16)
390	1,560	6,080	2,150	99	110	108	110	130	(17)
404	1,400	5,660	2,530	96	108	104	104	104	(18)
265	1,640	4,350	2,420	98	95	94	92	93	(19)
428	3,630	15,500	13,600	101	95	96	96	93	(20)
332	3,450	11,500	9,790	95	95	90	90	102	(21)
413	4,750	19,600	16,600	94	109	103	102	122	(22)
262	3,130	8,200	5,860	100	107	106	107	103	(23)
268	1,670	4,480	2,860	95	75	72	72	71	(24)
72	…	…	…	nc	nc	nc	nc	nc	(25)
150	2,260	3,390	3,090	88	98	86	86	97	(26)
533	1,110	5,920	2,490	94	94	88	108	87	(27)
177	1,280	2,270	434	91	108	98	112	111	(28)
85	…	…	…	nc	nc	nc	nc	nc	(29)
100	1,400	1,400	510	100	83	83	82	119	(30)
x	x	x	x	x	x	x	x	x	(31)
235	1,700	4,000	791	88	99	87	97	93	(32)
157	1,730	2,720	1,380	99	105	104	105	91	(33)
96	…	…	…	nc	nc	nc	nc	nc	(34)
187	2,910	5,440	4,190	101	111	111	112	103	(35)
141	1,320	1,860	1,090	100	94	94	95	75	(36)
142	1,560	2,220	543	93	105	97	102	112	(37)
178	4,630	8,240	7,090	99	111	110	110	87	(38)
47	5,180	2,430	2,360	100	122	122	122	98	(39)
183	1,790	3,280	1,020	100	103	103	104	101	(40)
73	5,180	3,780	3,220	99	106	104	107	88	(41)
43	…	…	…	nc	nc	nc	nc	nc	(42)
81	…	…	…	nc	nc	nc	nc	nc	(43)
130	1,290	1,680	630	95	99	94	88	98	(44)
105	2,650	2,780	2,110	97	116	113	115	104	(45)
149	2,230	3,330	2,330	100	110	110	129	113	(46)
134	1,730	2,320	1,590	98	117	114	115	111	(47)
75	6,950	5,210	4,570	99	103	102	102	96	(48)
64	2,270	1,450	965	103	109	112	112	96	(49)
140	2,180	3,050	2,140	97	115	111	116	103	(50)
32	…	…	…	nc	nc	nc	nc	nc	(51)
131	2,860	3,750	2,930	98	100	98	97	92	(52)
46	3,240	1,490	964	92	120	110	110	119	(53)
75	…	…	…	nc	nc	nc	nc	nc	(54)
248	3,480	8,630	7,660	99	110	109	109	109	(55)
118	1,540	1,820	1,240	x	x	x	x	87	(56)
31	2,720	843	700	97	107	103	102	100	(57)
77	…	…	…	nc	nc	nc	nc	nc	(58)
8	…	…	…	nc	nc	nc	nc	nc	(59)
2,390	…	…	…	nc	nc	nc	nc	nc	(60)
485	2,060	10,000	6,660	100	106	106	107	92	(61)
910	…	…	…	nc	nc	nc	nc	nc	(62)

3　令和元年産都道府県別の作付面積、10ａ当たり収量、収穫量及び出荷量（続き）

(30)　トマト

ア　計

全国農業地域・都道府県		作付面積	10ａ当たり収量	収穫量	出荷量	対前年産比				(参考)対平均収量比
						作付面積	10ａ当たり収量	収穫量	出荷量	
		ha	kg	t	t	%	%	%	%	%
全国	(1)	**11,600**	**6,210**	**720,600**	**653,800**	**98**	**101**	**100**	**99**	**102**
(全国農業地域)										
北海道	(2)	814	7,490	61,000	56,200	101	110	111	111	105
都府県	(3)	10,800	…	…	…	nc	nc	nc	nc	nc
東北	(4)	1,610	4,960	79,800	67,900	100	104	104	105	106
北陸	(5)	658	2,520	16,600	12,200	95	93	89	88	89
関東・東山	(6)	3,240	…	…	…	nc	nc	nc	nc	nc
東海	(7)	1,210	7,610	92,100	84,800	99	100	99	99	100
近畿	(8)	742	…	…	…	nc	nc	nc	nc	nc
中国	(9)	628	4,160	26,100	21,800	99	108	107	108	107
四国	(10)	379	5,880	22,300	19,400	98	100	98	98	107
九州	(11)	2,250	9,080	204,200	193,500	100	99	99	98	103
沖縄	(12)	57	5,750	3,280	2,900	98	98	96	97	93
(都道府県)										
北海道	(13)	814	7,490	61,000	56,200	101	110	111	111	105
青森	(14)	365	4,960	18,100	16,400	99	109	108	112	108
岩手	(15)	209	4,600	9,610	8,040	99	102	101	102	101
宮城	(16)	221	4,380	9,680	8,120	102	106	108	109	115
秋田	(17)	241	3,610	8,700	6,270	101	108	109	110	115
山形	(18)	213	5,310	11,300	9,210	98	113	111	110	119
福島	(19)	357	6,270	22,400	19,900	99	98	97	98	96
茨城	(20)	882	4,920	43,400	41,100	96	97	94	94	94
栃木	(21)	331	10,500	34,800	32,800	95	102	97	97	109
群馬	(22)	305	7,900	24,100	22,300	103	106	109	109	105
埼玉	(23)	196	7,810	15,300	13,600	101	99	99	100	99
千葉	(24)	759	4,200	31,900	28,700	97	88	86	85	80
東京	(25)	82	…	…	…	nc	nc	nc	nc	nc
神奈川	(26)	248	4,880	12,100	11,700	96	104	100	100	100
新潟	(27)	397	2,340	9,290	6,570	95	90	85	85	83
富山	(28)	69	2,230	1,540	948	99	100	98	102	100
石川	(29)	113	3,050	3,450	2,700	92	99	91	90	85
福井	(30)	79	2,890	2,280	1,950	100	95	95	90	126
山梨	(31)	113	5,270	5,950	5,470	99	97	96	97	121
長野	(32)	327	4,950	16,200	13,600	90	115	104	109	96
岐阜	(33)	309	7,830	24,200	22,100	98	108	107	106	98
静岡	(34)	247	5,750	14,200	13,200	100	100	100	101	100
愛知	(35)	490	8,960	43,900	41,000	97	97	94	93	101
三重	(36)	161	6,070	9,780	8,500	104	105	109	110	102
滋賀	(37)	115	3,050	3,510	2,550	92	105	97	98	116
京都	(38)	143	3,510	5,020	3,930	97	115	111	111	100
大阪	(39)	52	…	…	…	nc	nc	nc	nc	nc
兵庫	(40)	268	3,490	9,350	7,140	99	104	103	103	124
奈良	(41)	72	5,130	3,690	3,250	99	101	100	99	93
和歌山	(42)	92	4,490	4,130	3,750	88	72	64	63	76
鳥取	(43)	104	3,450	3,590	2,450	98	124	121	120	112
島根	(44)	106	3,120	3,310	2,790	105	102	107	108	102
岡山	(45)	104	4,530	4,710	3,920	90	112	101	101	102
広島	(46)	185	5,340	9,880	8,870	100	111	111	113	108
山口	(47)	129	3,600	4,640	3,730	100	97	97	99	115
徳島	(48)	83	5,820	4,830	4,130	100	103	103	102	98
香川	(49)	73	4,730	3,450	2,810	106	92	97	96	101
愛媛	(50)	149	4,700	7,010	5,840	96	101	97	97	100
高知	(51)	74	9,460	7,000	6,610	94	103	97	97	126
福岡	(52)	213	8,970	19,100	17,500	97	105	102	102	103
佐賀	(53)	67	5,090	3,410	2,930	100	90	90	90	89
長崎	(54)	188	6,700	12,600	11,800	105	98	102	103	96
熊本	(55)	1,250	10,700	133,400	128,800	100	97	97	97	104
大分	(56)	191	5,810	11,100	10,100	106	102	109	108	111
宮崎	(57)	223	8,650	19,300	17,900	99	100	99	98	101
鹿児島	(58)	120	4,420	5,300	4,440	98	102	101	101	103
沖縄	(59)	57	5,750	3,280	2,900	98	98	96	97	93
関東農政局	(60)	3,490	…	…	…	nc	nc	nc	nc	nc
東海農政局	(61)	960	8,110	77,900	71,600	98	101	99	99	100
中国四国農政局	(62)	1,010	4,790	48,400	41,200	99	104	103	103	107

イ 計のうち加工用トマト

作付面積	10a当たり収量	収穫量	出荷量	対前年産比				(参考)対平均収量比	
				作付面積	10a当たり収量	収穫量	出荷量		
ha	kg	t	t	%	%	%	%	%	
382	**6,600**	**25,200**	**25,100**	**96**	**103**	**98**	**98**	**94**	(1)
17	4,590	780	754	131	117	154	152	102	(2)
365	…	…	…	nc	nc	nc	nc	nc	(3)
46	6,070	2,790	2,740	110	111	122	122	106	(4)
11	5,190	571	571	79	149	117	117	nc	(5)
299	…	…	…	nc	nc	nc	nc	nc	(6)
5	5,580	279	274	100	88	88	88	117	(7)
2	…	…	…	nc	nc	nc	nc	nc	(8)
x	x	x	x	x	x	x	x	x	(9)
x	…	…	…	nc	nc	nc	nc	nc	(10)
−	…	…	…	nc	nc	nc	nc	nc	(11)
−	…	…	…	nc	nc	nc	nc	nc	(12)
17	4,590	780	754	131	117	154	152	102	(13)
1	4,780	43	43	50	222	100	100	201	(14)
10	7,630	763	763	83	105	87	87	101	(15)
11	2,590	280	274	100	96	93	93	91	(16)
4	5,000	175	175	nc	80	700	700	101	(17)
7	7,140	500	500	117	109	128	128	114	(18)
13	7,920	1,030	983	118	134	158	159	116	(19)
163	7,510	12,200	12,200	95	98	93	93	91	(20)
17	6,160	1,050	1,050	100	73	73	73	69	(21)
7	5,850	380	380	100	81	73	73	69	(22)
−	…	…	…	nc	nc	nc	nc	nc	(23)
−	−	−	−	nc	nc	nc	nc	−	(24)
−	…	…	…	nc	nc	nc	nc	nc	(25)
−	−	−	−	nc	nc	nc	nc	nc	(26)
10	5,410	541	541	83	139	116	116	102	(27)
−	−	−	−	nc	nc	nc	nc	nc	(28)
1	2,500	30	30	50	163	130	130	nc	(29)
−	−	−	−	nc	nc	nc	nc	nc	(30)
2	1,670	25	25	100	68	68	68	47	(31)
110	6,450	7,100	7,100	88	116	102	102	90	(32)
−	−	−	−	nc	nc	nc	nc	nc	(33)
−	−	−	−	nc	nc	nc	nc	nc	(34)
4	6,170	259	254	80	105	83	83	118	(35)
1	4,000	20	20	nc	199	333	333	136	(36)
−	−	−	−	nc	nc	nc	nc	nc	(37)
x	x	x	x	x	x	x	x	x	(38)
−	…	…	…	nc	nc	nc	nc	nc	(39)
x	x	x	x	x	x	x	x	x	(40)
−	−	−	−	nc	nc	nc	nc	−	(41)
x	…	…	…	nc	nc	nc	nc	nc	(42)
−	−	−	−	nc	nc	nc	nc	nc	(43)
2	2,000	34	34	100	121	121	121	101	(44)
−	−	−	−	nc	nc	nc	nc	nc	(45)
x	x	x	x	x	x	x	x	nc	(46)
−	−	−	−	nc	nc	nc	nc	nc	(47)
−	−	−	−	nc	nc	nc	nc	nc	(48)
−	−	−	−	nc	nc	nc	nc	nc	(49)
x	x	x	x	x	x	x	x	x	(50)
−	…	…	…	nc	nc	nc	nc	nc	(51)
−	−	−	−	nc	nc	nc	nc	nc	(52)
−	…	…	…	nc	nc	nc	nc	nc	(53)
−	−	−	−	nc	nc	nc	nc	nc	(54)
−	−	−	−	nc	nc	nc	nc	nc	(55)
−	−	−	−	nc	nc	nc	nc	nc	(56)
−	−	−	−	nc	nc	nc	nc	nc	(57)
−	…	…	…	nc	nc	nc	nc	nc	(58)
−	…	…	…	nc	nc	nc	nc	nc	(59)
299	…	…	…	nc	nc	nc	nc	nc	(60)
5	5,580	279	274	100	88	88	88	117	(61)
2	…	…	…	nc	nc	nc	nc	nc	(62)

3　令和元年産都道府県別の作付面積、10ａ当たり収量、収穫量及び出荷量　（続き）

(30)　トマト（続き）

ウ　計のうちミニトマト

全国農業地域・都道府県	作付面積	10ａ当たり収量	収穫量	出荷量	対前年産比 作付面積	対前年産比 10ａ当たり収量	対前年産比 収穫量	対前年産比 出荷量	（参考）対平均収量比
	ha	kg	t	t	%	%	%	%	%
全国 (1)	**2,600**	**5,840**	**151,800**	**140,500**	**103**	**102**	**105**	**105**	**102**
（全国農業地域）									
北海道 (2)	305	5,440	16,600	15,100	106	107	113	114	104
都府県 (3)	2,300	…	…	…	nc	nc	nc	nc	nc
東北 (4)	375	4,720	17,700	15,600	102	100	102	101	102
北陸 (5)	97	2,530	2,450	2,090	102	102	104	110	102
関東・東山 (6)	481	…	…	…	nc	nc	nc	nc	nc
東海 (7)	270	7,740	20,900	19,800	100	102	102	102	100
近畿 (8)	104	…	…	…	nc	nc	nc	nc	nc
中国 (9)	113	5,700	6,440	5,740	101	106	107	105	98
四国 (10)	96	4,760	4,570	3,970	102	99	101	100	98
九州 (11)	746	7,680	57,300	54,600	108	104	113	112	106
沖縄 (12)	14	4,030	564	510	100	99	99	99	109
（都道府県）									
北海道 (13)	305	5,440	16,600	15,100	106	107	113	114	104
青森 (14)	62	5,270	3,270	3,020	113	111	126	128	115
岩手 (15)	61	3,480	2,120	1,780	97	102	99	99	101
宮城 (16)	43	3,420	1,470	1,260	119	105	126	126	107
秋田 (17)	27	3,310	893	658	100	102	102	102	100
山形 (18)	89	4,420	3,930	3,390	99	113	112	110	119
福島 (19)	93	6,420	5,970	5,500	96	88	84	84	86
茨城 (20)	202	3,290	6,650	6,100	98	89	87	87	89
栃木 (21)	13	5,750	747	691	93	98	91	92	108
群馬 (22)	29	6,000	1,740	1,530	97	99	96	96	90
埼玉 (23)	39	6,770	2,640	2,370	103	98	101	101	98
千葉 (24)	114	4,240	4,830	4,580	105	83	87	87	82
東京 (25)	4	…	…	…	nc	nc	nc	nc	nc
神奈川 (26)	3	2,830	85	83	100	110	110	111	121
新潟 (27)	54	2,440	1,320	1,120	98	101	99	107	99
富山 (28)	11	2,830	311	257	100	92	92	97	97
石川 (29)	15	2,170	326	271	115	118	136	144	89
福井 (30)	17	2,920	496	439	106	107	113	111	128
山梨 (31)	13	4,470	581	561	87	94	81	81	101
長野 (32)	64	5,780	3,700	3,200	97	108	105	104	107
岐阜 (33)	23	4,170	959	830	100	103	103	103	100
静岡 (34)	97	5,200	5,040	4,780	101	100	101	101	77
愛知 (35)	133	10,400	13,800	13,100	93	107	99	99	111
三重 (36)	17	6,710	1,140	1,090	189	85	160	161	133
滋賀 (37)	20	3,330	665	581	111	105	116	116	105
京都 (38)	8	2,540	203	163	100	110	110	111	102
大阪 (39)	5	…	…	…	nc	nc	nc	nc	nc
兵庫 (40)	16	4,590	734	660	100	103	103	101	151
奈良 (41)	7	2,340	164	149	88	109	96	96	107
和歌山 (42)	48	4,790	2,300	2,160	94	78	73	74	81
鳥取 (43)	28	3,470	972	816	90	108	97	97	98
島根 (44)	20	3,070	613	577	111	107	118	120	101
岡山 (45)	22	4,050	891	765	110	119	131	127	112
広島 (46)	31	11,700	3,640	3,350	100	104	105	103	95
山口 (47)	12	2,730	328	235	100	95	95	89	97
徳島 (48)	27	4,960	1,340	1,160	100	101	102	102	97
香川 (49)	39	4,770	1,860	1,590	105	92	97	96	100
愛媛 (50)	22	3,540	779	668	100	105	105	105	93
高知 (51)	8	7,340	587	555	100	104	104	105	101
福岡 (52)	20	2,660	532	448	95	103	98	98	97
佐賀 (53)	16	5,510	881	803	107	87	92	92	89
長崎 (54)	69	6,770	4,670	4,320	117	99	115	114	100
熊本 (55)	451	8,310	37,500	36,500	108	105	114	113	107
大分 (56)	41	4,490	1,840	1,670	117	100	117	117	105
宮崎 (57)	117	8,720	10,200	9,370	101	110	111	109	110
鹿児島 (58)	32	5,220	1,670	1,470	110	99	109	106	100
沖縄 (59)	14	4,030	564	510	100	99	99	99	109
関東農政局 (60)	578	…	…	…	nc	nc	nc	nc	nc
東海農政局 (61)	173	9,190	15,900	15,000	99	104	103	102	111
中国四国農政局 (62)	209	5,260	11,000	9,720	101	102	104	103	98

エ　冬春トマト

作付面積	10a当たり収量	収穫量	出荷量	対前年産比				(参考)対平均収量比	
				作付面積	10a当たり収量	収穫量	出荷量		
ha	kg	t	t	%	%	%	%	%	
3,920	**10,200**	**400,400**	**379,600**	**99**	**99**	**98**	**98**	**103**	(1)
101	10,300	10,400	9,750	105	113	119	120	117	(2)
3,820	…	…	…	nc	nc	nc	nc	nc	(3)
124	…	…	…	nc	nc	nc	nc	nc	(4)
104	…	…	…	nc	nc	nc	nc	nc	(5)
1,060	…	…	…	nc	nc	nc	nc	nc	(6)
663	9,980	66,200	62,900	98	98	96	96	101	(7)
180	…	…	…	nc	nc	nc	nc	nc	(8)
94	…	…	…	nc	nc	nc	nc	nc	(9)
160	9,380	15,000	13,800	99	98	97	97	107	(10)
1,390	…	…	…	nc	nc	nc	nc	nc	(11)
55	5,890	3,240	2,870	98	98	96	97	93	(12)
101	10,300	10,400	9,750	105	113	119	120	117	(13)
12	6,210	745	686	100	93	93	94	92	(14)
4	…	…	…	nc	nc	nc	nc	nc	(15)
43	…	…	…	nc	nc	nc	nc	nc	(16)
1	…	…	…	nc	nc	nc	nc	nc	(17)
25	…	…	…	nc	nc	nc	nc	nc	(18)
39	14,200	5,540	5,260	93	95	88	88	106	(19)
140	7,960	11,100	10,400	99	100	98	98	91	(20)
204	14,000	28,600	27,100	96	101	98	98	109	(21)
133	10,200	13,600	12,800	106	105	112	112	109	(22)
123	10,900	13,400	12,600	100	100	100	100	101	(23)
279	6,280	17,500	16,200	97	95	92	92	84	(24)
20	…	…	…	nc	nc	nc	nc	nc	(25)
96	8,050	7,730	7,530	95	102	97	97	97	(26)
59	4,580	2,700	2,480	97	89	86	88	87	(27)
9	…	…	…	nc	nc	nc	nc	nc	(28)
20	5,610	1,120	1,020	83	103	85	86	79	(29)
16	…	…	…	nc	nc	nc	nc	nc	(30)
32	8,750	2,800	2,680	97	93	91	91	135	(31)
30	…	…	…	nc	nc	nc	nc	nc	(32)
44	15,900	7,000	6,580	96	98	94	94	98	(33)
165	7,130	11,800	11,400	101	99	101	102	99	(34)
391	10,200	39,900	37,900	96	96	93	92	101	(35)
63	11,900	7,500	7,010	102	108	110	110	111	(36)
20	5,750	1,150	1,060	91	101	91	91	103	(37)
26	…	…	…	nc	nc	nc	nc	nc	(38)
13	…	…	…	nc	nc	nc	nc	nc	(39)
51	9,310	4,750	4,570	98	105	103	103	149	(40)
26	8,550	2,220	2,130	96	100	96	96	102	(41)
44	5,840	2,570	2,450	86	65	56	56	68	(42)
10	…	…	…	nc	nc	nc	nc	nc	(43)
21	5,920	1,240	1,200	117	95	111	111	90	(44)
8	…	…	…	nc	nc	nc	nc	nc	(45)
29	14,300	4,150	3,940	100	101	101	100	115	(46)
26	…	…	…	nc	nc	nc	nc	nc	(47)
36	8,270	2,980	2,780	100	97	97	98	100	(48)
32	6,880	2,200	1,890	107	89	94	93	98	(49)
34	9,220	3,130	2,760	92	101	93	93	101	(50)
58	11,500	6,670	6,360	100	100	100	100	118	(51)
124	13,900	17,200	16,200	98	105	102	102	103	(52)
31	9,190	2,850	2,650	94	94	89	89	93	(53)
127	9,060	11,500	10,900	104	99	104	103	98	(54)
838	13,200	110,600	107,100	100	97	97	97	105	(55)
32	…	…	…	nc	nc	nc	nc	nc	(56)
173	9,740	16,900	15,800	98	99	98	98	100	(57)
60	7,070	4,240	3,810	98	104	102	102	103	(58)
55	5,890	3,240	2,870	98	98	96	97	93	(59)
1,220	…	…	…	nc	nc	nc	nc	nc	(60)
498	10,900	54,400	51,500	97	98	95	95	102	(61)
254	…	…	…	nc	nc	nc	nc	nc	(62)

3　令和元年産都道府県別の作付面積、10ａ当たり収量、収穫量及び出荷量　（続き）

(30)　トマト（続き）
オ　冬春トマトのうちミニトマト

全国農業地域・都道府県		作付面積	10ａ当たり収量	収穫量	出荷量	対前年産比 作付面積	対前年産比 10ａ当たり収量	対前年産比 収穫量	対前年産比 出荷量	(参考) 対平均収量比
		ha	kg	t	t	%	%	%	%	%
全国	(1)	1,110	8,640	95,900	91,200	105	101	105	105	101
(全国農業地域)										
北海道	(2)	27	6,180	1,670	1,590	135	87	117	119	104
都府県	(3)	1,080	…	…	…	nc	nc	nc	nc	nc
東北	(4)	44	…	…	…	nc	nc	nc	nc	nc
北陸	(5)	23	…	…	…	nc	nc	nc	nc	nc
関東・東山	(6)	152	…	…	…	nc	nc	nc	nc	nc
東海	(7)	199	9,400	18,700	17,800	97	105	102	101	103
近畿	(8)	54	…	…	…	nc	nc	nc	nc	nc
中国	(9)	25	…	…	…	nc	nc	nc	nc	nc
四国	(10)	44	6,950	3,060	2,790	102	98	100	99	101
九州	(11)	528	…	…	…	nc	nc	nc	nc	nc
沖縄	(12)	13	4,230	550	499	100	98	98	99	105
(都道府県)										
北海道	(13)	27	6,180	1,670	1,590	135	87	117	119	104
青森	(14)	4	4,910	196	180	100	103	102	103	103
岩手	(15)	2	…	…	…	nc	nc	nc	nc	nc
宮城	(16)	14	…	…	…	nc	nc	nc	nc	nc
秋田	(17)	0	…	…	…	nc	nc	nc	nc	nc
山形	(18)	6	…	…	…	nc	nc	nc	nc	nc
福島	(19)	18	16,900	3,040	2,880	90	89	80	80	94
茨城	(20)	32	4,610	1,480	1,380	110	77	85	85	75
栃木	(21)	7	7,360	515	488	100	97	97	98	106
群馬	(22)	19	6,900	1,310	1,200	100	97	97	97	90
埼玉	(23)	21	10,000	2,100	1,960	100	100	100	100	101
千葉	(24)	51	7,230	3,690	3,530	100	95	95	95	96
東京	(25)	2	…	…	…	nc	nc	nc	nc	nc
神奈川	(26)	2	3,050	49	48	100	105	107	107	116
新潟	(27)	12	2,940	353	329	92	104	96	102	104
富山	(28)	4	…	…	…	nc	nc	nc	nc	nc
石川	(29)	2	1,550	31	29	100	110	100	104	51
福井	(30)	5	…	…	…	nc	nc	nc	nc	nc
山梨	(31)	6	4,820	289	277	86	88	75	75	87
長野	(32)	12	…	…	…	nc	nc	nc	nc	nc
岐阜	(33)	4	7,470	284	267	100	95	101	100	111
静岡	(34)	64	6,380	4,080	3,910	102	99	101	101	78
愛知	(35)	123	10,800	13,300	12,700	92	107	99	99	111
三重	(36)	8	12,800	986	960	160	107	152	150	158
滋賀	(37)	8	5,150	412	387	114	102	116	116	96
京都	(38)	2	…	…	…	nc	nc	nc	nc	nc
大阪	(39)	2	…	…	…	nc	nc	nc	nc	nc
兵庫	(40)	6	8,150	489	466	100	105	105	103	166
奈良	(41)	2	2,840	57	51	67	100	80	80	104
和歌山	(42)	34	5,580	1,900	1,810	94	75	71	72	78
鳥取	(43)	4	…	…	…	nc	nc	nc	nc	nc
島根	(44)	4	4,080	151	149	133	132	162	164	117
岡山	(45)	4	…	…	…	nc	nc	nc	nc	nc
広島	(46)	9	25,600	2,300	2,140	100	101	100	100	94
山口	(47)	4	…	…	…	nc	nc	nc	nc	nc
徳島	(48)	10	7,760	776	726	100	102	102	102	111
香川	(49)	20	6,610	1,320	1,170	105	90	95	94	100
愛媛	(50)	7	6,070	413	372	100	101	102	102	94
高知	(51)	7	7,800	546	520	100	100	107	108	97
福岡	(52)	8	3,620	290	253	100	103	102	98	97
佐賀	(53)	12	6,810	817	760	100	91	91	91	92
長崎	(54)	48	8,900	4,270	4,000	114	102	116	115	109
熊本	(55)	330	9,900	32,700	31,800	111	104	116	116	106
大分	(56)	11	…	…	…	nc	nc	nc	nc	nc
宮崎	(57)	99	9,720	9,620	8,910	101	109	110	109	110
鹿児島	(58)	20	7,320	1,460	1,330	105	102	107	106	99
沖縄	(59)	13	4,230	550	499	100	98	98	99	105
関東農政局	(60)	216	…	…	…	nc	nc	nc	nc	nc
東海農政局	(61)	135	10,800	14,600	13,900	95	107	102	101	113
中国四国農政局	(62)	69	…	…	…	nc	nc	nc	nc	nc

カ 夏秋トマト

作付面積	10a当たり収量	収穫量	出荷量	対前年産比				(参考)対平均収量比	
				作付面積	10a当たり収量	収穫量	出荷量		
ha	kg	t	t	%	%	%	%	%	
7,660	**4,180**	**320,200**	**274,200**	**98**	**104**	**102**	**102**	**99**	(1)
713	7,090	50,600	46,400	101	109	110	109	102	(2)
6,950	…	…	…	nc	nc	nc	nc	nc	(3)
1,480	4,450	65,900	55,000	99	107	106	107	105	(4)
554	2,080	11,500	7,440	96	94	89	89	91	(5)
2,190	…	…	…	nc	nc	nc	nc	nc	(6)
544	4,760	25,900	21,900	99	110	109	110	96	(7)
562	…	…	…	nc	nc	nc	nc	nc	(8)
534	3,370	18,000	14,300	99	112	110	113	107	(9)
219	…	…	…	nc	nc	nc	nc	nc	(10)
868	…	…	…	nc	nc	nc	nc	nc	(11)
2	…	…	…	nc	nc	nc	nc	nc	(12)
713	7,090	50,600	46,400	101	109	110	109	102	(13)
353	4,920	17,400	15,700	99	110	109	112	108	(14)
205	4,540	9,310	7,760	99	102	101	101	101	(15)
178	2,500	4,450	3,330	100	106	106	107	109	(16)
240	3,610	8,660	6,230	101	108	109	109	115	(17)
188	4,900	9,210	7,330	98	115	113	113	120	(18)
318	5,310	16,900	14,600	100	101	101	101	92	(19)
742	4,350	32,300	30,700	96	96	92	92	95	(20)
127	4,850	6,160	5,740	93	99	92	96	99	(21)
172	6,110	10,500	9,540	100	105	105	105	101	(22)
73	…	…	…	nc	nc	nc	nc	nc	(23)
480	2,990	14,400	12,500	98	81	80	79	78	(24)
62	…	…	…	nc	nc	nc	nc	nc	(25)
152	2,870	4,360	4,120	96	109	105	105	103	(26)
338	1,950	6,590	4,090	95	90	85	84	81	(27)
60	1,830	1,100	519	98	98	96	93	96	(28)
93	2,510	2,330	1,680	94	100	94	93	100	(29)
63	2,270	1,430	1,150	100	97	97	97	137	(30)
81	3,890	3,150	2,790	100	102	102	104	114	(31)
297	4,510	13,400	10,900	88	111	99	103	93	(32)
265	6,500	17,200	15,500	99	114	113	112	99	(33)
82	2,920	2,390	1,810	96	101	98	98	84	(34)
99	4,030	3,990	3,090	98	103	101	102	96	(35)
98	2,330	2,280	1,490	105	102	108	110	88	(36)
95	2,480	2,360	1,490	92	108	100	103	119	(37)
117	2,650	3,110	2,150	98	116	114	114	100	(38)
39	…	…	…	nc	nc	nc	nc	nc	(39)
217	2,120	4,600	2,570	100	103	103	101	104	(40)
46	3,200	1,470	1,120	100	107	107	107	88	(41)
48	…	…	…	nc	nc	nc	nc	nc	(42)
94	3,260	3,060	1,980	98	126	123	123	114	(43)
85	2,430	2,070	1,590	102	103	106	105	104	(44)
96	4,190	4,020	3,340	94	115	109	110	104	(45)
156	3,670	5,730	4,930	100	119	119	125	103	(46)
103	3,020	3,110	2,410	99	93	93	96	114	(47)
47	3,930	1,850	1,350	100	113	113	110	94	(48)
41	3,060	1,250	923	105	97	102	102	102	(49)
115	3,370	3,880	3,080	97	103	100	100	100	(50)
16	…	…	…	nc	nc	nc	nc	nc	(51)
89	2,090	1,860	1,270	97	101	98	96	95	(52)
36	…	…	…	nc	nc	nc	nc	nc	(53)
61	1,800	1,100	853	107	87	93	92	74	(54)
413	5,520	22,800	21,700	100	99	99	99	96	(55)
159	5,330	8,470	7,660	103	102	105	105	111	(56)
50	4,710	2,360	2,140	100	102	102	101	104	(57)
60	…	…	…	nc	nc	nc	nc	nc	(58)
2	…	…	…	nc	nc	nc	nc	nc	(59)
2,270	…	…	…	nc	nc	nc	nc	nc	(60)
462	5,090	23,500	20,100	100	110	110	110	97	(61)
753	…	…	…	nc	nc	nc	nc	nc	(62)

3　令和元年産都道府県別の作付面積、10a当たり収量、収穫量及び出荷量（続き）

(30)　トマト（続き）

キ　夏秋トマトのうち加工用トマト

全国農業地域・都道府県		作付面積	10a当たり収量	収穫量	出荷量	対前年産比 作付面積	対前年産比 10a当たり収量	対前年産比 収穫量	対前年産比 出荷量	（参考）対平均収量比
		ha	kg	t	t	%	%	%	%	%
全国	(1)	**382**	**6,600**	**25,200**	**25,100**	**96**	**103**	**98**	**98**	**94**
（全国農業地域）										
北海道	(2)	17	4,590	780	754	131	117	154	152	102
都府県	(3)	365	…	…	…	nc	nc	nc	nc	nc
東北	(4)	46	6,070	2,790	2,740	110	111	122	122	106
北陸	(5)	11	5,190	571	571	79	149	117	117	nc
関東・東山	(6)	299	…	…	…	nc	nc	nc	nc	nc
東海	(7)	5	5,580	279	274	100	88	88	88	117
近畿	(8)	2	…	…	…	nc	nc	nc	nc	nc
中国	(9)	x	x	x	x	x	x	x	x	x
四国	(10)	x	…	…	…	nc	nc	nc	nc	nc
九州	(11)	-	…	…	…	nc	nc	nc	nc	nc
沖縄	(12)	-	…	…	…	nc	nc	nc	nc	nc
（都道府県）										
北海道	(13)	17	4,590	780	754	131	117	154	152	102
青森	(14)	1	4,780	43	43	50	222	100	100	201
岩手	(15)	10	7,630	763	763	83	105	87	87	101
宮城	(16)	11	2,590	280	274	100	96	93	93	91
秋田	(17)	4	5,000	175	175	nc	80	700	700	101
山形	(18)	7	7,140	500	500	117	109	128	128	114
福島	(19)	13	7,920	1,030	983	118	134	158	159	116
茨城	(20)	163	7,510	12,200	12,200	95	98	93	93	91
栃木	(21)	17	6,160	1,050	1,050	100	73	73	73	69
群馬	(22)	7	5,850	380	380	100	81	73	73	69
埼玉	(23)	-	…	…	…	nc	nc	nc	nc	nc
千葉	(24)	-	-	-	-	nc	nc	nc	nc	-
東京	(25)	-	…	…	…	nc	nc	nc	nc	nc
神奈川	(26)	-	-	-	-	nc	nc	nc	nc	nc
新潟	(27)	10	5,410	541	541	83	139	116	116	102
富山	(28)	-	-	-	-	nc	nc	nc	nc	nc
石川	(29)	1	2,500	30	30	50	163	130	130	nc
福井	(30)	-	-	-	-	nc	nc	nc	nc	nc
山梨	(31)	2	1,670	25	25	100	68	68	68	47
長野	(32)	110	6,450	7,100	7,100	88	116	102	102	90
岐阜	(33)	-	-	-	-	nc	nc	nc	nc	nc
静岡	(34)	-	-	-	-	nc	nc	nc	nc	nc
愛知	(35)	4	6,170	259	254	80	105	83	83	118
三重	(36)	1	4,000	20	20	nc	199	333	333	136
滋賀	(37)	-	-	-	-	nc	nc	nc	nc	nc
京都	(38)	x	x	x	x	x	x	x	x	x
大阪	(39)	-	…	…	…	nc	nc	nc	nc	nc
兵庫	(40)	x	x	x	x	x	x	x	x	x
奈良	(41)	-	-	-	-	nc	nc	nc	nc	-
和歌山	(42)	x	…	…	…	nc	nc	nc	nc	nc
鳥取	(43)	-	-	-	-	nc	nc	nc	nc	nc
島根	(44)	2	2,000	34	34	100	121	121	121	101
岡山	(45)	-	-	-	-	nc	nc	nc	nc	nc
広島	(46)	x	x	x	x	x	x	x	x	nc
山口	(47)	-	-	-	-	nc	nc	nc	nc	nc
徳島	(48)	-	-	-	-	nc	nc	nc	nc	nc
香川	(49)	-	-	-	-	nc	nc	nc	nc	nc
愛媛	(50)	x	x	x	x	x	x	x	x	x
高知	(51)	-	…	…	…	nc	nc	nc	nc	nc
福岡	(52)	-	-	-	-	nc	nc	nc	nc	nc
佐賀	(53)	-	…	…	…	nc	nc	nc	nc	nc
長崎	(54)	-	-	-	-	nc	nc	nc	nc	nc
熊本	(55)	-	-	-	-	nc	nc	nc	nc	nc
大分	(56)	-	-	-	-	nc	nc	nc	nc	nc
宮崎	(57)	-	-	-	-	nc	nc	nc	nc	nc
鹿児島	(58)	-	…	…	…	nc	nc	nc	nc	nc
沖縄	(59)	-	…	…	…	nc	nc	nc	nc	nc
関東農政局	(60)	299	…	…	…	nc	nc	nc	nc	nc
東海農政局	(61)	5	5,580	279	274	100	88	88	88	117
中国四国農政局	(62)	2	…	…	…	nc	nc	nc	nc	nc

ク 夏秋トマトのうちミニトマト

作付面積	10a当たり収量	収穫量	出荷量	対前年産比				(参考)対平均収量比	
				作付面積	10a当たり収量	収穫量	出荷量		
ha	kg	t	t	%	%	%	%	%	
1,490	3,750	55,900	49,300	102	102	104	104	99	(1)
278	5,350	14,900	13,500	104	108	112	113	104	(2)
1,210	…	…	…	nc	nc	nc	nc	nc	(3)
331	3,990	13,200	11,400	102	105	106	107	102	(4)
74	2,320	1,720	1,390	103	100	104	108	97	(5)
329	…	…	…	nc	nc	nc	nc	nc	(6)
71	3,150	2,240	1,970	108	98	106	106	83	(7)
50	…	…	…	nc	nc	nc	nc	nc	(8)
88	3,810	3,350	2,900	104	114	118	116	102	(9)
52	…	…	…	nc	nc	nc	nc	nc	(10)
218	…	…	…	nc	nc	nc	nc	nc	(11)
1	…	…	…	nc	nc	nc	nc	nc	(12)
278	5,350	14,900	13,500	104	108	112	113	104	(13)
58	5,300	3,070	2,840	114	112	127	130	117	(14)
59	3,400	2,010	1,680	97	101	98	98	100	(15)
29	2,680	777	650	107	102	109	109	101	(16)
27	3,280	886	652	100	102	102	102	99	(17)
83	4,200	3,490	2,990	100	116	116	116	124	(18)
75	3,900	2,930	2,620	97	91	89	89	78	(19)
170	3,040	5,170	4,720	96	92	87	88	85	(20)
6	3,870	232	203	86	94	80	81	95	(21)
10	4,250	425	333	91	96	91	91	90	(22)
18	…	…	…	nc	nc	nc	nc	nc	(23)
63	1,810	1,140	1,050	109	63	69	69	59	(24)
2	…	…	…	nc	nc	nc	nc	nc	(25)
1	2,600	36	35	100	118	116	117	121	(26)
42	2,310	970	794	100	101	101	108	97	(27)
7	2,010	145	92	100	77	76	72	72	(28)
13	2,270	295	242	118	120	142	151	95	(29)
12	2,560	307	265	100	102	102	100	120	(30)
7	4,170	292	284	88	101	89	89	118	(31)
52	4,460	2,320	1,860	95	104	99	98	103	(32)
19	3,550	675	563	100	104	104	104	97	(33)
33	2,900	957	866	100	100	100	99	73	(34)
10	4,550	455	410	100	100	100	100	94	(35)
9	1,710	156	129	225	103	236	339	72	(36)
12	2,110	253	194	109	107	117	117	113	(37)
6	2,380	143	113	86	127	109	110	109	(38)
3	…	…	…	nc	nc	nc	nc	nc	(39)
10	2,450	245	194	100	99	99	98	116	(40)
5	2,140	107	98	100	107	107	108	94	(41)
14	…	…	…	nc	nc	nc	nc	nc	(42)
24	3,070	737	616	92	106	98	98	97	(43)
16	2,890	462	428	107	102	109	110	98	(44)
18	3,620	652	561	129	160	206	216	134	(45)
22	6,110	1,340	1,210	100	113	113	107	97	(46)
8	1,930	154	80	100	94	93	94	93	(47)
17	3,340	568	438	100	102	102	101	86	(48)
19	2,830	538	415	106	98	104	102	101	(49)
15	2,440	366	296	100	107	107	109	96	(50)
1	…	…	…	nc	nc	nc	nc	nc	(51)
12	2,020	242	195	92	101	93	98	90	(52)
4	…	…	…	nc	nc	nc	nc	nc	(53)
21	1,880	395	316	124	86	106	100	67	(54)
121	3,970	4,800	4,650	101	99	100	100	102	(55)
30	4,250	1,280	1,170	111	102	114	114	110	(56)
18	2,990	538	462	100	106	106	106	98	(57)
12	…	…	…	nc	nc	nc	nc	nc	(58)
1	…	…	…	nc	nc	nc	nc	nc	(59)
362	…	…	…	nc	nc	nc	nc	nc	(60)
38	3,390	1,290	1,100	115	95	110	112	93	(61)
140	…	…	…	nc	nc	nc	nc	nc	(62)

3　令和元年産都道府県別の作付面積、10ａ当たり収量、収穫量及び出荷量 （続き）

(31)　ピーマン
ア　計

全国農業地域・都道府県		作付面積	10ａ当たり収量	収穫量	出荷量	対前年産比 作付面積	対前年産比 10ａ当たり収量	対前年産比 収穫量	対前年産比 出荷量	(参考) 対平均収量比
		ha	kg	t	t	%	%	%	%	%
全国	(1)	3,200	4,550	145,700	129,500	99	104	104	104	104
(全国農業地域)										
北海道	(2)	80	6,360	5,090	4,700	98	106	103	103	105
都府県	(3)	3,120	…	…	…	nc	nc	nc	nc	nc
東北	(4)	489	…	…	…	nc	nc	nc	nc	nc
北陸	(5)	103	…	…	…	nc	nc	nc	nc	nc
関東・東山	(6)	838	…	…	…	nc	nc	nc	nc	nc
東海	(7)	148	…	…	…	nc	nc	nc	nc	nc
近畿	(8)	274	…	…	…	nc	nc	nc	nc	nc
中国	(9)	272	1,490	4,050	2,550	99	112	111	122	108
四国	(10)	223	…	…	…	nc	nc	nc	nc	nc
九州	(11)	737	…	…	…	nc	nc	nc	nc	nc
沖縄	(12)	40	6,350	2,540	2,260	100	98	98	99	99
(都道府県)										
北海道	(13)	80	6,360	5,090	4,700	98	106	103	103	105
青森	(14)	95	3,980	3,780	3,310	107	114	122	127	118
岩手	(15)	189	4,190	7,910	6,820	103	102	105	105	103
宮城	(16)	43	…	…	…	nc	nc	nc	nc	nc
秋田	(17)	35	1,300	455	292	97	100	97	97	104
山形	(18)	45	2,500	1,130	685	102	120	123	123	121
福島	(19)	82	3,180	2,610	2,240	100	92	93	93	95
茨城	(20)	543	6,240	33,900	31,800	103	98	101	102	98
栃木	(21)	24	…	…	…	nc	nc	nc	nc	nc
群馬	(22)	19	…	…	…	nc	nc	nc	nc	nc
埼玉	(23)	20	…	…	…	nc	nc	nc	nc	nc
千葉	(24)	80	2,080	1,660	1,180	96	79	76	77	71
東京	(25)	16	…	…	…	nc	nc	nc	nc	nc
神奈川	(26)	31	…	…	…	nc	nc	nc	nc	nc
新潟	(27)	68	1,170	796	396	100	116	116	112	102
富山	(28)	7	…	…	…	nc	nc	nc	nc	nc
石川	(29)	9	…	…	…	nc	nc	nc	nc	nc
福井	(30)	19	…	…	…	nc	nc	nc	nc	nc
山梨	(31)	14	…	…	…	nc	nc	nc	nc	nc
長野	(32)	91	2,150	1,960	1,300	90	108	97	102	99
岐阜	(33)	39	1,410	550	358	98	110	107	108	101
静岡	(34)	19	…	…	…	nc	nc	nc	nc	nc
愛知	(35)	43	1,520	654	360	100	109	109	110	87
三重	(36)	47	1,030	484	199	100	101	101	101	86
滋賀	(37)	25	…	…	…	nc	nc	nc	nc	nc
京都	(38)	90	2,300	2,070	1,700	101	128	130	131	97
大阪	(39)	3	…	…	…	nc	nc	nc	nc	nc
兵庫	(40)	99	2,210	2,190	1,520	98	164	161	159	100
奈良	(41)	25	…	…	…	nc	nc	nc	nc	nc
和歌山	(42)	32	4,160	1,330	1,200	91	102	93	93	104
鳥取	(43)	48	1,390	667	350	96	93	89	90	91
島根	(44)	76	1,170	889	497	101	110	112	120	107
岡山	(45)	38	2,020	767	553	100	143	143	158	130
広島	(46)	74	1,710	1,270	826	100	107	108	127	105
山口	(47)	36	1,270	456	324	97	125	121	113	117
徳島	(48)	29	2,000	579	423	100	110	110	109	96
香川	(49)	7	…	…	…	nc	nc	nc	nc	nc
愛媛	(50)	62	2,520	1,560	1,190	95	109	104	106	109
高知	(51)	125	11,000	13,800	13,200	97	105	102	102	113
福岡	(52)	32	…	…	…	nc	nc	nc	nc	nc
佐賀	(53)	21	…	…	…	nc	nc	nc	nc	nc
長崎	(54)	28	…	…	…	nc	nc	nc	nc	nc
熊本	(55)	91	3,900	3,550	3,270	99	108	107	107	107
大分	(56)	114	5,610	6,400	6,090	99	108	107	107	111
宮崎	(57)	305	9,050	27,600	26,200	100	104	104	104	103
鹿児島	(58)	146	8,840	12,900	12,000	99	104	102	103	107
沖縄	(59)	40	6,350	2,540	2,260	100	98	98	99	99
関東農政局	(60)	857	…	…	…	nc	nc	nc	nc	nc
東海農政局	(61)	129	1,310	1,690	917	99	107	106	107	91
中国四国農政局	(62)	495	…	…	…	nc	nc	nc	nc	nc

イ 計のうちししとう

作付面積	10a当たり収量	収穫量	出荷量	対前年産比 作付面積	対前年産比 10a当たり収量	対前年産比 収穫量	対前年産比 出荷量	(参考)対平均収量比	
ha	kg	t	t	%	%	%	%	%	
321	**2,080**	**6,670**	**5,460**	**96**	**96**	**92**	**91**	**95**	(1)
5	2,500	125	92	100	104	104	99	109	(2)
316	…	…	…	nc	nc	nc	nc	nc	(3)
25	…	…	…	nc	nc	nc	nc	nc	(4)
17	…	…	…	nc	nc	nc	nc	nc	(5)
62	…	…	…	nc	nc	nc	nc	nc	(6)
25	…	…	…	nc	nc	nc	nc	nc	(7)
56	…	…	…	nc	nc	nc	nc	nc	(8)
21	1,180	248	156	100	98	99	109	100	(9)
69	…	…	…	nc	nc	nc	nc	nc	(10)
40	…	…	…	nc	nc	nc	nc	nc	(11)
1	1,700	17	15	100	136	170	188	152	(12)
5	2,500	125	92	100	104	104	99	109	(13)
0	707	2	2	nc	114	100	100	119	(14)
2	1,450	29	20	100	97	97	95	91	(15)
3	…	…	…	nc	nc	nc	nc	nc	(16)
3	1,300	39	30	100	106	105	103	98	(17)
13	1,610	209	115	87	116	100	103	113	(18)
4	1,080	43	24	100	100	100	100	100	(19)
8	1,180	90	77	100	67	67	90	55	(20)
5	…	…	…	nc	nc	nc	nc	nc	(21)
1	…	…	…	nc	nc	nc	nc	nc	(22)
3	…	…	…	nc	nc	nc	nc	nc	(23)
35	2,070	725	636	92	78	72	72	82	(24)
2	…	…	…	nc	nc	nc	nc	nc	(25)
3	…	…	…	nc	nc	nc	nc	nc	(26)
13	1,140	148	72	100	110	110	101	103	(27)
1	…	…	…	nc	nc	nc	nc	nc	(28)
0	…	…	…	nc	nc	nc	nc	nc	(29)
3	…	…	…	nc	nc	nc	nc	nc	(30)
0	…	…	…	nc	nc	nc	nc	nc	(31)
5	1,040	52	12	100	103	100	100	96	(32)
9	1,360	122	79	100	108	108	108	101	(33)
3	…	…	…	nc	nc	nc	nc	nc	(34)
5	1,230	62	53	100	110	111	110	98	(35)
8	1,040	83	54	100	101	101	102	90	(36)
10	…	…	…	nc	nc	nc	nc	nc	(37)
7	1,000	70	60	117	182	212	214	111	(38)
2	…	…	…	nc	nc	nc	nc	nc	(39)
9	1,780	160	55	100	165	174	177	99	(40)
13	…	…	…	nc	nc	nc	nc	nc	(41)
15	2,070	310	273	88	99	87	87	97	(42)
7	1,660	118	66	100	100	96	96	99	(43)
4	775	31	26	133	101	163	173	85	(44)
4	1,030	41	30	80	97	77	100	92	(45)
3	867	26	16	100	100	100	123	120	(46)
3	1,070	32	18	100	107	107	113	120	(47)
12	1,920	230	166	92	113	104	104	89	(48)
1	…	…	…	nc	nc	nc	nc	nc	(49)
6	1,180	71	56	100	105	106	108	109	(50)
50	5,300	2,650	2,510	94	97	91	92	99	(51)
3	…	…	…	nc	nc	nc	nc	nc	(52)
2	…	…	…	nc	nc	nc	nc	nc	(53)
5	…	…	…	nc	nc	nc	nc	nc	(54)
9	1,610	145	121	100	105	105	104	109	(55)
7	1,610	113	98	88	104	91	91	107	(56)
9	2,630	237	211	100	93	93	93	93	(57)
5	720	36	22	100	103	103	105	88	(58)
1	1,700	17	15	100	136	170	188	152	(59)
65	…	…	…	nc	nc	nc	nc	nc	(60)
22	1,210	267	186	100	106	106	107	97	(61)
90	…	…	…	nc	nc	nc	nc	nc	(62)

3　令和元年産都道府県別の作付面積、10a当たり収量、収穫量及び出荷量（続き）

(31)　ピーマン（続き）

ウ　冬春ピーマン

全国農業地域・都道府県		作付面積	10a当たり収量	収穫量	出荷量	対前年産比				（参考）対平均収量比
						作付面積	10a当たり収量	収穫量	出荷量	
		ha	kg	t	t	%	%	%	%	%
全国	(1)	745	10,500	78,200	74,000	101	103	103	103	102
（全国農業地域）										
北海道	(2)	4	…	…	…	nc	nc	nc	nc	nc
都府県	(3)	741	…	…	…	nc	nc	nc	nc	nc
東北	(4)	4	…	…	…	nc	nc	nc	nc	nc
北陸	(5)	1	…	…	…	nc	nc	nc	nc	nc
関東・東山	(6)	246	…	…	…	nc	nc	nc	nc	nc
東海	(7)	2	…	…	…	nc	nc	nc	nc	nc
近畿	(8)	15	…	…	…	nc	nc	nc	nc	nc
中国	(9)	5	…	…	…	nc	nc	nc	nc	nc
四国	(10)	92	…	…	…	nc	nc	nc	nc	nc
九州	(11)	x	…	…	…	nc	nc	nc	nc	nc
沖縄	(12)	33	6,910	2,280	2,030	100	98	98	99	100
（都道府県）										
北海道	(13)	4	…	…	…	nc	nc	nc	nc	nc
青森	(14)	−	…	…	…	nc	nc	nc	nc	nc
岩手	(15)	0	…	…	…	nc	nc	nc	nc	nc
宮城	(16)	4	…	…	…	nc	nc	nc	nc	nc
秋田	(17)	−	…	…	…	nc	nc	nc	nc	nc
山形	(18)	−	…	…	…	nc	nc	nc	nc	nc
福島	(19)	−	…	…	…	nc	nc	nc	nc	nc
茨城	(20)	240	9,620	23,100	21,800	102	99	102	102	99
栃木	(21)	1	…	…	…	nc	nc	nc	nc	nc
群馬	(22)	x	…	…	…	nc	nc	nc	nc	nc
埼玉	(23)	−	…	…	…	nc	nc	nc	nc	nc
千葉	(24)	3	…	…	…	nc	nc	nc	nc	nc
東京	(25)	−	…	…	…	nc	nc	nc	nc	nc
神奈川	(26)	−	…	…	…	nc	nc	nc	nc	nc
新潟	(27)	0	…	…	…	nc	nc	nc	nc	nc
富山	(28)	−	…	…	…	nc	nc	nc	nc	nc
石川	(29)	1	…	…	…	nc	nc	nc	nc	nc
福井	(30)	−	…	…	…	nc	nc	nc	nc	nc
山梨	(31)	x	…	…	…	nc	nc	nc	nc	nc
長野	(32)	0	…	…	…	nc	nc	nc	nc	nc
岐阜	(33)	−	…	…	…	nc	nc	nc	nc	nc
静岡	(34)	2	…	…	…	nc	nc	nc	nc	nc
愛知	(35)	−	…	…	…	nc	nc	nc	nc	nc
三重	(36)	0	…	…	…	nc	nc	nc	nc	nc
滋賀	(37)	0	…	…	…	nc	nc	nc	nc	nc
京都	(38)	4	…	…	…	nc	nc	nc	nc	nc
大阪	(39)	−	…	…	…	nc	nc	nc	nc	nc
兵庫	(40)	−	…	…	…	nc	nc	nc	nc	nc
奈良	(41)	3	…	…	…	nc	nc	nc	nc	nc
和歌山	(42)	8	9,350	739	695	100	98	95	95	100
鳥取	(43)	1	…	…	…	nc	nc	nc	nc	nc
島根	(44)	3	…	…	…	nc	nc	nc	nc	nc
岡山	(45)	0	…	…	…	nc	nc	nc	nc	nc
広島	(46)	−	…	…	…	nc	nc	nc	nc	nc
山口	(47)	1	…	…	…	nc	nc	nc	nc	nc
徳島	(48)	1	…	…	…	nc	nc	nc	nc	nc
香川	(49)	0	…	…	…	nc	nc	nc	nc	nc
愛媛	(50)	0	…	…	…	nc	nc	nc	nc	nc
高知	(51)	91	13,700	12,500	11,900	97	106	103	103	113
福岡	(52)	1	…	…	…	nc	nc	nc	nc	nc
佐賀	(53)	x	…	…	…	nc	nc	nc	nc	nc
長崎	(54)	3	…	…	…	nc	nc	nc	nc	nc
熊本	(55)	20	6,760	1,350	1,270	100	108	108	109	108
大分	(56)	3	…	…	…	nc	nc	nc	nc	nc
宮崎	(57)	223	10,900	24,300	23,100	100	105	105	105	102
鹿児島	(58)	92	13,300	12,200	11,700	100	103	103	103	99
沖縄	(59)	33	6,910	2,280	2,030	100	98	98	99	100
関東農政局	(60)	248	…	…	…	nc	nc	nc	nc	nc
東海農政局	(61)	0	…	…	…	nc	nc	nc	nc	nc
中国四国農政局	(62)	97	…	…	…	nc	nc	nc	nc	nc

エ　冬春ピーマンのうちししとう

作付面積	10a当たり収量	収穫量	出荷量	対前年産比				(参考)対平均収量比	
				作付面積	10a当たり収量	収穫量	出荷量		
ha	kg	t	t	%	%	%	%	%	
38	5,820	2,210	2,080	88	102	90	91	102	(1)
-	…	…	…	nc	nc	nc	nc	nc	(2)
38	…	…	…	nc	nc	nc	nc	nc	(3)
0	…	…	…	nc	nc	nc	nc	nc	(4)
0	…	…	…	nc	nc	nc	nc	nc	(5)
2	…	…	…	nc	nc	nc	nc	nc	(6)
0	…	…	…	nc	nc	nc	nc	nc	(7)
5	…	…	…	nc	nc	nc	nc	nc	(8)
0	…	…	…	nc	nc	nc	nc	nc	(9)
27	…	…	…	nc	nc	nc	nc	nc	(10)
4	…	…	…	nc	nc	nc	nc	nc	(11)
0	2,330	7	6	nc	117	117	150	110	(12)
-	…	…	…	nc	nc	nc	nc	nc	(13)
-	…	…	…	nc	nc	nc	nc	nc	(14)
-	…	…	…	nc	nc	nc	nc	nc	(15)
0	…	…	…	nc	nc	nc	nc	nc	(16)
-	…	…	…	nc	nc	nc	nc	nc	(17)
-	…	…	…	nc	nc	nc	nc	nc	(18)
-	…	…	…	nc	nc	nc	nc	nc	(19)
-	-	-	-	nc	nc	nc	nc	nc	(20)
-	…	…	…	nc	nc	nc	nc	nc	(21)
-	…	…	…	nc	nc	nc	nc	nc	(22)
-	…	…	…	nc	nc	nc	nc	nc	(23)
2	…	…	…	nc	nc	nc	nc	nc	(24)
-	…	…	…	nc	nc	nc	nc	nc	(25)
-	…	…	…	nc	nc	nc	nc	nc	(26)
0	…	…	…	nc	nc	nc	nc	nc	(27)
-	…	…	…	nc	nc	nc	nc	nc	(28)
0	…	…	…	nc	nc	nc	nc	nc	(29)
-	…	…	…	nc	nc	nc	nc	nc	(30)
-	…	…	…	nc	nc	nc	nc	nc	(31)
-	…	…	…	nc	nc	nc	nc	nc	(32)
-	…	…	…	nc	nc	nc	nc	nc	(33)
-	…	…	…	nc	nc	nc	nc	nc	(34)
-	…	…	…	nc	nc	nc	nc	nc	(35)
0	…	…	…	nc	nc	nc	nc	nc	(36)
0	…	…	…	nc	nc	nc	nc	nc	(37)
1	…	…	…	nc	nc	nc	nc	nc	(38)
-	…	…	…	nc	nc	nc	nc	nc	(39)
-	…	…	…	nc	nc	nc	nc	nc	(40)
2	…	…	…	nc	nc	nc	nc	nc	(41)
2	3,600	54	50	100	100	93	93	103	(42)
-	…	…	…	nc	nc	nc	nc	nc	(43)
0	…	…	…	nc	nc	nc	nc	nc	(44)
0	…	…	…	nc	nc	nc	nc	nc	(45)
-	…	…	…	nc	nc	nc	nc	nc	(46)
0	…	…	…	nc	nc	nc	nc	nc	(47)
0	…	…	…	nc	nc	nc	nc	nc	(48)
-	…	…	…	nc	nc	nc	nc	nc	(49)
0	…	…	…	nc	nc	nc	nc	nc	(50)
27	6,800	1,840	1,750	90	102	92	93	100	(51)
0	…	…	…	nc	nc	nc	nc	nc	(52)
x	…	…	…	nc	nc	nc	nc	nc	(53)
1	…	…	…	nc	nc	nc	nc	nc	(54)
1	5,830	35	31	100	98	97	97	97	(55)
x	…	…	…	nc	nc	nc	nc	nc	(56)
2	5,550	111	103	100	86	86	87	84	(57)
0	1,500	3	2	nc	100	150	200	90	(58)
0	2,330	7	6	nc	117	117	150	110	(59)
2	…	…	…	nc	nc	nc	nc	nc	(60)
0	…	…	…	nc	nc	nc	nc	nc	(61)
27	…	…	…	nc	nc	nc	nc	nc	(62)

3　令和元年産都道府県別の作付面積、10a当たり収量、収穫量及び出荷量（続き）

(31)　ピーマン（続き）
オ　夏秋ピーマン

全国農業地域・都道府県	作付面積	10a当たり収量	収穫量	出荷量	対前年産比				(参考)対平均収量比
					作付面積	10a当たり収量	収穫量	出荷量	
	ha	kg	t	t	%	%	%	%	%
全国 (1)	**2,460**	**2,750**	**67,600**	**55,600**	**99**	**106**	**105**	**106**	**104**
(全国農業地域)									
北海道 (2)	76	6,610	5,020	4,660	93	110	102	102	109
都府県 (3)	2,380	…	…	…	nc	nc	nc	nc	nc
東北 (4)	485	…	…	…	nc	nc	nc	nc	nc
北陸 (5)	102	…	…	…	nc	nc	nc	nc	nc
関東・東山 (6)	592	…	…	…	nc	nc	nc	nc	nc
東海 (7)	146	…	…	…	nc	nc	nc	nc	nc
近畿 (8)	259	…	…	…	nc	nc	nc	nc	nc
中国 (9)	267	1,480	3,950	2,470	100	113	113	124	109
四国 (10)	131	…	…	…	nc	nc	nc	nc	nc
九州 (11)	x	…	…	…	nc	nc	nc	nc	nc
沖縄 (12)	7	…	…	…	nc	nc	nc	nc	nc
(都道府県)									
北海道 (13)	76	6,610	5,020	4,660	93	110	102	102	109
青森 (14)	95	3,980	3,780	3,310	107	114	122	127	118
岩手 (15)	189	4,180	7,900	6,810	103	102	105	105	102
宮城 (16)	39	…	…	…	nc	nc	nc	nc	nc
秋田 (17)	35	1,300	455	292	97	100	97	97	104
山形 (18)	45	2,500	1,130	685	102	120	123	123	121
福島 (19)	82	3,180	2,610	2,240	100	92	93	93	95
茨城 (20)	303	3,560	10,800	9,980	104	96	101	101	98
栃木 (21)	23	…	…	…	nc	nc	nc	nc	nc
群馬 (22)	x	…	…	…	nc	nc	nc	nc	nc
埼玉 (23)	20	…	…	…	nc	nc	nc	nc	nc
千葉 (24)	77	1,950	1,500	1,050	96	76	73	73	68
東京 (25)	16	…	…	…	nc	nc	nc	nc	nc
神奈川 (26)	31	…	…	…	nc	nc	nc	nc	nc
新潟 (27)	68	1,170	796	396	100	116	116	112	102
富山 (28)	7	…	…	…	nc	nc	nc	nc	nc
石川 (29)	8	…	…	…	nc	nc	nc	nc	nc
福井 (30)	19	…	…	…	nc	nc	nc	nc	nc
山梨 (31)	x	…	…	…	nc	nc	nc	nc	nc
長野 (32)	91	2,140	1,950	1,290	90	107	97	101	99
岐阜 (33)	39	1,410	550	358	98	110	107	108	101
静岡 (34)	17	…	…	…	nc	nc	nc	nc	nc
愛知 (35)	43	1,520	654	360	100	109	109	110	102
三重 (36)	47	1,020	479	197	100	101	101	101	86
滋賀 (37)	25	…	…	…	nc	nc	nc	nc	nc
京都 (38)	86	2,280	1,960	1,600	101	130	131	131	98
大阪 (39)	3	…	…	…	nc	nc	nc	nc	nc
兵庫 (40)	99	2,210	2,190	1,520	98	164	161	159	100
奈良 (41)	22	…	…	…	nc	nc	nc	nc	nc
和歌山 (42)	24	2,440	586	505	89	102	91	91	101
鳥取 (43)	47	1,350	635	334	98	95	93	93	91
島根 (44)	73	1,140	832	445	101	111	112	122	108
岡山 (45)	38	2,000	760	547	100	144	144	161	132
広島 (46)	74	1,710	1,270	826	100	107	108	127	105
山口 (47)	35	1,290	452	321	97	125	122	114	117
徳島 (48)	28	1,930	540	390	100	114	113	113	99
香川 (49)	7	…	…	…	nc	nc	nc	nc	nc
愛媛 (50)	62	2,490	1,540	1,180	95	110	104	106	108
高知 (51)	34	3,860	1,310	1,250	97	95	92	94	99
福岡 (52)	31	…	…	…	nc	nc	nc	nc	nc
佐賀 (53)	x	…	…	…	nc	nc	nc	nc	nc
長崎 (54)	25	…	…	…	nc	nc	nc	nc	nc
熊本 (55)	71	3,100	2,200	2,000	99	108	106	106	105
大分 (56)	111	5,540	6,150	5,850	98	109	107	107	111
宮崎 (57)	82	4,070	3,340	3,050	100	101	101	102	107
鹿児島 (58)	54	1,220	659	319	96	98	94	94	91
沖縄 (59)	7	…	…	…	nc	nc	nc	nc	nc
関東農政局 (60)	609	…	…	…	nc	nc	nc	nc	nc
東海農政局 (61)	129	1,300	1,680	915	99	107	106	107	96
中国四国農政局 (62)	398	…	…	…	nc	nc	nc	nc	nc

カ 夏秋ピーマンのうちししとう

作付面積	10a当たり収量	収穫量	出荷量	対前年産比				(参考)対平均収量比	
				作付面積	10a当たり収量	収穫量	出荷量		
ha	kg	t	t	%	%	%	%	%	
283	**1,580**	**4,460**	**3,390**	**97**	**96**	**92**	**91**	**92**	(1)
5	2,500	125	92	100	106	106	100	109	(2)
278	…	…	…	nc	nc	nc	nc	nc	(3)
25	…	…	…	nc	nc	nc	nc	nc	(4)
17	…	…	…	nc	nc	nc	nc	nc	(5)
60	…	…	…	nc	nc	nc	nc	nc	(6)
25	…	…	…	nc	nc	nc	nc	nc	(7)
51	…	…	…	nc	nc	nc	nc	nc	(8)
21	1,180	248	156	100	98	99	109	100	(9)
42	…	…	…	nc	nc	nc	nc	nc	(10)
36	…	…	…	nc	nc	nc	nc	nc	(11)
1	…	…	…	nc	nc	nc	nc	nc	(12)
5	2,500	125	92	100	106	106	100	109	(13)
0	707	2	2	nc	114	100	100	119	(14)
2	1,450	29	20	100	97	97	95	91	(15)
3	…	…	…	nc	nc	nc	nc	nc	(16)
3	1,300	39	30	100	106	105	103	98	(17)
13	1,610	209	115	87	116	100	103	113	(18)
4	1,080	43	24	100	100	100	100	100	(19)
8	1,180	90	77	100	67	67	90	55	(20)
5	…	…	…	nc	nc	nc	nc	nc	(21)
1	…	…	…	nc	nc	nc	nc	nc	(22)
3	…	…	…	nc	nc	nc	nc	nc	(23)
33	1,990	657	583	92	76	70	70	80	(24)
2	…	…	…	nc	nc	nc	nc	nc	(25)
3	…	…	…	nc	nc	nc	nc	nc	(26)
13	1,140	148	72	100	110	110	101	103	(27)
1	…	…	…	nc	nc	nc	nc	nc	(28)
0	…	…	…	nc	nc	nc	nc	nc	(29)
3	…	…	…	nc	nc	nc	nc	nc	(30)
0	…	…	…	nc	nc	nc	nc	nc	(31)
5	1,040	52	12	100	103	100	100	96	(32)
9	1,360	122	79	100	108	108	108	101	(33)
3	…	…	…	nc	nc	nc	nc	nc	(34)
5	1,230	62	53	100	110	111	110	98	(35)
8	1,050	82	53	100	101	101	102	92	(36)
10	…	…	…	nc	nc	nc	nc	nc	(37)
6	1,000	60	50	100	188	188	185	106	(38)
2	…	…	…	nc	nc	nc	nc	nc	(39)
9	1,780	160	55	100	165	174	177	99	(40)
11	…	…	…	nc	nc	nc	nc	nc	(41)
13	1,970	256	223	87	99	86	86	98	(42)
7	1,660	118	66	100	100	96	96	99	(43)
4	875	31	26	133	114	163	173	96	(44)
4	1,030	41	30	80	97	77	100	91	(45)
3	867	26	16	100	100	100	123	120	(46)
3	1,070	32	18	100	107	107	113	120	(47)
12	1,730	208	148	100	107	107	108	86	(48)
1	…	…	…	nc	nc	nc	nc	nc	(49)
6	1,280	71	56	100	107	106	108	115	(50)
23	3,500	805	764	100	89	89	91	95	(51)
3	…	…	…	nc	nc	nc	nc	nc	(52)
x	…	…	…	nc	nc	nc	nc	nc	(53)
4	…	…	…	nc	nc	nc	nc	nc	(54)
8	1,380	110	90	100	109	108	107	106	(55)
x	x	x	x	x	x	x	x	x	(56)
7	1,750	126	108	100	98	101	99	99	(57)
5	733	33	20	100	100	100	100	99	(58)
1	…	…	…	nc	nc	nc	nc	nc	(59)
63	…	…	…	nc	nc	nc	nc	nc	(60)
22	1,210	266	185	100	106	106	107	97	(61)
63	…	…	…	nc	nc	nc	nc	nc	(62)

3 令和元年産都道府県別の作付面積、10ａ当たり収量、収穫量及び出荷量 （続き）

(32) スイートコーン

全国農業地域・都道府県		作付面積	10ａ当たり収量	収穫量	出荷量	対前年産比 作付面積	対前年産比 10ａ当たり収量	対前年産比 収穫量	対前年産比 出荷量	(参考) 対平均収量比
		ha	kg	t	t	%	%	%	%	%
全国	(1)	23,000	1,040	239,000	195,000	100	110	110	112	105
(全国農業地域)										
北海道	(2)	8,460	1,170	99,000	95,600	100	119	118	119	101
都府県	(3)	14,500	…	…	…	nc	nc	nc	nc	nc
東北	(4)	2,430	…	…	…	nc	nc	nc	nc	nc
北陸	(5)	473	…	…	…	nc	nc	nc	nc	nc
関東・東山	(6)	7,710	…	…	…	nc	nc	nc	nc	nc
東海	(7)	1,420	…	…	…	nc	nc	nc	nc	nc
近畿	(8)	292	…	…	…	nc	nc	nc	nc	nc
中国	(9)	371	…	…	…	nc	nc	nc	nc	nc
四国	(10)	512	…	…	…	nc	nc	nc	nc	nc
九州	(11)	1,310	…	…	…	nc	nc	nc	nc	nc
沖縄	(12)	33	…	…	…	nc	nc	nc	nc	nc
(都道府県)										
北海道	(13)	8,460	1,170	99,000	95,600	100	119	118	119	101
青森	(14)	437	833	3,640	1,860	100	134	134	137	110
岩手	(15)	514	603	3,100	2,160	96	102	98	99	101
宮城	(16)	447	543	2,430	555	97	106	103	108	104
秋田	(17)	230	…	…	…	nc	nc	nc	nc	nc
山形	(18)	230	…	…	…	nc	nc	nc	nc	nc
福島	(19)	570	522	2,980	1,160	99	101	100	101	99
茨城	(20)	1,260	1,270	16,000	12,300	101	106	107	124	108
栃木	(21)	577	1,020	5,890	4,060	100	101	101	101	110
群馬	(22)	1,180	1,010	11,900	9,800	98	108	106	106	116
埼玉	(23)	586	1,280	7,500	6,190	101	101	102	116	107
千葉	(24)	1,730	920	15,900	13,200	99	94	93	93	92
東京	(25)	200	…	…	…	nc	nc	nc	nc	nc
神奈川	(26)	322	…	…	…	nc	nc	nc	nc	nc
新潟	(27)	391	…	…	…	nc	nc	nc	nc	nc
富山	(28)	27	…	…	…	nc	nc	nc	nc	nc
石川	(29)	17	…	…	…	nc	nc	nc	nc	nc
福井	(30)	38	…	…	…	nc	nc	nc	nc	nc
山梨	(31)	750	1,050	7,880	6,610	99	94	93	95	90
長野	(32)	1,110	778	8,640	5,570	93	111	103	103	112
岐阜	(33)	255	…	…	…	nc	nc	nc	nc	nc
静岡	(34)	444	941	4,180	2,620	103	102	105	105	109
愛知	(35)	572	1,080	6,180	4,940	107	110	118	118	107
三重	(36)	144	…	…	…	nc	nc	nc	nc	nc
滋賀	(37)	33	…	…	…	nc	nc	nc	nc	nc
京都	(38)	48	…	…	…	nc	nc	nc	nc	nc
大阪	(39)	36	…	…	…	nc	nc	nc	nc	nc
兵庫	(40)	112	729	816	417	99	101	100	100	109
奈良	(41)	36	…	…	…	nc	nc	nc	nc	nc
和歌山	(42)	27	…	…	…	nc	nc	nc	nc	nc
鳥取	(43)	76	996	757	243	101	105	106	106	110
島根	(44)	72	…	…	…	nc	nc	nc	nc	nc
岡山	(45)	56	…	…	…	nc	nc	nc	nc	nc
広島	(46)	140	…	…	…	nc	nc	nc	nc	nc
山口	(47)	27	…	…	…	nc	nc	nc	nc	nc
徳島	(48)	205	1,080	2,210	1,760	103	104	107	107	104
香川	(49)	132	1,270	1,680	1,520	129	107	139	142	108
愛媛	(50)	123	…	…	…	nc	nc	nc	nc	nc
高知	(51)	52	…	…	…	nc	nc	nc	nc	nc
福岡	(52)	135	…	…	…	nc	nc	nc	nc	nc
佐賀	(53)	35	…	…	…	nc	nc	nc	nc	nc
長崎	(54)	160	…	…	…	nc	nc	nc	nc	nc
熊本	(55)	249	…	…	…	nc	nc	nc	nc	nc
大分	(56)	307	…	…	…	nc	nc	nc	nc	nc
宮崎	(57)	348	1,270	4,420	4,170	99	102	102	102	98
鹿児島	(58)	71	…	…	…	nc	nc	nc	nc	nc
沖縄	(59)	33	…	…	…	nc	nc	nc	nc	nc
関東農政局	(60)	8,160	…	…	…	nc	nc	nc	nc	nc
東海農政局	(61)	971	…	…	…	nc	nc	nc	nc	nc
中国四国農政局	(62)	883	…	…	…	nc	nc	nc	nc	nc

(33)　さやいんげん

作付面積	10a当たり収量	収穫量	出荷量	対前年産比				(参考)対平均収量比	
				作付面積	10a当たり収量	収穫量	出荷量		
ha	kg	t	t	%	%	%	%	%	
5,190	**738**	**38,300**	**25,800**	**97**	**105**	**102**	**104**	**106**	(1)
558	840	4,690	4,470	124	135	167	169	112	(2)
4,630	…	…	…	nc	nc	nc	nc	nc	(3)
1,110	587	6,520	3,630	97	100	97	96	99	(4)
145	…	…	…	nc	nc	nc	nc	nc	(5)
1,530	…	…	…	nc	nc	nc	nc	nc	(6)
303	…	…	…	nc	nc	nc	nc	nc	(7)
311	…	…	…	nc	nc	nc	nc	nc	(8)
257	…	…	…	nc	nc	nc	nc	nc	(9)
178	…	…	…	nc	nc	nc	nc	nc	(10)
625	…	…	…	nc	nc	nc	nc	nc	(11)
168	1,200	2,020	1,870	95	98	94	94	112	(12)
558	840	4,690	4,470	124	135	167	169	112	(13)
102	715	729	437	100	87	87	87	96	(14)
96	460	442	210	97	102	99	101	97	(15)
187	416	778	217	96	104	101	103	113	(16)
125	564	705	310	95	119	113	112	113	(17)
125	488	610	289	99	107	106	107	98	(18)
474	688	3,260	2,170	97	98	95	94	96	(19)
169	913	1,540	925	88	110	96	96	104	(20)
149	581	866	494	90	93	83	84	96	(21)
174	552	960	626	100	96	96	96	96	(22)
136	546	743	383	92	101	93	96	97	(23)
450	1,340	6,030	4,340	98	99	98	98	114	(24)
27	…	…	…	nc	nc	nc	nc	nc	(25)
83	692	574	391	85	111	94	94	93	(26)
81	375	304	49	94	110	103	111	83	(27)
17	…	…	…	nc	nc	nc	nc	nc	(28)
20	…	…	…	nc	nc	nc	nc	nc	(29)
27	…	…	…	nc	nc	nc	nc	nc	(30)
105	412	433	347	100	111	111	115	93	(31)
240	341	818	416	87	102	89	96	99	(32)
86	582	501	258	98	139	136	136	108	(33)
77	…	…	…	nc	nc	nc	nc	nc	(34)
64	…	…	…	nc	nc	nc	nc	nc	(35)
76	…	…	…	nc	nc	nc	nc	nc	(36)
39	…	…	…	nc	nc	nc	nc	nc	(37)
77	…	…	…	nc	nc	nc	nc	nc	(38)
21	…	…	…	nc	nc	nc	nc	nc	(39)
78	…	…	…	nc	nc	nc	nc	nc	(40)
57	…	…	…	nc	nc	nc	nc	nc	(41)
39	…	…	…	nc	nc	nc	nc	nc	(42)
37	…	…	…	nc	nc	nc	nc	nc	(43)
69	…	…	…	nc	nc	nc	nc	nc	(44)
23	…	…	…	nc	nc	nc	nc	nc	(45)
100	605	605	258	100	110	110	110	110	(46)
28	…	…	…	nc	nc	nc	nc	nc	(47)
41	…	…	…	nc	nc	nc	nc	nc	(48)
17	641	109	37	100	111	111	100	96	(49)
95	447	425	202	95	104	99	102	98	(50)
25	2,160	540	518	86	108	93	95	115	(51)
94	765	719	467	97	125	121	114	130	(52)
19	…	…	…	nc	nc	nc	nc	nc	(53)
118	503	594	500	99	98	98	98	85	(54)
90	936	842	627	98	114	112	108	120	(55)
47	…	…	…	nc	nc	nc	nc	nc	(56)
23	…	…	…	nc	nc	nc	nc	nc	(57)
234	1,010	2,360	2,080	88	94	83	82	115	(58)
168	1,200	2,020	1,870	95	98	94	94	112	(59)
1,610	…	…	…	nc	nc	nc	nc	nc	(60)
226	…	…	…	nc	nc	nc	nc	nc	(61)
435	…	…	…	nc	nc	nc	nc	nc	(62)

3 令和元年産都道府県別の作付面積、10ａ当たり収量、収穫量及び出荷量 （続き）

(34) さやえんどう

全国農業地域・都道府県		作付面積	10ａ当たり収量	収穫量	出荷量	対前年産比 作付面積	対前年産比 10ａ当たり収量	対前年産比 収穫量	対前年産比 出荷量	(参考) 対平均収量比
		ha	kg	t	t	%	%	%	%	%
全国	(1)	2,870	697	20,000	12,800	99	103	102	102	105
(全国農業地域)										
北海道	(2)	75	595	446	383	103	109	112	113	95
都府県	(3)	2,790	…	…	…	nc	nc	nc	nc	nc
東北	(4)	604	…	…	…	nc	nc	nc	nc	nc
北陸	(5)	96	…	…	…	nc	nc	nc	nc	nc
関東・東山	(6)	404	…	…	…	nc	nc	nc	nc	nc
東海	(7)	304	…	…	…	nc	nc	nc	nc	nc
近畿	(8)	287	…	…	…	nc	nc	nc	nc	nc
中国	(9)	224	…	…	…	nc	nc	nc	nc	nc
四国	(10)	178	…	…	…	nc	nc	nc	nc	nc
九州	(11)	695	…	…	…	nc	nc	nc	nc	nc
沖縄	(12)	1	…	…	…	nc	nc	nc	nc	nc
(都道府県)										
北海道	(13)	75	595	446	383	103	109	112	113	95
青森	(14)	63	419	264	160	100	91	91	92	90
岩手	(15)	94	390	367	216	93	101	94	94	107
宮城	(16)	55	495	272	55	96	101	98	102	101
秋田	(17)	98	506	496	129	99	110	109	108	114
山形	(18)	50	…	…	…	nc	nc	nc	nc	nc
福島	(19)	244	434	1,060	819	98	97	95	94	106
茨城	(20)	60	863	518	235	100	112	112	112	111
栃木	(21)	29	…	…	…	nc	nc	nc	nc	nc
群馬	(22)	24	…	…	…	nc	nc	nc	nc	nc
埼玉	(23)	40	…	…	…	nc	nc	nc	nc	nc
千葉	(24)	124	476	590	291	98	100	98	98	100
東京	(25)	16	…	…	…	nc	nc	nc	nc	nc
神奈川	(26)	21	…	…	…	nc	nc	nc	nc	nc
新潟	(27)	64	428	274	45	110	100	111	110	90
富山	(28)	13	…	…	…	nc	nc	nc	nc	nc
石川	(29)	9	…	…	…	nc	nc	nc	nc	nc
福井	(30)	10	…	…	…	nc	nc	nc	nc	nc
山梨	(31)	12	…	…	…	nc	nc	nc	nc	nc
長野	(32)	78	424	331	64	88	115	101	100	114
岐阜	(33)	22	…	…	…	nc	nc	nc	nc	nc
静岡	(34)	83	696	578	414	99	94	93	93	94
愛知	(35)	127	946	1,200	986	95	98	93	93	96
三重	(36)	72	696	501	169	100	94	94	94	90
滋賀	(37)	30	…	…	…	nc	nc	nc	nc	nc
京都	(38)	67	449	301	176	97	94	91	85	99
大阪	(39)	20	…	…	…	nc	nc	nc	nc	nc
兵庫	(40)	89	446	397	104	98	96	94	95	96
奈良	(41)	13	…	…	…	nc	nc	nc	nc	nc
和歌山	(42)	68	1,150	782	704	92	117	107	107	95
鳥取	(43)	30	…	…	…	nc	nc	nc	nc	nc
島根	(44)	28	…	…	…	nc	nc	nc	nc	nc
岡山	(45)	52	542	282	152	66	120	79	95	130
広島	(46)	94	735	691	386	100	106	106	110	106
山口	(47)	20	…	…	…	nc	nc	nc	nc	nc
徳島	(48)	59	591	349	276	105	102	107	107	102
香川	(49)	22	…	…	…	nc	nc	nc	nc	nc
愛媛	(50)	81	459	372	170	99	103	102	106	94
高知	(51)	16	…	…	…	nc	nc	nc	nc	nc
福岡	(52)	51	559	285	162	96	105	101	101	109
佐賀	(53)	27	…	…	…	nc	nc	nc	nc	nc
長崎	(54)	53	930	493	400	95	107	101	107	102
熊本	(55)	54	…	…	…	nc	nc	nc	nc	nc
大分	(56)	49	920	451	322	96	104	100	100	103
宮崎	(57)	24	…	…	…	nc	nc	nc	nc	nc
鹿児島	(58)	437	1,110	4,850	4,070	112	98	110	110	93
沖縄	(59)	1	…	…	…	nc	nc	nc	nc	nc
関東農政局	(60)	487	…	…	…	nc	nc	nc	nc	nc
東海農政局	(61)	221	…	…	…	nc	nc	nc	nc	nc
中国四国農政局	(62)	402	…	…	…	nc	nc	nc	nc	nc

(35)　グリーンピース

作付面積	10a当たり収量	収穫量	出荷量	対前年産比				(参考)対平均収量比	
				作付面積	10a当たり収量	収穫量	出荷量		
ha	kg	t	t	%	%	%	%	%	
731	**860**	**6,290**	**5,000**	**96**	**110**	**106**	**107**	**112**	(1)
52	651	339	328	96	153	147	147	121	(2)
679	…	…	…	nc	nc	nc	nc	nc	(3)
31	…	…	…	nc	nc	nc	nc	nc	(4)
3	…	…	…	nc	nc	nc	nc	nc	(5)
6	…	…	…	nc	nc	nc	nc	nc	(6)
42	…	…	…	nc	nc	nc	nc	nc	(7)
346	…	…	…	nc	nc	nc	nc	nc	(8)
32	…	…	…	nc	nc	nc	nc	nc	(9)
49	…	…	…	nc	nc	nc	nc	nc	(10)
170	…	…	…	nc	nc	nc	nc	nc	(11)
0	…	…	…	nc	nc	nc	nc	nc	(12)
52	651	339	328	96	153	147	147	121	(13)
−	…	…	…	nc	nc	nc	nc	nc	(14)
−	…	…	…	nc	nc	nc	nc	nc	(15)
2	…	…	…	nc	nc	nc	nc	nc	(16)
−	…	…	…	nc	nc	nc	nc	nc	(17)
1	…	…	…	nc	nc	nc	nc	nc	(18)
28	414	116	96	104	104	107	107	101	(19)
3	…	…	…	nc	nc	nc	nc	nc	(20)
2	…	…	…	nc	nc	nc	nc	nc	(21)
−	…	…	…	nc	nc	nc	nc	nc	(22)
−	…	…	…	nc	nc	nc	nc	nc	(23)
−	…	…	…	nc	nc	nc	nc	nc	(24)
−	…	…	…	nc	nc	nc	nc	nc	(25)
−	…	…	…	nc	nc	nc	nc	nc	(26)
0	…	…	…	nc	nc	nc	nc	nc	(27)
0	…	…	…	nc	nc	nc	nc	nc	(28)
1	…	…	…	nc	nc	nc	nc	nc	(29)
2	…	…	…	nc	nc	nc	nc	nc	(30)
−	…	…	…	nc	nc	nc	nc	nc	(31)
1	…	…	…	nc	nc	nc	nc	nc	(32)
22	705	155	56	100	103	103	104	106	(33)
4	…	…	…	nc	nc	nc	nc	nc	(34)
5	…	…	…	nc	nc	nc	nc	nc	(35)
11	…	…	…	nc	nc	nc	nc	nc	(36)
15	620	93	48	94	95	89	89	102	(37)
15	…	…	…	nc	nc	nc	nc	nc	(38)
35	591	207	114	100	101	101	101	104	(39)
23	535	123	49	105	104	109	114	103	(40)
24	572	137	67	92	97	90	89	97	(41)
234	1,150	2,690	2,380	96	111	106	106	112	(42)
2	…	…	…	nc	nc	nc	nc	nc	(43)
10	…	…	…	nc	nc	nc	nc	nc	(44)
12	617	74	39	67	134	89	93	130	(45)
3	…	…	…	nc	nc	nc	nc	nc	(46)
5	…	…	…	nc	nc	nc	nc	nc	(47)
14	…	…	…	nc	nc	nc	nc	nc	(48)
14	…	…	…	nc	nc	nc	nc	nc	(49)
8	…	…	…	nc	nc	nc	nc	nc	(50)
13	…	…	…	nc	nc	nc	nc	nc	(51)
22	791	174	100	105	103	107	108	103	(52)
2	…	…	…	nc	nc	nc	nc	nc	(53)
9	…	…	…	nc	nc	nc	nc	nc	(54)
22	1,170	257	241	92	107	98	98	121	(55)
4	…	…	…	nc	nc	nc	nc	nc	(56)
9	…	…	…	nc	nc	nc	nc	nc	(57)
102	900	918	799	95	108	103	106	103	(58)
0	…	…	…	nc	nc	nc	nc	nc	(59)
10	…	…	…	nc	nc	nc	nc	nc	(60)
38	…	…	…	nc	nc	nc	nc	nc	(61)
81	…	…	…	nc	nc	nc	nc	nc	(62)

3　令和元年産都道府県別の作付面積、10ａ当たり収量、収穫量及び出荷量（続き）

(36)　そらまめ

全国農業地域・都道府県		作付面積	10ａ当たり収量	収穫量	出荷量	対前年産比 作付面積	対前年産比 10ａ当たり収量	対前年産比 収穫量	対前年産比 出荷量	(参考) 対平均収量比
		ha	kg	t	t	%	%	%	%	%
全国	(1)	**1,790**	**788**	**14,100**	**9,970**	**99**	**98**	**97**	**99**	**96**
(全国農業地域)										
北海道	(2)	1	…	…	…	nc	nc	nc	nc	nc
都府県	(3)	1,790	…	…	…	nc	nc	nc	nc	nc
東北	(4)	125	…	…	…	nc	nc	nc	nc	nc
北陸	(5)	77	…	…	…	nc	nc	nc	nc	nc
関東・東山	(6)	540	…	…	…	nc	nc	nc	nc	nc
東海	(7)	100	…	…	…	nc	nc	nc	nc	nc
近畿	(8)	131	…	…	…	nc	nc	nc	nc	nc
中国	(9)	130	…	…	…	nc	nc	nc	nc	nc
四国	(10)	266	…	…	…	nc	nc	nc	nc	nc
九州	(11)	423	…	…	…	nc	nc	nc	nc	nc
沖縄	(12)	1	…	…	…	nc	nc	nc	nc	nc
(都道府県)										
北海道	(13)	1	…	…	…	nc	nc	nc	nc	nc
青森	(14)	23	725	167	151	96	77	74	74	73
岩手	(15)	2	…	…	…	nc	nc	nc	nc	nc
宮城	(16)	67	712	477	354	100	101	101	101	102
秋田	(17)	30	780	234	199	100	111	111	113	107
山形	(18)	0	…	…	…	nc	nc	nc	nc	nc
福島	(19)	3	…	…	…	nc	nc	nc	nc	nc
茨城	(20)	124	1,020	1,260	1,080	92	80	74	80	89
栃木	(21)	5	…	…	…	nc	nc	nc	nc	nc
群馬	(22)	2	…	…	…	nc	nc	nc	nc	nc
埼玉	(23)	19	…	…	…	nc	nc	nc	nc	nc
千葉	(24)	355	518	1,840	1,280	99	71	70	70	75
東京	(25)	4	…	…	…	nc	nc	nc	nc	nc
神奈川	(26)	23	…	…	…	nc	nc	nc	nc	nc
新潟	(27)	52	944	491	309	93	141	131	139	120
富山	(28)	0	…	…	…	nc	nc	nc	nc	nc
石川	(29)	2	…	…	…	nc	nc	nc	nc	nc
福井	(30)	23	…	…	…	nc	nc	nc	nc	nc
山梨	(31)	7	…	…	…	nc	nc	nc	nc	nc
長野	(32)	1	…	…	…	nc	nc	nc	nc	nc
岐阜	(33)	19	…	…	…	nc	nc	nc	nc	nc
静岡	(34)	30	…	…	…	nc	nc	nc	nc	nc
愛知	(35)	27	…	…	…	nc	nc	nc	nc	nc
三重	(36)	24	…	…	…	nc	nc	nc	nc	nc
滋賀	(37)	5	…	…	…	nc	nc	nc	nc	nc
京都	(38)	10	…	…	…	nc	nc	nc	nc	nc
大阪	(39)	36	469	169	109	100	102	102	102	103
兵庫	(40)	39	431	168	44	98	100	97	98	101
奈良	(41)	7	…	…	…	nc	nc	nc	nc	nc
和歌山	(42)	34	776	264	201	100	113	113	113	120
鳥取	(43)	60	620	372	67	97	115	112	112	98
島根	(44)	11	…	…	…	nc	nc	nc	nc	nc
岡山	(45)	18	…	…	…	nc	nc	nc	nc	nc
広島	(46)	25	…	…	…	nc	nc	nc	nc	nc
山口	(47)	16	…	…	…	nc	nc	nc	nc	nc
徳島	(48)	42	671	282	138	95	103	99	99	103
香川	(49)	85	429	365	147	96	115	110	113	102
愛媛	(50)	132	684	903	669	96	118	113	119	106
高知	(51)	7	…	…	…	nc	nc	nc	nc	nc
福岡	(52)	51	712	363	257	100	110	109	112	99
佐賀	(53)	22	…	…	…	nc	nc	nc	nc	nc
長崎	(54)	45	1,120	504	421	105	136	142	147	108
熊本	(55)	31	1,250	388	311	97	106	103	103	123
大分	(56)	5	…	…	…	nc	nc	nc	nc	nc
宮崎	(57)	12	…	…	…	nc	nc	nc	nc	nc
鹿児島	(58)	257	1,340	3,440	3,010	101	108	109	110	102
沖縄	(59)	1	…	…	…	nc	nc	nc	nc	nc
関東農政局	(60)	570	…	…	…	nc	nc	nc	nc	nc
東海農政局	(61)	70	…	…	…	nc	nc	nc	nc	nc
中国四国農政局	(62)	396	…	…	…	nc	nc	nc	nc	nc

(37) えだまめ

作付面積	10a当たり収量	収穫量	出荷量	対前年産比				(参考)対平均収量比	
				作付面積	10a当たり収量	収穫量	出荷量		
ha	kg	t	t	%	%	%	%	%	
13,000	508	66,100	50,500	102	102	104	104	97	(1)
1,200	472	5,660	5,430	131	72	94	94	75	(2)
11,800	…	…	…	nc	nc	nc	nc	nc	(3)
3,940	393	15,500	11,000	102	113	115	119	104	(4)
1,690	…	…	…	nc	nc	nc	nc	nc	(5)
3,500	…	…	…	nc	nc	nc	nc	nc	(6)
701	…	…	…	nc	nc	nc	nc	nc	(7)
748	…	…	…	nc	nc	nc	nc	nc	(8)
306	…	…	…	nc	nc	nc	nc	nc	(9)
412	…	…	…	nc	nc	nc	nc	nc	(10)
437	…	…	…	nc	nc	nc	nc	nc	(11)
18	…	…	…	nc	nc	nc	nc	nc	(12)
1,200	472	5,660	5,430	131	72	94	94	75	(13)
265	388	1,030	435	100	105	106	104	92	(14)
253	275	696	401	97	102	99	100	95	(15)
296	420	1,240	532	100	102	102	108	106	(16)
1,380	404	5,580	4,430	105	130	137	142	114	(17)
1,480	407	6,020	4,890	100	109	109	109	100	(18)
265	361	957	315	99	99	98	98	97	(19)
128	…	…	…	nc	nc	nc	nc	nc	(20)
146	…	…	…	nc	nc	nc	nc	nc	(21)
1,100	566	6,230	5,390	100	97	97	97	114	(22)
703	813	5,720	4,400	100	98	97	98	100	(23)
760	805	6,120	5,180	96	110	105	105	97	(24)
156	…	…	…	nc	nc	nc	nc	nc	(25)
336	842	2,830	2,410	106	98	104	104	98	(26)
1,570	310	4,870	3,060	101	107	108	109	88	(27)
57	347	198	137	104	112	116	120	80	(28)
12	…	…	…	nc	nc	nc	nc	nc	(29)
49	…	…	…	nc	nc	nc	nc	nc	(30)
73	…	…	…	nc	nc	nc	nc	nc	(31)
101	…	…	…	nc	nc	nc	nc	nc	(32)
260	520	1,350	1,070	86	120	103	104	107	(33)
158	…	…	…	nc	nc	nc	nc	nc	(34)
215	…	…	…	nc	nc	nc	nc	nc	(35)
68	…	…	…	nc	nc	nc	nc	nc	(36)
14	…	…	…	nc	nc	nc	nc	nc	(37)
226	547	1,240	1,080	99	123	123	121	99	(38)
135	860	1,160	1,060	99	98	97	96	95	(39)
307	550	1,690	1,130	81	138	111	112	99	(40)
32	…	…	…	nc	nc	nc	nc	nc	(41)
34	…	…	…	nc	nc	nc	nc	nc	(42)
14	…	…	…	nc	nc	nc	nc	nc	(43)
19	…	…	…	nc	nc	nc	nc	nc	(44)
50	…	…	…	nc	nc	nc	nc	nc	(45)
162	…	…	…	nc	nc	nc	nc	nc	(46)
61	…	…	…	nc	nc	nc	nc	nc	(47)
250	474	1,190	1,000	105	97	102	101	96	(48)
46	480	221	143	110	106	116	120	99	(49)
95	345	328	200	98	96	95	95	98	(50)
21	…	…	…	nc	nc	nc	nc	nc	(51)
62	…	…	…	nc	nc	nc	nc	nc	(52)
10	…	…	…	nc	nc	nc	nc	nc	(53)
12	…	…	…	nc	nc	nc	nc	nc	(54)
7	…	…	…	nc	nc	nc	nc	nc	(55)
26	…	…	…	nc	nc	nc	nc	nc	(56)
289	466	1,350	1,180	102	97	100	99	104	(57)
31	…	…	…	nc	nc	nc	nc	nc	(58)
18	…	…	…	nc	nc	nc	nc	nc	(59)
3,660	…	…	…	nc	nc	nc	nc	nc	(60)
543	…	…	…	nc	nc	nc	nc	nc	(61)
718	…	…	…	nc	nc	nc	nc	nc	(62)

3　令和元年産都道府県別の作付面積、10ａ当たり収量、収穫量及び出荷量　（続き）

(38)　しょうが

全国農業地域・都道府県	作付面積	10ａ当たり収量	収穫量	出荷量	対前年産比 作付面積	対前年産比 10ａ当たり収量	対前年産比 収穫量	対前年産比 出荷量	(参考) 対平均収量比
	ha	kg	t	t	%	%	%	%	%
全国 (1)	**1,740**	**2,670**	**46,500**	**36,400**	**99**	**100**	**100**	**100**	**99**
(全国農業地域)									
北海道 (2)	1	…	…	…	nc	nc	nc	nc	nc
都府県 (3)	1,740	…	…	…	nc	nc	nc	nc	nc
東北 (4)	9	…	…	…	nc	nc	nc	nc	nc
北陸 (5)	6	…	…	…	nc	nc	nc	nc	nc
関東・東山 (6)	547	…	…	…	nc	nc	nc	nc	nc
東海 (7)	173	…	…	…	nc	nc	nc	nc	nc
近畿 (8)	56	…	…	…	nc	nc	nc	nc	nc
中国 (9)	29	…	…	…	nc	nc	nc	nc	nc
四国 (10)	451	…	…	…	nc	nc	nc	nc	nc
九州 (11)	462	…	…	…	nc	nc	nc	nc	nc
沖縄 (12)	10	…	…	…	nc	nc	nc	nc	nc
(都道府県)									
北海道 (13)	1	…	…	…	nc	nc	nc	nc	nc
青森 (14)	-	…	…	…	nc	nc	nc	nc	nc
岩手 (15)	1	…	…	…	nc	nc	nc	nc	nc
宮城 (16)	1	…	…	…	nc	nc	nc	nc	nc
秋田 (17)	0	…	…	…	nc	nc	nc	nc	nc
山形 (18)	1	…	…	…	nc	nc	nc	nc	nc
福島 (19)	6	…	…	…	nc	nc	nc	nc	nc
茨城 (20)	117	2,240	2,620	2,040	113	93	104	104	93
栃木 (21)	17	…	…	…	nc	nc	nc	nc	nc
群馬 (22)	30	…	…	…	nc	nc	nc	nc	nc
埼玉 (23)	34	1,100	374	287	87	95	83	83	96
千葉 (24)	297	1,430	4,250	2,380	97	97	95	95	127
東京 (25)	10	…	…	…	nc	nc	nc	nc	nc
神奈川 (26)	35	…	…	…	nc	nc	nc	nc	nc
新潟 (27)	3	…	…	…	nc	nc	nc	nc	nc
富山 (28)	1	…	…	…	nc	nc	nc	nc	nc
石川 (29)	0	…	…	…	nc	nc	nc	nc	nc
福井 (30)	2	…	…	…	nc	nc	nc	nc	nc
山梨 (31)	6	…	…	…	nc	nc	nc	nc	nc
長野 (32)	1	…	…	…	nc	nc	nc	nc	nc
岐阜 (33)	10	…	…	…	nc	nc	nc	nc	nc
静岡 (34)	90	1,960	1,760	1,480	99	109	107	107	108
愛知 (35)	49	1,350	662	449	100	124	124	128	115
三重 (36)	24	…	…	…	nc	nc	nc	nc	nc
滋賀 (37)	4	…	…	…	nc	nc	nc	nc	nc
京都 (38)	7	…	…	…	nc	nc	nc	nc	nc
大阪 (39)	0	…	…	…	nc	nc	nc	nc	nc
兵庫 (40)	3	…	…	…	nc	nc	nc	nc	nc
奈良 (41)	3	…	…	…	nc	nc	nc	nc	nc
和歌山 (42)	39	…	…	…	nc	nc	nc	nc	nc
鳥取 (43)	4	…	…	…	nc	nc	nc	nc	nc
島根 (44)	5	…	…	…	nc	nc	nc	nc	nc
岡山 (45)	10	2,450	245	198	100	84	84	85	71
広島 (46)	8	…	…	…	nc	nc	nc	nc	nc
山口 (47)	2	…	…	…	nc	nc	nc	nc	nc
徳島 (48)	9	2,910	262	222	100	137	136	136	92
香川 (49)	0	…	…	…	nc	nc	nc	nc	nc
愛媛 (50)	7	…	…	…	nc	nc	nc	nc	nc
高知 (51)	435	4,510	19,600	15,800	104	97	100	100	94
福岡 (52)	3	…	…	…	nc	nc	nc	nc	nc
佐賀 (53)	19	…	…	…	nc	nc	nc	nc	nc
長崎 (54)	71	2,090	1,480	966	104	102	106	108	100
熊本 (55)	175	2,940	5,150	4,030	98	97	95	97	96
大分 (56)	31	…	…	…	nc	nc	nc	nc	nc
宮崎 (57)	78	3,240	2,530	2,240	95	105	100	100	104
鹿児島 (58)	85	2,560	2,180	1,920	101	108	109	108	101
沖縄 (59)	10	…	…	…	nc	nc	nc	nc	nc
関東農政局 (60)	637	…	…	…	nc	nc	nc	nc	nc
東海農政局 (61)	83	…	…	…	nc	nc	nc	nc	nc
中国四国農政局 (62)	480	…	…	…	nc	nc	nc	nc	nc

(39) いちご

作付面積	10a当たり収量	収穫量	出荷量	対前年産比 作付面積	対前年産比 10a当たり収量	対前年産比 収穫量	対前年産比 出荷量	(参考)対平均収量比	
ha	kg	t	t	%	%	%	%	%	
5,110	3,230	165,200	152,100	98	104	102	102	109	(1)
101	1,830	1,850	1,730	101	100	101	101	105	(2)
5,010	…	…	…	nc	nc	nc	nc	nc	(3)
458	…	…	…	nc	nc	nc	nc	nc	(4)
135	…	…	…	nc	nc	nc	nc	nc	(5)
1,370	…	…	…	nc	nc	nc	nc	nc	(6)
736	3,410	25,100	23,200	98	103	101	101	105	(7)
435	…	…	…	nc	nc	nc	nc	nc	(8)
213	…	…	…	nc	nc	nc	nc	nc	(9)
262	…	…	…	nc	nc	nc	nc	nc	(10)
1,400	…	…	…	nc	nc	nc	nc	nc	(11)
3	…	…	…	nc	nc	nc	nc	nc	(12)
101	1,830	1,850	1,730	101	100	101	101	105	(13)
86	1,390	1,200	996	100	101	102	100	113	(14)
37	…	…	…	nc	nc	nc	nc	nc	(15)
127	3,630	4,610	4,210	102	101	103	103	110	(16)
43	…	…	…	nc	nc	nc	nc	nc	(17)
58	…	…	…	nc	nc	nc	nc	nc	(18)
107	2,250	2,410	2,140	99	102	101	101	105	(19)
242	3,820	9,240	8,850	100	101	101	103	108	(20)
533	4,760	25,400	23,900	98	104	102	102	111	(21)
104	2,800	2,910	2,730	90	102	92	92	105	(22)
102	3,050	3,110	2,790	98	101	99	100	107	(23)
221	2,980	6,590	6,230	100	98	98	98	97	(24)
18	…	…	…	nc	nc	nc	nc	nc	(25)
50	…	…	…	nc	nc	nc	nc	nc	(26)
99	1,420	1,410	1,140	101	115	117	111	120	(27)
7	…	…	…	nc	nc	nc	nc	nc	(28)
9	…	…	…	nc	nc	nc	nc	nc	(29)
20	…	…	…	nc	nc	nc	nc	nc	(30)
19	…	…	…	nc	nc	nc	nc	nc	(31)
85	…	…	…	nc	nc	nc	nc	nc	(32)
113	2,250	2,540	2,050	98	105	103	103	99	(33)
293	3,630	10,600	9,910	97	101	98	98	105	(34)
261	3,840	10,000	9,400	98	105	103	105	109	(35)
69	2,800	1,930	1,800	100	97	97	96	97	(36)
40	…	…	…	nc	nc	nc	nc	nc	(37)
47	…	…	…	nc	nc	nc	nc	nc	(38)
25	…	…	…	nc	nc	nc	nc	nc	(39)
179	1,010	1,810	1,100	99	101	100	101	110	(40)
103	2,230	2,300	2,100	98	101	99	100	105	(41)
41	…	…	…	nc	nc	nc	nc	nc	(42)
21	…	…	…	nc	nc	nc	nc	nc	(43)
18	…	…	…	nc	nc	nc	nc	nc	(44)
41	…	…	…	nc	nc	nc	nc	nc	(45)
31	…	…	…	nc	nc	nc	nc	nc	(46)
102	2,100	2,140	1,710	98	92	90	93	97	(47)
73	…	…	…	nc	nc	nc	nc	nc	(48)
84	3,770	3,170	2,930	97	106	103	102	119	(49)
81	3,040	2,460	2,260	99	99	98	98	102	(50)
24	…	…	…	nc	nc	nc	nc	nc	(51)
439	3,810	16,700	15,900	99	104	102	103	102	(52)
178	4,590	8,170	7,550	95	109	103	102	113	(53)
273	4,080	11,100	10,700	100	109	109	109	110	(54)
309	4,040	12,500	11,800	100	112	112	111	117	(55)
64	…	…	…	nc	nc	nc	nc	nc	(56)
69	3,840	2,650	2,460	100	101	100	101	109	(57)
63	…	…	…	nc	nc	nc	nc	nc	(58)
3	…	…	…	nc	nc	nc	nc	nc	(59)
1,670	…	…	…	nc	nc	nc	nc	nc	(60)
443	3,270	14,500	13,300	99	104	103	103	105	(61)
475	…	…	…	nc	nc	nc	nc	nc	(62)

3　令和元年産都道府県別の作付面積、10ａ当たり収量、収穫量及び出荷量（続き）

(40)　メロン

ア　計

全国農業地域・都道府県		作付面積	10ａ当たり収量	収穫量	出荷量	対前年産比 作付面積	対前年産比 10ａ当たり収量	対前年産比 収穫量	対前年産比 出荷量	(参考) 対平均収量比
		ha	kg	t	t	%	%	%	%	%
全国	(1)	6,410	2,430	156,000	141,900	97	105	102	102	107
(全国農業地域)										
北海道	(2)	958	2,440	23,400	21,600	97	111	108	107	106
都府県	(3)	5,450	…	…	…	nc	nc	nc	nc	nc
東北	(4)	1,270	…	…	…	nc	nc	nc	nc	nc
北陸	(5)	234	…	…	…	nc	nc	nc	nc	nc
関東・東山	(6)	1,680	…	…	…	nc	nc	nc	nc	nc
東海	(7)	700	…	…	…	nc	nc	nc	nc	nc
近畿	(8)	158	…	…	…	nc	nc	nc	nc	nc
中国	(9)	149	…	…	…	nc	nc	nc	nc	nc
四国	(10)	105	…	…	…	nc	nc	nc	nc	nc
九州	(11)	1,150	…	…	…	nc	nc	nc	nc	nc
沖縄	(12)	6	…	…	…	nc	nc	nc	nc	nc
(都道府県)										
北海道	(13)	958	2,440	23,400	21,600	97	111	108	107	106
青森	(14)	526	2,010	10,600	9,260	101	108	109	111	107
岩手	(15)	14	…	…	…	nc	nc	nc	nc	nc
宮城	(16)	8	…	…	…	nc	nc	nc	nc	nc
秋田	(17)	174	2,000	3,480	2,720	97	108	105	105	120
山形	(18)	527	2,130	11,200	9,780	99	103	102	102	102
福島	(19)	16	…	…	…	nc	nc	nc	nc	nc
茨城	(20)	1,250	3,010	37,600	35,500	95	98	94	94	102
栃木	(21)	2	…	…	…	nc	nc	nc	nc	nc
群馬	(22)	5	…	…	…	nc	nc	nc	nc	nc
埼玉	(23)	9	…	…	…	nc	nc	nc	nc	nc
千葉	(24)	326	2,360	7,690	7,420	99	106	105	105	104
東京	(25)	2	…	…	…	nc	nc	nc	nc	nc
神奈川	(26)	64	…	…	…	nc	nc	nc	nc	nc
新潟	(27)	149	…	…	…	nc	nc	nc	nc	nc
富山	(28)	23	…	…	…	nc	nc	nc	nc	nc
石川	(29)	26	1,370	356	213	87	106	92	97	101
福井	(30)	36	2,240	806	727	100	105	105	106	124
山梨	(31)	1	…	…	…	nc	nc	nc	nc	nc
長野	(32)	20	…	…	…	nc	nc	nc	nc	nc
岐阜	(33)	20	…	…	…	nc	nc	nc	nc	nc
静岡	(34)	260	2,640	6,860	6,630	96	98	94	94	95
愛知	(35)	381	2,400	9,140	8,440	100	108	108	108	112
三重	(36)	39	…	…	…	nc	nc	nc	nc	nc
滋賀	(37)	48	…	…	…	nc	nc	nc	nc	nc
京都	(38)	45	…	…	…	nc	nc	nc	nc	nc
大阪	(39)	1	…	…	…	nc	nc	nc	nc	nc
兵庫	(40)	47	…	…	…	nc	nc	nc	nc	nc
奈良	(41)	11	…	…	…	nc	nc	nc	nc	nc
和歌山	(42)	6	…	…	…	nc	nc	nc	nc	nc
鳥取	(43)	52	2,520	1,310	1,010	95	104	98	98	130
島根	(44)	44	…	…	…	nc	nc	nc	nc	nc
岡山	(45)	13	1,510	196	163	87	106	91	94	109
広島	(46)	22	…	…	…	nc	nc	nc	nc	nc
山口	(47)	18	…	…	…	nc	nc	nc	nc	nc
徳島	(48)	8	…	…	…	nc	nc	nc	nc	nc
香川	(49)	6	…	…	…	nc	nc	nc	nc	nc
愛媛	(50)	14	…	…	…	nc	nc	nc	nc	nc
高知	(51)	77	…	…	…	nc	nc	nc	nc	nc
福岡	(52)	22	…	…	…	nc	nc	nc	nc	nc
佐賀	(53)	6	…	…	…	nc	nc	nc	nc	nc
長崎	(54)	125	…	…	…	nc	nc	nc	nc	nc
熊本	(55)	872	2,800	24,400	23,000	95	116	110	110	122
大分	(56)	16	…	…	…	nc	nc	nc	nc	nc
宮崎	(57)	66	…	…	…	nc	nc	nc	nc	nc
鹿児島	(58)	46	…	…	…	nc	nc	nc	nc	nc
沖縄	(59)	6	…	…	…	nc	nc	nc	nc	nc
関東農政局	(60)	1,940	…	…	…	nc	nc	nc	nc	nc
東海農政局	(61)	440	…	…	…	nc	nc	nc	nc	nc
中国四国農政局	(62)	254	…	…	…	nc	nc	nc	nc	nc

イ 計のうち温室メロン（アールスフェボリット系）

作付面積	10a当たり収量	収穫量	出荷量	対前年産比				(参考)対平均収量比	
				作付面積	10a当たり収量	収穫量	出荷量		
ha	kg	t	t	%	%	%	%	%	
644	**2,660**	**17,100**	**16,400**	**95**	**97**	**92**	**93**	**99**	(1)
-	-	-	-	nc	nc	nc	nc	nc	(2)
644	…	…	…	nc	nc	nc	nc	nc	(3)
-	…	…	…	nc	nc	nc	nc	nc	(4)
26	…	…	…	nc	nc	nc	nc	nc	(5)
144	…	…	…	nc	nc	nc	nc	nc	(6)
385	…	…	…	nc	nc	nc	nc	nc	(7)
-	…	…	…	nc	nc	nc	nc	nc	(8)
18	…	…	…	nc	nc	nc	nc	nc	(9)
71	…	…	…	nc	nc	nc	nc	nc	(10)
-	…	…	…	nc	nc	nc	nc	nc	(11)
0	…	…	…	nc	nc	nc	nc	nc	(12)
-	-	-	-	nc	nc	nc	nc	nc	(13)
-	-	-	-	nc	nc	nc	nc	nc	(14)
-	…	…	…	nc	nc	nc	nc	nc	(15)
-	…	…	…	nc	nc	nc	nc	nc	(16)
-	-	-	-	nc	nc	nc	nc	nc	(17)
-	-	-	-	nc	nc	nc	nc	nc	(18)
-	…	…	…	nc	nc	nc	nc	nc	(19)
116	2,730	3,170	3,050	97	94	91	92	99	(20)
-	…	…	…	nc	nc	nc	nc	nc	(21)
-	…	…	…	nc	nc	nc	nc	nc	(22)
-	…	…	…	nc	nc	nc	nc	nc	(23)
24	2,240	538	507	100	95	95	94	91	(24)
-	…	…	…	nc	nc	nc	nc	nc	(25)
1	…	…	…	nc	nc	nc	nc	nc	(26)
2	…	…	…	nc	nc	nc	nc	nc	(27)
-	…	…	…	nc	nc	nc	nc	nc	(28)
6	2,630	158	148	100	110	110	108	100	(29)
18	1,890	340	311	100	89	89	86	99	(30)
-	…	…	…	nc	nc	nc	nc	nc	(31)
3	…	…	…	nc	nc	nc	nc	nc	(32)
2	…	…	…	nc	nc	nc	nc	nc	(33)
249	2,670	6,650	6,480	96	99	94	94	95	(34)
126	2,960	3,730	3,540	100	98	98	98	103	(35)
8	…	…	…	nc	nc	nc	nc	nc	(36)
-	…	…	…	nc	nc	nc	nc	nc	(37)
-	…	…	…	nc	nc	nc	nc	nc	(38)
-	…	…	…	nc	nc	nc	nc	nc	(39)
-	…	…	…	nc	nc	nc	nc	nc	(40)
-	…	…	…	nc	nc	nc	nc	nc	(41)
-	…	…	…	nc	nc	nc	nc	nc	(42)
4	1,430	50	42	100	95	83	82	83	(43)
11	…	…	…	nc	nc	nc	nc	nc	(44)
3	1,820	55	52	75	107	81	81	98	(45)
-	…	…	…	nc	nc	nc	nc	nc	(46)
-	…	…	…	nc	nc	nc	nc	nc	(47)
1	…	…	…	nc	nc	nc	nc	nc	(48)
-	…	…	…	nc	nc	nc	nc	nc	(49)
-	…	…	…	nc	nc	nc	nc	nc	(50)
70	…	…	…	nc	nc	nc	nc	nc	(51)
-	…	…	…	nc	nc	nc	nc	nc	(52)
-	…	…	…	nc	nc	nc	nc	nc	(53)
-	…	…	…	nc	nc	nc	nc	nc	(54)
-	-	-	-	nc	nc	nc	nc	nc	(55)
-	…	…	…	nc	nc	nc	nc	nc	(56)
-	…	…	…	nc	nc	nc	nc	nc	(57)
-	…	…	…	nc	nc	nc	nc	nc	(58)
0	…	…	…	nc	nc	nc	nc	nc	(59)
393	…	…	…	nc	nc	nc	nc	nc	(60)
136	…	…	…	nc	nc	nc	nc	nc	(61)
89	…	…	…	nc	nc	nc	nc	nc	(62)

3　令和元年産都道府県別の作付面積、10a当たり収量、収穫量及び出荷量（続き）

(41)　すいか

全国農業地域・都道府県		作付面積	10a当たり収量	収穫量	出荷量	対前年産比 作付面積	対前年産比 10a当たり収量	対前年産比 収穫量	対前年産比 出荷量	(参考) 対平均収量比
		ha	kg	t	t	%	%	%	%	%
全国	(1)	**9,640**	**3,360**	**324,200**	**279,100**	**97**	**104**	**101**	**101**	**103**
(全国農業地域)										
北海道	(2)	311	3,780	11,800	10,900	96	117	112	113	97
都府県	(3)	9,330	…	…	…	nc	nc	nc	nc	nc
東北	(4)	1,640	…	…	…	nc	nc	nc	nc	nc
北陸	(5)	1,050	…	…	…	nc	nc	nc	nc	nc
関東・東山	(6)	2,220	…	…	…	nc	nc	nc	nc	nc
東海	(7)	733	…	…	…	nc	nc	nc	nc	nc
近畿	(8)	616	…	…	…	nc	nc	nc	nc	nc
中国	(9)	691	…	…	…	nc	nc	nc	nc	nc
四国	(10)	294	…	…	…	nc	nc	nc	nc	nc
九州	(11)	2,010	…	…	…	nc	nc	nc	nc	nc
沖縄	(12)	83	…	…	…	nc	nc	nc	nc	nc
(都道府県)										
北海道	(13)	311	3,780	11,800	10,900	96	117	112	113	97
青森	(14)	296	2,800	8,290	7,250	100	101	101	101	99
岩手	(15)	42	…	…	…	nc	nc	nc	nc	nc
宮城	(16)	17	…	…	…	nc	nc	nc	nc	nc
秋田	(17)	425	3,100	13,200	10,900	97	111	108	108	109
山形	(18)	810	3,840	31,100	27,200	98	98	96	96	98
福島	(19)	49	…	…	…	nc	nc	nc	nc	nc
茨城	(20)	388	3,900	15,100	13,400	96	98	94	95	100
栃木	(21)	27	…	…	…	nc	nc	nc	nc	nc
群馬	(22)	131	…	…	…	nc	nc	nc	nc	nc
埼玉	(23)	34	…	…	…	nc	nc	nc	nc	nc
千葉	(24)	1,010	3,840	38,800	35,900	98	96	94	94	101
東京	(25)	11	…	…	…	nc	nc	nc	nc	nc
神奈川	(26)	282	3,040	8,570	8,130	76	97	74	74	98
新潟	(27)	523	3,310	17,300	15,000	99	99	98	97	94
富山	(28)	63	…	…	…	nc	nc	nc	nc	nc
石川	(29)	301	4,560	13,700	12,000	99	107	105	108	106
福井	(30)	158	3,160	4,990	4,410	96	131	126	125	147
山梨	(31)	5	…	…	…	nc	nc	nc	nc	nc
長野	(32)	333	5,210	17,300	15,900	98	101	99	96	100
岐阜	(33)	49	…	…	…	nc	nc	nc	nc	nc
静岡	(34)	172	2,690	4,630	3,650	100	89	89	89	93
愛知	(35)	413	3,410	14,100	12,100	100	110	109	109	108
三重	(36)	99	…	…	…	nc	nc	nc	nc	nc
滋賀	(37)	77	1,650	1,270	612	97	99	96	95	110
京都	(38)	80	…	…	…	nc	nc	nc	nc	nc
大阪	(39)	33	…	…	…	nc	nc	nc	nc	nc
兵庫	(40)	253	1,180	2,990	648	100	126	126	136	108
奈良	(41)	81	2,450	1,980	1,070	99	100	99	99	98
和歌山	(42)	92	2,720	2,500	2,030	100	103	103	104	100
鳥取	(43)	375	4,780	17,900	16,400	97	106	103	103	90
島根	(44)	44	…	…	…	nc	nc	nc	nc	nc
岡山	(45)	56	1,750	980	598	71	142	101	103	148
広島	(46)	127	…	…	…	nc	nc	nc	nc	nc
山口	(47)	89	1,730	1,540	982	98	93	91	85	95
徳島	(48)	16	…	…	…	nc	nc	nc	nc	nc
香川	(49)	27	…	…	…	nc	nc	nc	nc	nc
愛媛	(50)	211	1,870	3,950	2,830	93	114	106	109	103
高知	(51)	40	…	…	…	nc	nc	nc	nc	nc
福岡	(52)	104	2,340	2,430	1,870	96	98	94	93	93
佐賀	(53)	28	…	…	…	nc	nc	nc	nc	nc
長崎	(54)	245	3,620	8,870	7,800	98	115	113	113	111
熊本	(55)	1,330	3,920	52,100	49,100	98	114	111	111	112
大分	(56)	164	…	…	…	nc	nc	nc	nc	nc
宮崎	(57)	29	…	…	…	nc	nc	nc	nc	nc
鹿児島	(58)	108	2,830	3,060	2,380	94	100	94	94	108
沖縄	(59)	83	…	…	…	nc	nc	nc	nc	nc
関東農政局	(60)	2,390	…	…	…	nc	nc	nc	nc	nc
東海農政局	(61)	561	…	…	…	nc	nc	nc	nc	nc
中国四国農政局	(62)	985	…	…	…	nc	nc	nc	nc	nc

4　令和元年産都道府県別・品目別の作付面積、収穫量及び出荷量

品目		北海道			青森			岩手	
		作付面積	収穫量	出荷量	作付面積	収穫量	出荷量	作付面積	収穫量	出荷量
		ha	t	t	ha	t	t	ha	t	t
だいこん	(1)	3,250	161,900	152,400	2,970	121,600	110,800	854	24,400	17,400
かぶ	(2)	107	3,520	3,250	189	7,140	6,430	39	…	…
にんじん	(3)	4,670	194,700	181,700	1,190	39,600	36,800	155	3,070	1,780
ごぼう	(4)	607	12,400	11,600	2,360	51,400	48,300	86	…	…
れんこん	(5)	-	…	…	-	…	…	x	…	…
ばれいしょ	(6)	49,600	1,890,000	1,697,000	658	15,500	11,800	381	…	…
さといも	(7)	x	…	…	9	…	…	108	757	372
やまのいも	(8)	2,070	74,500	63,300	2,280	56,300	51,200	189	3,590	2,990
はくさい	(9)	613	25,700	23,900	212	5,690	3,510	301	7,280	3,510
こまつな	(10)	154	2,200	2,030	35	…	…	47	…	…
キャベツ	(11)	1,170	58,100	55,000	461	17,300	15,000	834	30,200	27,000
ちんげんさい	(12)	42	840	766	10	…	…	6	…	…
ほうれんそう	(13)	483	5,020	4,670	200	…	…	722	3,500	2,860
ふき	(14)	23	437	417	4	26	8	19	105	52
みつば	(15)	46	242	216	8	…	…	8	…	…
しゅんぎく	(16)	14	…	…	29	223	140	41	332	230
みずな	(17)	37	907	822	9	…	…	11	…	…
セルリー	(18)	18	711	693	x	…	…	2	…	…
アスパラガス	(19)	1,250	3,340	3,040	139	609	452	300	513	431
カリフラワー	(20)	25	308	292	18	172	121	18	…	…
ブロッコリー	(21)	2,700	26,700	25,600	174	1,220	1,080	107	822	709
レタス	(22)	478	12,700	11,800	88	2,080	1,900	442	10,400	9,480
ねぎ	(23)	623	20,500	19,200	498	12,300	9,650	438	6,850	5,170
にら	(24)	66	2,960	2,820	16	…	…	12	…	…
たまねぎ	(25)	14,600	842,400	794,100	15	…	…	91	…	…
にんにく	(26)	136	781	626	1,440	13,900	10,400	57	351	214
きゅうり	(27)	149	15,900	14,700	145	5,890	4,860	239	13,100	10,900
かぼちゃ	(28)	7,260	87,800	83,000	216	2,440	1,460	212	…	…
なす	(29)	17	…	…	95	…	…	120	2,930	1,760
トマト	(30)	814	61,000	56,200	365	18,100	16,400	209	9,610	8,040
ピーマン	(31)	80	5,090	4,700	95	3,780	3,310	189	7,910	6,820
スイートコーン	(32)	8,460	99,000	95,600	437	3,640	1,860	514	3,100	2,160
さやいんげん	(33)	558	4,690	4,470	102	729	437	96	442	210
さやえんどう	(34)	75	446	383	63	264	160	94	367	216
グリーンピース	(35)	52	339	328	-	…	…	-	…	…
そらまめ	(36)	1	…	…	23	167	151	2	…	…
えだまめ	(37)	1,200	5,660	5,430	265	1,030	435	253	696	401
しょうが	(38)	1	…	…	-	…	…	1	…	…
いちご	(39)	101	1,850	1,730	86	1,200	996	37	…	…
メロン	(40)	958	23,400	21,600	526	10,600	9,260	14	…	…
すいか	(41)	311	11,800	10,900	296	8,290	7,250	42	…	…

宮城			秋田			山形			
作付面積	収穫量	出荷量	作付面積	収穫量	出荷量	作付面積	収穫量	出荷量	
ha	t	t	ha	t	t	ha	t	t	
513	9,640	3,890	547	16,400	7,730	447	15,700	8,820	(1)
42	…	…	61	…	…	250	3,330	2,670	(2)
105	…	…	69	…	…	63	…	…	(3)
41	…	…	70	…	…	35	…	…	(4)
5	…	…	-	…	…	1	…	…	(5)
520	6,860	2,090	548	…	…	188	…	…	(6)
108	…	…	140	…	…	180	1,730	834	(7)
32	…	…	111	1,320	720	39	…	…	(8)
435	8,300	3,170	243	6,630	2,310	207	6,540	2,540	(9)
127	1,600	1,240	46	…	…	114	1,460	1,260	(10)
348	7,040	5,210	374	9,380	5,880	116	…	…	(11)
52	666	497	23	…	…	16	…	…	(12)
349	2,550	1,490	197	1,430	1,090	152	…	…	(13)
8	…	…	33	288	204	11	56	38	(14)
10	…	…	5	…	…	3	…	…	(15)
52	629	535	24	…	…	14	…	…	(16)
50	715	614	3	…	…	15	…	…	(17)
3	…	…	1	…	…	11	…	…	(18)
26	…	…	376	1,390	1,130	362	1,720	1,460	(19)
18	…	…	27	273	159	24	237	131	(20)
127	…	…	44	…	…	79	…	…	(21)
126	…	…	25	…	…	59	…	…	(22)
606	8,410	5,970	584	13,700	11,000	438	9,640	6,710	(23)
39	…	…	30	…	…	202	2,890	2,450	(24)
196	…	…	90	…	…	42	…	…	(25)
29	…	…	54	356	173	22	…	…	(26)
376	13,300	10,500	265	8,990	6,450	344	13,500	10,200	(27)
213	1,590	640	360	3,020	1,510	294	2,710	1,400	(28)
211	2,750	1,300	390	6,080	2,150	408	5,860	2,710	(29)
221	9,680	8,120	241	8,700	6,270	213	11,300	9,210	(30)
43	…	…	35	455	292	45	1,130	685	(31)
447	2,430	555	230	…	…	230	…	…	(32)
187	778	217	125	705	310	125	610	289	(33)
55	272	55	98	496	129	50	…	…	(34)
2	…	…	-	…	…	1	…	…	(35)
67	477	354	30	234	199	0	…	…	(36)
296	1,240	532	1,380	5,580	4,430	1,480	6,020	4,890	(37)
1	…	…	0	…	…	1	…	…	(38)
127	4,610	4,210	43	…	…	58	…	…	(39)
8	…	…	174	3,480	2,720	527	11,200	9,780	(40)
17	…	…	425	13,200	10,900	810	31,100	27,200	(41)

4　令和元年産都道府県別・品目別の作付面積、収穫量及び出荷量（続き）

品目	福島 作付面積	福島 収穫量	福島 出荷量	茨城 作付面積	茨城 収穫量	茨城 出荷量	栃木 作付面積	栃木 収穫量	栃木 出荷量
	ha	t	t	ha	t	t	ha	t	t
だいこん (1)	640	21,700	8,910	1,220	56,800	46,400	396	15,000	11,400
かぶ (2)	105	1,690	813	77	1,650	1,150	61	1,500	1,240
にんじん (3)	141	1,780	805	849	27,700	24,200	129	…	…
ごぼう (4)	107	…	…	793	13,600	12,500	265	4,690	4,430
れんこん (5)	0	…	…	1,660	26,400	23,000	x	…	…
ばれいしょ (6)	1,020	17,300	2,330	1,610	48,300	40,800	517	…	…
さといも (7)	254	2,030	835	277	3,190	1,690	492	8,070	5,210
やまのいも (8)	59	…	…	136	3,260	2,730	10	…	…
はくさい (9)	532	15,900	5,410	3,300	227,700	216,400	485	20,900	14,900
こまつな (10)	90	…	…	1,090	20,400	18,400	48	…	…
キャベツ (11)	253	5,790	3,560	2,370	105,600	99,200	192	…	…
ちんげんさい (12)	36	583	385	498	11,600	10,300	14	…	…
ほうれんそう (13)	299	2,850	1,900	1,240	16,100	14,400	601	5,930	4,900
ふき (14)	17	92	78	5	…	…	8	66	44
みつば (15)	39	503	444	166	1,730	1,580	9	…	…
しゅんぎく (16)	71	824	640	116	2,130	1,700	51	1,230	973
みずな (17)	17	…	…	1,010	22,800	20,800	15	…	…
セルリー (18)	2	…	…	17	…	…	-	…	…
アスパラガス (19)	358	1,400	1,210	24	…	…	104	1,700	1,460
カリフラワー (20)	26	224	113	110	2,500	2,350	5	…	…
ブロッコリー (21)	445	3,760	3,260	218	1,840	1,540	150	1,520	1,210
レタス (22)	141	…	…	3,460	86,400	83,300	206	5,130	4,810
ねぎ (23)	670	10,900	6,940	2,000	52,300	45,600	634	11,700	9,070
にら (24)	155	2,450	2,030	212	7,780	6,990	364	10,900	9,770
たまねぎ (25)	161	…	…	189	6,430	4,490	265	12,000	10,400
にんにく (26)	46	299	36	16	…	…	6	…	…
きゅうり (27)	682	38,200	34,200	489	24,500	21,400	272	11,800	9,770
かぼちゃ (28)	308	2,250	928	443	6,780	5,500	146	…	…
なす (29)	265	4,380	2,440	434	15,900	14,000	359	13,500	11,700
トマト (30)	357	22,400	19,900	882	43,400	41,100	331	34,800	32,800
ピーマン (31)	82	2,610	2,240	543	33,900	31,800	24	…	…
スイートコーン (32)	570	2,980	1,160	1,260	16,000	12,300	577	5,890	4,060
さやいんげん (33)	474	3,260	2,170	169	1,540	925	149	866	494
さやえんどう (34)	244	1,060	819	60	518	235	29	…	…
グリーンピース (35)	28	116	96	3	…	…	2	…	…
そらまめ (36)	3	…	…	124	1,260	1,080	5	…	…
えだまめ (37)	265	957	315	128	…	…	146	…	…
しょうが (38)	6	…	…	117	2,620	2,040	17	…	…
いちご (39)	107	2,410	2,140	242	9,240	8,850	533	25,400	23,900
メロン (40)	16	…	…	1,250	37,600	35,500	2	…	…
すいか (41)	49	…	…	388	15,100	13,400	27	…	…

群馬			埼玉			千葉			
作付面積	収穫量	出荷量	作付面積	収穫量	出荷量	作付面積	収穫量	出荷量	
ha	t	t	ha	t	t	ha	t	t	
813	31, 600	21, 400	551	24, 200	18, 900	2, 660	142, 300	132, 600	(1)
31	…	…	416	16, 200	13, 500	904	30, 400	28, 900	(2)
81	…	…	517	18, 700	15, 900	2, 950	93, 600	87, 200	(3)
410	7, 540	6, 840	100	…	…	364	7, 500	6, 640	(4)
1	…	…	x	…	…	94	…	…	(5)
358	…	…	690	…	…	1, 180	29, 500	24, 500	(6)
281	2, 810	1, 240	803	18, 400	13, 300	1, 160	12, 900	10, 600	(7)
484	6, 490	5, 050	172	1, 740	1, 390	497	6, 560	4, 830	(8)
513	29, 700	22, 800	478	23, 100	17, 300	247	6, 400	4, 590	(9)
545	6, 920	6, 210	832	14, 300	12, 400	339	5, 590	4, 590	(10)
4, 050	275, 300	249, 000	449	17, 600	13, 800	2, 750	110, 800	103, 300	(11)
144	1, 840	1, 630	104	2, 330	2, 050	77	1, 220	983	(12)
1, 890	20, 200	18, 500	2, 010	23, 900	20, 100	1, 910	18, 800	17, 200	(13)
97	1, 130	893	4	…	…	8	126	87	(14)
19	…	…	55	1, 390	1, 310	152	2, 720	2, 600	(15)
115	2, 380	2, 010	73	1, 020	725	162	2, 790	2, 450	(16)
62	899	770	130	1, 590	1, 440	32	…	…	(17)
2	…	…	3	…	…	19	817	761	(18)
74	…	…	14	…	…	5	…	…	(19)
24	…	…	98	1, 820	1, 590	36	396	360	(20)
630	6, 550	5, 650	1, 260	15, 200	13, 100	320	2, 330	1, 990	(21)
1, 340	51, 500	48, 600	165	3, 950	3, 380	485	8, 030	7, 260	(22)
1, 030	21, 100	16, 100	2, 390	56, 800	47, 000	2, 150	64, 300	58, 200	(23)
161	2, 750	2, 560	8	…	…	117	2, 180	1, 900	(24)
216	8, 290	7, 560	145	5, 280	3, 170	185	7, 270	4, 520	(25)
3	…	…	11	…	…	25	…	…	(26)
821	59, 000	52, 900	623	45, 600	41, 100	452	29, 100	26, 100	(27)
165	…	…	70	…	…	212	3, 790	2, 730	(28)
530	26, 500	23, 100	287	9, 620	7, 160	291	5, 770	4, 110	(29)
305	24, 100	22, 300	196	15, 300	13, 600	759	31, 900	28, 700	(30)
19	…	…	20	…	…	80	1, 660	1, 180	(31)
1, 180	11, 900	9, 800	586	7, 500	6, 190	1, 730	15, 900	13, 200	(32)
174	960	626	136	743	383	450	6, 030	4, 340	(33)
24	…	…	40	…	…	124	590	291	(34)
−	…	…	−	…	…	−	…	…	(35)
2	…	…	19	…	…	355	1, 840	1, 280	(36)
1, 100	6, 230	5, 390	703	5, 720	4, 400	760	6, 120	5, 180	(37)
30	…	…	34	374	287	297	4, 250	2, 380	(38)
104	2, 910	2, 730	102	3, 110	2, 790	221	6, 590	6, 230	(39)
5	…	…	9	…	…	326	7, 690	7, 420	(40)
131	…	…	34	…	…	1, 010	38, 800	35, 900	(41)

4 令和元年産都道府県別・品目別の作付面積、収穫量及び出荷量（続き）

品目		東京			神奈川			新潟	
	作付面積	収穫量	出荷量	作付面積	収穫量	出荷量	作付面積	収穫量	出荷量
	ha	t	t	ha	t	t	ha	t	t
だいこん (1)	210	8,580	8,010	1,070	76,000	70,600	1,380	49,800	35,900
かぶ (2)	81	1,530	1,450	102	2,490	2,330	142	3,080	2,240
にんじん (3)	107	3,190	2,940	136	…	…	246	6,610	5,310
ごぼう (4)	34	…	…	39	…	…	94	…	…
れんこん (5)	-	…	…	-	…	…	157	…	…
ばれいしょ (6)	203	…	…	407	…	…	610	…	…
さといも (7)	218	2,620	2,260	392	5,210	3,650	581	5,200	3,130
やまのいも (8)	9	…	…	31	…	…	70	…	…
はくさい (9)	79	…	…	156	…	…	356	7,190	3,680
こまつな (10)	457	8,270	7,930	406	6,820	6,500	131	1,360	784
キャベツ (11)	203	7,250	6,900	1,440	64,300	61,200	467	…	…
ちんげんさい (12)	3	…	…	3	…	…	24	…	…
ほうれんそう (13)	356	3,550	3,220	661	8,060	7,520	158	…	…
ふき (14)	3	…	…	4	…	…	19	79	57
みつば (15)	1	…	…	0	…	…	17	…	…
しゅんぎく (16)	19	…	…	16	…	…	32	275	173
みずな (17)	13	…	…	7	…	…	7	…	…
セルリー (18)	0	…	…	1	…	…	7	…	…
アスパラガス (19)	1	…	…	1	…	…	226	669	571
カリフラワー (20)	30	498	481	37	566	518	91	1,160	948
ブロッコリー (21)	174	2,000	1,830	110	1,320	1,180	150	…	…
レタス (22)	25	…	…	119	…	…	60	…	…
ねぎ (23)	123	…	…	400	8,560	7,540	645	9,970	7,130
にら (24)	4	…	…	4	…	…	10	…	…
たまねぎ (25)	35	…	…	186	…	…	244	…	…
にんにく (26)	0	…	…	5	…	…	29	…	…
きゅうり (27)	75	…	…	260	11,000	10,500	425	8,490	5,490
かぼちゃ (28)	40	…	…	219	4,340	3,720	316	1,900	1,270
なす (29)	72	…	…	150	3,410	3,110	535	6,040	2,600
トマト (30)	82	…	…	248	12,100	11,700	397	9,290	6,570
ピーマン (31)	16	…	…	31	…	…	68	796	396
スイートコーン (32)	200	…	…	322	…	…	391	…	…
さやいんげん (33)	27	…	…	83	574	391	81	304	49
さやえんどう (34)	16	…	…	21	…	…	64	274	45
グリーンピース (35)	-	…	…	-	…	…	0	…	…
そらまめ (36)	4	…	…	23	…	…	52	491	309
えだまめ (37)	156	…	…	336	2,830	2,410	1,570	4,870	3,060
しょうが (38)	10	…	…	35	…	…	3	…	…
いちご (39)	18	…	…	50	…	…	99	1,410	1,140
メロン (40)	2	…	…	64	…	…	149	…	…
すいか (41)	11	…	…	282	8,570	8,130	523	17,300	15,000

富山			石川			福井			
作付面積	収穫量	出荷量	作付面積	収穫量	出荷量	作付面積	収穫量	出荷量	
ha	t	t	ha	t	t	ha	t	t	
175	4,270	3,030	253	10,000	7,010	245	6,130	5,070	(1)
86	1,440	1,070	37	…	…	51	…	…	(2)
77	…	…	35	353	288	40	…	…	(3)
5	…	…	12	…	…	10	…	…	(4)
3	…	…	75	…	…	0	…	…	(5)
121	…	…	234	…	…	318	…	…	(6)
149	1,550	982	27	…	…	217	2,760	1,460	(7)
11	…	…	34	…	…	7	…	…	(8)
93	1,850	1,000	48	…	…	65	…	…	(9)
40	…	…	101	1,160	1,030	50	…	…	(10)
134	3,380	2,300	63	…	…	120	3,170	2,830	(11)
0	…	…	13	…	…	4	…	…	(12)
60	525	280	60	…	…	75	810	575	(13)
3	…	…	6	…	…	2	…	…	(14)
0	…	…	0	…	…	3	…	…	(15)
8	…	…	3	…	…	10	…	…	(16)
7	…	…	6	…	…	25	…	…	(17)
0	…	…	0	…	…	0	…	…	(18)
11	…	…	4	…	…	2	…	…	(19)
4	…	…	2	…	…	0	…	…	(20)
15	…	…	280	1,530	1,390	71	…	…	(21)
18	…	…	22	…	…	36	…	…	(22)
219	2,970	2,370	100	1,120	812	136	2,170	1,900	(23)
11	…	…	0	…	…	0	…	…	(24)
234	10,000	9,200	34	…	…	68	…	…	(25)
7	…	…	2	…	…	10	…	…	(26)
61	1,150	520	72	2,020	1,390	63	…	…	(27)
32	…	…	227	2,500	2,060	69	…	…	(28)
177	2,270	434	85	…	…	100	1,400	510	(29)
69	1,540	948	113	3,450	2,700	79	2,280	1,950	(30)
7	…	…	9	…	…	19	…	…	(31)
27	…	…	17	…	…	38	…	…	(32)
17	…	…	20	…	…	27	…	…	(33)
13	…	…	9	…	…	10	…	…	(34)
0	…	…	1	…	…	2	…	…	(35)
0	…	…	2	…	…	23	…	…	(36)
57	198	137	12	…	…	49	…	…	(37)
1	…	…	0	…	…	2	…	…	(38)
7	…	…	9	…	…	20	…	…	(39)
23	…	…	26	356	213	36	806	727	(40)
63	…	…	301	13,700	12,000	158	4,990	4,410	(41)

4　令和元年産都道府県別・品目別の作付面積、収穫量及び出荷量（続き）

品目	山梨			長野			岐阜		
	作付面積	収穫量	出荷量	作付面積	収穫量	出荷量	作付面積	収穫量	出荷量
	ha	t	t	ha	t	t	ha	t	t
だいこん (1)	211	…	…	728	18,300	9,020	540	19,500	15,000
かぶ (2)	7	…	…	30	…	…	150	2,840	2,170
にんじん (3)	23	…	…	64	…	…	182	6,010	5,040
ごぼう (4)	28	…	…	61	…	…	29	…	…
れんこん (5)	0	…	…	2	…	…	10	…	…
ばれいしょ (6)	291	…	…	1,020	19,300	1,690	302	…	…
さといも (7)	88	…	…	114	…	…	309	3,040	1,090
やまのいも (8)	47	649	483	285	6,730	5,010	23	…	…
はくさい (9)	166	…	…	2,850	232,500	207,900	226	6,450	3,190
こまつな (10)	10	…	…	21	…	…	145	2,160	1,890
キャベツ (11)	124	3,360	2,910	1,550	70,400	64,000	243	6,380	4,890
ちんげんさい (12)	5	…	…	88	1,820	1,640	7	…	…
ほうれんそう (13)	111	…	…	429	3,610	2,520	1,220	11,500	10,200
ふき (14)	1	…	…	26	198	76	3	…	…
みつば (15)	0	…	…	1	…	…	0	…	…
しゅんぎく (16)	3	…	…	36	392	271	23	375	329
みずな (17)	3	…	…	11	…	…	22	…	…
セルリー (18)	0	…	…	242	13,400	13,100	-	…	…
アスパラガス (19)	9	…	…	828	2,070	1,800	7	…	…
カリフラワー (20)	17	…	…	84	1,760	1,590	7	…	…
ブロッコリー (21)	21	…	…	1,010	10,600	10,200	64	…	…
レタス (22)	113	…	…	6,040	197,800	191,500	32	…	…
ねぎ (23)	98	…	…	708	15,900	9,700	208	2,180	1,110
にら (24)	0	…	…	9	…	…	0	…	…
たまねぎ (25)	51	…	…	156	4,520	2,440	116	3,230	1,930
にんにく (26)	11	…	…	30	…	…	25	…	…
きゅうり (27)	126	4,800	3,820	364	13,700	10,000	164	5,650	4,050
かぼちゃ (28)	73	…	…	542	6,450	4,910	100	…	…
なす (29)	133	5,750	4,840	235	4,000	791	158	2,760	1,420
トマト (30)	113	5,950	5,470	327	16,200	13,600	309	24,200	22,100
ピーマン (31)	14	…	…	91	1,960	1,300	39	550	358
スイートコーン (32)	750	7,880	6,610	1,110	8,640	5,570	255	…	…
さやいんげん (33)	105	433	347	240	818	416	86	501	258
さやえんどう (34)	12	…	…	78	331	64	22	…	…
グリーンピース (35)	-	…	…	1	…	…	22	155	56
そらまめ (36)	7	…	…	1	…	…	19	…	…
えだまめ (37)	73	…	…	101	…	…	260	1,350	1,070
しょうが (38)	6	…	…	1	…	…	10	…	…
いちご (39)	19	…	…	85	…	…	113	2,540	2,050
メロン (40)	1	…	…	20	…	…	20	…	…
すいか (41)	5	…	…	333	17,300	15,900	49	…	…

静岡			愛知			三重			
作付面積	収穫量	出荷量	作付面積	収穫量	出荷量	作付面積	収穫量	出荷量	
ha	t	t	ha	t	t	ha	t	t	
473	18, 900	15, 500	580	22, 800	19, 800	270	…	…	(1)
49	…	…	95	2, 560	1, 850	89	1, 190	825	(2)
104	2, 750	2, 030	410	19, 700	17, 900	73	1, 220	619	(3)
20	…	…	46	…	…	19	…	…	(4)
29	…	…	266	3, 010	2, 830	6	…	…	(5)
544	14, 600	12, 400	287	…	…	209	2, 330	1, 420	(6)
272	3, 890	2, 510	295	3, 420	2, 160	185	1, 960	755	(7)
29	…	…	40	…	…	43	…	…	(8)
133	…	…	412	21, 700	19, 200	186	8, 400	6, 150	(9)
141	2, 140	1, 920	105	1, 520	1, 410	47	…	…	(10)
487	17, 100	15, 000	5, 430	268, 600	253, 300	420	11, 400	9, 020	(11)
312	7, 520	7, 100	133	2, 780	2, 610	9	…	…	(12)
310	…	…	439	4, 960	4, 380	112	…	…	(13)
12	95	70	70	3, 630	3, 410	7	…	…	(14)
80	1, 410	1, 320	94	1, 910	1, 800	19	…	…	(15)
12	…	…	32	624	449	18	…	…	(16)
20	…	…	17	…	…	8	…	…	(17)
91	6, 080	5, 820	41	2, 920	2, 770	2	…	…	(18)
6	…	…	11	…	…	8	…	…	(19)
34	575	450	97	2, 270	2, 040	14	…	…	(20)
181	2, 120	1, 950	955	15, 700	14, 600	86	600	356	(21)
917	24, 700	23, 700	329	5, 440	4, 990	46	…	…	(22)
485	9, 500	8, 310	411	8, 330	6, 240	246	4, 470	2, 820	(23)
2	…	…	6	…	…	6	…	…	(24)
324	12, 400	11, 300	548	27, 700	25, 100	119	3, 320	1, 870	(25)
4	…	…	14	…	…	7	…	…	(26)
117	…	…	154	13, 700	12, 000	105	2, 540	1, 460	(27)
78	…	…	118	…	…	155	1, 860	751	(28)
102	…	…	247	12, 900	11, 200	146	2, 110	1, 330	(29)
247	14, 200	13, 200	490	43, 900	41, 000	161	9, 780	8, 500	(30)
19	…	…	43	654	360	47	484	199	(31)
444	4, 180	2, 620	572	6, 180	4, 940	144	…	…	(32)
77	…	…	64	…	…	76	…	…	(33)
83	578	414	127	1, 200	986	72	501	169	(34)
4	…	…	5	…	…	11	…	…	(35)
30	…	…	27	…	…	24	…	…	(36)
158	…	…	215	…	…	68	…	…	(37)
90	1, 760	1, 480	49	662	449	24	…	…	(38)
293	10, 600	9, 910	261	10, 000	9, 400	69	1, 930	1, 800	(39)
260	6, 860	6, 630	381	9, 140	8, 440	39	…	…	(40)
172	4, 630	3, 650	413	14, 100	12, 100	99	…	…	(41)

4　令和元年産都道府県別・品目別の作付面積、収穫量及び出荷量（続き）

品　　目	滋賀			京都			大阪		
	作付面積	収穫量	出荷量	作付面積	収穫量	出荷量	作付面積	収穫量	出荷量
	ha	t	t	ha	t	t	ha	t	t
だ　い　こ　ん (1)	140	4,500	2,490	259	…	…	31	…	…
か　　　ぶ (2)	177	4,990	4,050	164	4,900	4,310	8	…	…
に　ん　じ　ん (3)	51	…	…	55	…	…	7	…	…
ご　ぼ　う (4)	12	…	…	33	…	…	19	…	…
れ　ん　こ　ん (5)	4	…	…	2	…	…	5	…	…
ば れ い し ょ (6)	138	…	…	208	…	…	77	…	…
さ　と　い　も (7)	80	…	…	142	…	…	50	885	769
や ま の い も (8)	16	…	…	19	…	…	0	…	…
は　く　さ　い (9)	136	4,370	3,260	121	…	…	26	…	…
こ　ま　つ　な (10)	85	…	…	194	3,410	3,130	195	3,740	3,470
キ　ャ　ベ　ツ (11)	332	10,000	8,730	255	7,090	5,700	244	10,500	9,720
ち ん げ ん さ い (12)	12	…	…	2	…	…	2	…	…
ほ う れ ん そ う (13)	106	1,230	809	329	5,170	4,450	140	…	…
ふ　　　き (14)	3	…	…	10	59	53	11	864	812
み　つ　ば (15)	7	…	…	2	…	…	27	602	585
し ゅ ん ぎ く (16)	40	536	425	32	525	419	187	3,140	2,980
み　ず　な (17)	103	1,470	1,300	147	2,370	2,150	45	986	929
セ　ル　リ　ー (18)	0	…	…	0	…	…	1	…	…
ア ス パ ラ ガ ス (19)	6	…	…	3	…	…	1	…	…
カ リ フ ラ ワ ー (20)	4	…	…	6	…	…	7	151	140
ブ ロ ッ コ リ ー (21)	75	…	…	39	282	200	33	488	452
レ　タ　ス (22)	21	…	…	95	…	…	17	389	365
ね　　　ぎ (23)	123	…	…	321	7,400	6,380	263	6,630	6,270
に　　　ら (24)	1	…	…	2	…	…	0	…	…
た　ま　ね　ぎ (25)	108	…	…	120	…	…	113	4,090	3,690
に　ん　に　く (26)	9	…	…	8	…	…	2	…	…
き　ゅ　う　り (27)	119	3,490	2,450	135	4,550	3,810	46	1,920	1,770
か　ぼ　ち　ゃ (28)	88	…	…	96	…	…	12	…	…
な　　　す (29)	148	2,550	849	179	8,290	7,140	98	6,580	6,440
ト　マ　ト (30)	115	3,510	2,550	143	5,020	3,930	52	…	…
ピ　ー　マ　ン (31)	25	…	…	90	2,070	1,700	3	…	…
スイートコーン (32)	33	…	…	48	…	…	36	…	…
さ や い ん げ ん (33)	39	…	…	77	…	…	21	…	…
さ や え ん ど う (34)	30	…	…	67	301	176	20	…	…
グリーンピース (35)	15	93	48	15	…	…	35	207	114
そ　ら　ま　め (36)	5	…	…	10	…	…	36	169	109
え　だ　ま　め (37)	14	…	…	226	1,240	1,080	135	1,160	1,060
し　ょ　う　が (38)	4	…	…	7	…	…	0	…	…
い　ち　ご (39)	40	…	…	47	…	…	25	…	…
メ　ロ　ン (40)	48	…	…	45	…	…	1	…	…
す　い　か (41)	77	1,270	612	80	…	…	33	…	…

兵庫			奈良			和歌山			
作付面積	収穫量	出荷量	作付面積	収穫量	出荷量	作付面積	収穫量	出荷量	
ha	t	t	ha	t	t	ha	t	t	
408	14, 100	6, 610	94	3, 380	2, 000	144	9, 700	8, 310	(1)
44	…	…	20	…	…	10	…	…	(2)
119	3, 220	2, 560	28	…	…	56	2, 770	2, 510	(3)
33	…	…	18	…	…	9	…	…	(4)
33	449	432	2	…	…	x	…	…	(5)
334	…	…	161	…	…	62	…	…	(6)
172	…	…	89	…	…	25	…	…	(7)
102	…	…	18	…	…	2	…	…	(8)
467	21, 100	16, 600	97	…	…	141	9, 300	8, 200	(9)
124	2, 160	1, 980	60	966	840	57	912	803	(10)
803	29, 300	24, 700	86	…	…	210	7, 360	6, 560	(11)
50	830	727	17	…	…	6	…	…	(12)
276	3, 730	2, 300	292	3, 360	2, 820	79	980	796	(13)
4	…	…	4	…	…	9	…	…	(14)
3	…	…	2	…	…	3	…	…	(15)
110	1, 410	1, 040	30	414	340	18	292	243	(16)
113	1, 930	1, 680	32	464	448	10	…	…	(17)
4	…	…	-	…	…	0	…	…	(18)
13	…	…	6	…	…	2	…	…	(19)
9	…	…	4	…	…	3	…	…	(20)
137	1, 410	1, 160	15	…	…	136	1, 110	975	(21)
1, 220	30, 100	28, 700	29	533	376	43	…	…	(22)
319	5, 920	3, 680	136	2, 930	2, 320	68	…	…	(23)
6	186	155	2	…	…	0	…	…	(24)
1, 680	100, 100	90, 900	52	…	…	119	5, 130	4, 160	(25)
18	…	…	6	…	…	23	…	…	(26)
177	3, 120	1, 260	67	1, 860	1, 470	61	2, 670	2, 290	(27)
185	…	…	83	…	…	19	262	207	(28)
185	3, 380	1, 110	92	5, 190	4, 570	52	…	…	(29)
268	9, 350	7, 140	72	3, 690	3, 250	92	4, 130	3, 750	(30)
99	2, 190	1, 520	25	…	…	32	1, 330	1, 200	(31)
112	816	417	36	…	…	27	…	…	(32)
78	…	…	57	…	…	39	…	…	(33)
89	397	104	13	…	…	68	782	704	(34)
23	123	49	24	137	67	234	2, 690	2, 380	(35)
39	168	44	7	…	…	34	264	201	(36)
307	1, 690	1, 130	32	…	…	34	…	…	(37)
3	…	…	3	…	…	39	…	…	(38)
179	1, 810	1, 100	103	2, 300	2, 100	41	…	…	(39)
47	…	…	11	…	…	6	…	…	(40)
253	2, 990	648	81	1, 980	1, 070	92	2, 500	2, 030	(41)

4　令和元年産都道府県別・品目別の作付面積、収穫量及び出荷量（続き）

品　目		鳥取			島根			岡山		
		作付面積	収穫量	出荷量	作付面積	収穫量	出荷量	作付面積	収穫量	出荷量
		ha	t	t	ha	t	t	ha	t	t
だいこん	(1)	274	…	…	261	…	…	264	9,440	6,710
かぶ	(2)	35	…	…	63	1,480	1,070	16	…	…
にんじん	(3)	75	1,890	1,630	47	…	…	57	1,050	789
ごぼう	(4)	38	…	…	37	…	…	52	…	…
れんこん	(5)	1	…	…	4	…	…	89	1,350	1,210
ばれいしょ	(6)	169	…	…	163	…	…	229	2,590	630
さといも	(7)	90	…	…	105	…	…	61	…	…
やまのいも	(8)	55	1,710	1,370	17	…	…	10	102	80
はくさい	(9)	108	3,770	1,890	165	…	…	257	13,800	11,100
こまつな	(10)	30	537	483	52	…	…	45	…	…
キャベツ	(11)	193	4,440	2,480	255	6,150	4,830	306	13,000	11,500
ちんげんさい	(12)	26	510	480	7	…	…	22	…	…
ほうれんそう	(13)	139	1,600	1,140	148	…	…	150	…	…
ふき	(14)	2	…	…	5	…	…	0	…	…
みつば	(15)	-	…	…	0	…	…	1	…	…
しゅんぎく	(16)	4	…	…	20	…	…	21	260	195
みずな	(17)	4	…	…	19	…	…	11	…	…
セルリー	(18)	0	…	…	1	…	…	1	…	…
アスパラガス	(19)	16	…	…	26	171	135	61	324	282
カリフラワー	(20)	3	…	…	7	…	…	10	159	135
ブロッコリー	(21)	731	7,270	6,780	113	823	740	144	1,280	1,120
レタス	(22)	18	…	…	42	…	…	82	1,520	1,350
ねぎ	(23)	634	13,000	11,800	143	2,110	1,480	154	2,380	1,830
にら	(24)	1	…	…	2	…	…	16	…	…
たまねぎ	(25)	62	…	…	111	3,240	1,860	158	6,480	4,810
にんにく	(26)	7	…	…	7	…	…	5	…	…
きゅうり	(27)	65	…	…	120	2,030	1,160	80	2,610	2,000
かぼちゃ	(28)	59	…	…	94	…	…	115	1,760	1,370
なす	(29)	81	…	…	131	1,730	679	126	5,130	4,250
トマト	(30)	104	3,590	2,450	106	3,310	2,790	104	4,710	3,920
ピーマン	(31)	48	667	350	76	889	497	38	767	553
スイートコーン	(32)	76	757	243	72	…	…	56	…	…
さやいんげん	(33)	37	…	…	69	…	…	23	…	…
さやえんどう	(34)	30	…	…	28	…	…	52	282	152
グリーンピース	(35)	2	…	…	10	…	…	12	74	39
そらまめ	(36)	60	372	67	11	…	…	18	…	…
えだまめ	(37)	14	…	…	19	…	…	50	…	…
しょうが	(38)	4	…	…	5	…	…	10	245	198
いちご	(39)	21	…	…	18	…	…	41	…	…
メロン	(40)	52	1,310	1,010	44	…	…	13	196	163
すいか	(41)	375	17,900	16,400	44	…	…	56	980	598

広島			山口			徳島			
作付面積	収穫量	出荷量	作付面積	収穫量	出荷量	作付面積	収穫量	出荷量	
ha	t	t	ha	t	t	ha	t	t	
438	11, 100	5, 830	402	10, 500	7, 330	355	25, 900	23, 600	(1)
61	…	…	46	…	…	60	1, 920	1, 700	(2)
52	…	…	63	…	…	981	51, 400	46, 800	(3)
41	…	…	30	…	…	50	…	…	(4)
60	…	…	205	2, 480	2, 240	527	5, 200	4, 260	(5)
517	6, 330	1, 790	228	…	…	101	…	…	(6)
153	…	…	162	1, 170	897	30	…	…	(7)
13	…	…	12	…	…	1	…	…	(8)
231	5, 340	1, 360	212	5, 080	3, 170	80	3, 940	3, 460	(9)
119	1, 790	1, 560	23	…	…	110	1, 090	915	(10)
418	10, 300	7, 580	316	8, 520	7, 040	139	6, 140	5, 240	(11)
19	…	…	7	…	…	38	456	410	(12)
389	4, 590	3, 600	207	1, 760	1, 300	408	3, 890	3, 480	(13)
10	124	107	4	…	…	25	353	290	(14)
2	…	…	1	…	…	4	…	…	(15)
64	1, 060	788	25	260	151	12	…	…	(16)
45	801	468	6	…	…	8	…	…	(17)
1	…	…	–	…	…	0	…	…	(18)
113	1, 020	837	13	…	…	6	…	…	(19)
7	…	…	8	…	…	85	1, 960	1, 800	(20)
34	282	229	120	804	744	940	11, 900	11, 100	(21)
70	…	…	99	…	…	291	6, 260	5, 720	(22)
424	7, 710	6, 420	172	…	…	224	3, 280	2, 800	(23)
7	…	…	1	…	…	1	…	…	(24)
210	…	…	197	6, 780	4, 770	90	…	…	(25)
16	…	…	8	…	…	17	156	119	(26)
159	4, 120	3, 130	136	3, 480	2, 460	68	7, 610	6, 610	(27)
170	2, 260	1, 130	98	771	470	36	…	…	(28)
150	3, 380	2, 380	135	2, 360	1, 620	91	6, 670	5, 880	(29)
185	9, 880	8, 870	129	4, 640	3, 730	83	4, 830	4, 130	(30)
74	1, 270	826	36	456	324	29	579	423	(31)
140	…	…	27	…	…	205	2, 210	1, 760	(32)
100	605	258	28	…	…	41	…	…	(33)
94	691	386	20	…	…	59	349	276	(34)
3	…	…	5	…	…	14	…	…	(35)
25	…	…	16	…	…	42	282	138	(36)
162	…	…	61	…	…	250	1, 190	1, 000	(37)
8	…	…	2	…	…	9	262	222	(38)
31	…	…	102	2, 140	1, 710	73	…	…	(39)
22	…	…	18	…	…	8	…	…	(40)
127	…	…	89	1, 540	982	16	…	…	(41)

4　令和元年産都道府県別・品目別の作付面積、収穫量及び出荷量（続き）

品目	香川			愛媛			高知		
	作付面積	収穫量	出荷量	作付面積	収穫量	出荷量	作付面積	収穫量	出荷量
	ha	t	t	ha	t	t	ha	t	t
だいこん (1)	145	7,720	6,150	227	…	…	164	…	…
かぶ (2)	15	…	…	46	…	…	15	…	…
にんじん (3)	104	2,900	2,670	43	…	…	40	…	…
ごぼう (4)	13	…	…	32	…	…	9	…	…
れんこん (5)	8	…	…	21	…	…	0	…	…
ばれいしょ (6)	85	…	…	283	…	…	103	…	…
さといも (7)	84	…	…	427	10,200	7,450	70	…	…
やまのいも (8)	5	…	…	40	…	…	12	…	…
はくさい (9)	26	…	…	133	4,530	3,430	64	…	…
こまつな (10)	43	464	379	37	…	…	24	…	…
キャベツ (11)	241	10,000	9,010	419	14,000	12,100	69	…	…
ちんげんさい (12)	7	…	…	11	…	…	6	…	…
ほうれんそう (13)	70	…	…	166	1,410	1,050	65	…	…
ふき (14)	3	…	…	16	124	66	2	…	…
みつば (15)	1	…	…	1	…	…	9	…	…
しゅんぎく (16)	11	…	…	24	281	193	21	…	…
みずな (17)	12	…	…	18	…	…	25	…	…
セルリー (18)	11	955	845	1	…	…	1	…	…
アスパラガス (19)	85	832	752	49	573	487	6	…	…
カリフラワー (20)	7	…	…	13	…	…	2	…	…
ブロッコリー (21)	1,390	15,400	14,400	146	1,040	816	84	810	770
レタス (22)	815	18,200	16,800	114	2,070	1,820	35	…	…
ねぎ (23)	293	3,830	3,300	152	2,090	1,560	249	3,110	2,870
にら (24)	1	…	…	4	…	…	248	14,500	14,000
たまねぎ (25)	224	9,900	8,860	322	11,000	8,970	45	…	…
にんにく (26)	102	742	663	20	…	…	14	…	…
きゅうり (27)	101	3,700	3,210	228	8,530	7,500	152	24,600	23,300
かぼちゃ (28)	32	…	…	108	1,210	918	48	…	…
なす (29)	70	1,800	1,260	150	3,630	2,640	324	40,800	38,700
トマト (30)	73	3,450	2,810	149	7,010	5,840	74	7,000	6,610
ピーマン (31)	7	…	…	62	1,560	1,190	125	13,800	13,200
スイートコーン (32)	132	1,680	1,520	123	…	…	52	…	…
さやいんげん (33)	17	109	37	95	425	202	25	540	518
さやえんどう (34)	22	…	…	81	372	170	16	…	…
グリーンピース (35)	14	…	…	8	…	…	13	…	…
そらまめ (36)	85	365	147	132	903	669	7	…	…
えだまめ (37)	46	221	143	95	328	200	21	…	…
しょうが (38)	0	…	…	7	…	…	435	19,600	15,800
いちご (39)	84	3,170	2,930	81	2,460	2,260	24	…	…
メロン (40)	6	…	…	14	…	…	77	…	…
すいか (41)	27	…	…	211	3,950	2,830	40	…	…

福岡			佐賀			長崎			
作付面積	収穫量	出荷量	作付面積	収穫量	出荷量	作付面積	収穫量	出荷量	
ha	t	t	ha	t	t	ha	t	t	
339	14, 800	12, 200	76	…	…	744	51, 200	46, 700	(1)
103	4, 210	3, 630	10	…	…	31	…	…	(2)
104	…	…	27	…	…	817	31, 100	29, 100	(3)
48	…	…	19	…	…	25	…	…	(4)
15	…	…	417	5, 800	4, 330	25	…	…	(5)
337	…	…	144	2, 910	1, 880	3, 400	90, 900	79, 200	(6)
221	1, 530	875	95	…	…	103	…	…	(7)
12	…	…	6	…	…	13	…	…	(8)
194	6, 640	5, 280	72	…	…	381	22, 300	20, 400	(9)
703	12, 000	11, 500	18	…	…	57	752	671	(10)
703	27, 000	24, 500	291	9, 310	7, 870	435	12, 100	10, 300	(11)
60	876	805	30	…	…	9	…	…	(12)
712	9, 470	8, 680	121	842	600	176	1, 800	1, 460	(13)
9	…	…	x	…	…	−	…	…	(14)
21	288	276	−	…	…	x	…	…	(15)
156	2, 090	1, 850	7	…	…	15	…	…	(16)
223	3, 390	3, 210	30	…	…	16	…	…	(17)
45	3, 450	3, 300	0	…	…	3	…	…	(18)
86	1, 930	1, 800	129	2, 850	2, 650	120	1, 820	1, 740	(19)
52	915	813	3	…	…	8	…	…	(20)
549	5, 060	4, 640	69	638	479	902	9, 470	8, 780	(21)
1, 090	17, 800	17, 000	91	1, 800	1, 530	953	36, 000	32, 600	(22)
541	6, 500	5, 910	272	2, 460	1, 930	180	2, 740	2, 390	(23)
19	942	815	9	…	…	28	574	519	(24)
155	5, 300	3, 090	2, 310	138, 100	128, 800	880	35, 200	31, 800	(25)
32	…	…	11	…	…	7	…	…	(26)
171	9, 570	8, 610	150	13, 300	12, 200	141	7, 640	6, 830	(27)
98	…	…	70	805	570	484	5, 520	4, 670	(28)
235	18, 500	16, 900	60	3, 490	2, 840	86	1, 890	1, 540	(29)
213	19, 100	17, 500	67	3, 410	2, 930	188	12, 600	11, 800	(30)
32	…	…	21	…	…	28	…	…	(31)
135	…	…	35	…	…	160	…	…	(32)
94	719	467	19	…	…	118	594	500	(33)
51	285	162	27	…	…	53	493	400	(34)
22	174	100	2	…	…	9	…	…	(35)
51	363	257	22	…	…	45	504	421	(36)
62	…	…	10	…	…	12	…	…	(37)
3	…	…	19	…	…	71	1, 480	966	(38)
439	16, 700	15, 900	178	8, 170	7, 550	273	11, 100	10, 700	(39)
22	…	…	6	…	…	125	…	…	(40)
104	2, 430	1, 870	28	…	…	245	8, 870	7, 800	(41)

4　令和元年産都道府県別・品目別の作付面積、収穫量及び出荷量（続き）

品目	熊本			大分			宮崎		
	作付面積	収穫量	出荷量	作付面積	収穫量	出荷量	作付面積	収穫量	出荷量
	ha	t	t	ha	t	t	ha	t	t
だいこん (1)	838	25,000	20,800	382	13,700	9,570	1,820	72,300	64,800
かぶ (2)	18	…	…	18	…	…	23	…	…
にんじん (3)	581	18,200	16,100	140	3,220	2,430	466	15,800	14,200
ごぼう (4)	248	3,470	2,920	81	…	…	604	10,700	9,700
れんこん (5)	163	1,970	1,450	12	…	…	x	…	…
ばれいしょ (6)	575	13,300	9,930	142	…	…	453	11,300	10,400
さといも (7)	493	5,570	3,890	263	2,840	1,700	951	12,000	9,980
やまのいも (8)	26	…	…	11	…	…	3	…	…
はくさい (9)	419	18,200	15,700	410	23,000	20,000	240	10,500	9,340
こまつな (10)	34	…	…	17	…	…	48	…	…
キャベツ (11)	1,400	44,600	40,800	503	15,000	12,500	622	23,200	21,300
ちんげんさい (12)	36	763	704	36	…	…	9	…	…
ほうれんそう (13)	506	5,670	5,060	150	…	…	1,000	16,100	14,300
ふき (14)	3	…	…	3	…	…	–	…	…
みつば (15)	3	…	…	63	951	944	x	…	…
しゅんぎく (16)	23	232	191	13	…	…	5	…	…
みずな (17)	5	…	…	4	…	…	5	…	…
セルリー (18)	10	…	…	2	…	…	x	…	…
アスパラガス (19)	99	2,110	1,970	14	124	117	5	…	…
カリフラワー (20)	115	2,700	2,330	2	…	…	2	…	…
ブロッコリー (21)	447	4,960	4,380	40	452	355	105	…	…
レタス (22)	613	17,700	16,600	122	2,300	1,980	71	…	…
ねぎ (23)	235	4,000	3,130	963	16,000	14,600	143	1,860	1,600
にら (24)	44	1,260	1,180	60	2,690	2,610	95	3,540	3,280
たまねぎ (25)	319	13,400	11,300	120	…	…	54	1,380	1,210
にんにく (26)	38	319	238	47	241	195	55	259	245
きゅうり (27)	282	13,700	12,500	139	3,070	2,450	643	63,100	59,600
かぼちゃ (28)	141	2,170	1,740	115	1,540	1,090	200	4,540	4,150
なす (29)	425	35,300	32,700	118	1,820	1,240	52	2,270	2,030
トマト (30)	1,250	133,400	128,800	191	11,100	10,100	223	19,300	17,900
ピーマン (31)	91	3,550	3,270	114	6,400	6,090	305	27,600	26,200
スイートコーン (32)	249	…	…	307	…	…	348	4,420	4,170
さやいんげん (33)	90	842	627	47	…	…	23	…	…
さやえんどう (34)	54	…	…	49	451	322	24	…	…
グリーンピース (35)	22	257	241	4	…	…	9	…	…
そらまめ (36)	31	388	311	5	…	…	12	…	…
えだまめ (37)	7	…	…	26	…	…	289	1,350	1,180
しょうが (38)	175	5,150	4,030	31	…	…	78	2,530	2,240
いちご (39)	309	12,500	11,800	64	…	…	69	2,650	2,460
メロン (40)	872	24,400	23,000	16	…	…	66	…	…
すいか (41)	1,330	52,100	49,100	164	…	…	29	…	…

鹿	児	島	沖	縄		
作付面積	収穫量	出荷量	作付面積	収穫量	出荷量	
ha	t	t	ha	t	t	
2,060	93,900	85,300	29	…	…	(1)
20	…	…	1	…	…	(2)
566	19,300	16,300	144	2,400	2,030	(3)
451	5,820	5,350	4	…	…	(4)
x	…	…	x	…	…	(5)
4,580	95,000	87,000	72	…	…	(6)
550	7,980	6,660	10	55	48	(7)
26	…	…	6	…	…	(8)
403	22,400	19,500	10	…	…	(9)
67	…	…	37	…	…	(10)
2,050	77,200	69,500	242	…	…	(11)
30	474	429	75	953	805	(12)
190	…	…	76	…	…	(13)
x	…	…	0	…	…	(14)
2	…	…	0	…	…	(15)
15	…	…	5	…	…	(16)
51	714	630	6	…	…	(17)
2	…	…	6	…	…	(18)
1	…	…	2	…	…	(19)
16	…	…	9	…	…	(20)
394	4,290	3,650	29	…	…	(21)
238	5,830	5,020	263	5,000	4,260	(22)
533	7,730	6,840	14	…	…	(23)
11	…	…	12	…	…	(24)
147	…	…	20	…	…	(25)
47	377	270	14	…	…	(26)
150	10,300	9,050	60	…	…	(27)
680	8,090	7,020	397	3,560	3,140	(28)
88	2,040	1,400	23	…	…	(29)
120	5,300	4,440	57	3,280	2,900	(30)
146	12,900	12,000	40	2,540	2,260	(31)
71	…	…	33	…	…	(32)
234	2,360	2,080	168	2,020	1,870	(33)
437	4,850	4,070	1	…	…	(34)
102	918	799	0	…	…	(35)
257	3,440	3,010	1	…	…	(36)
31	…	…	18	…	…	(37)
85	2,180	1,920	10	…	…	(38)
63	…	…	3	…	…	(39)
46	…	…	6	…	…	(40)
108	3,060	2,380	83	…	…	(41)

5 令和元年産都道府県別の用途別出荷量

(1) だいこん　　　　　　　　　(2) にんじん

単位：t

全国農業地域・都道府県		(1) だいこん 出荷量計	生食向	加工向	業務用向	(2) にんじん 出荷量計	生食向
全国	(1)	**1,073,000**	**787,100**	**268,100**	**17,600**	**533,800**	**462,900**
(全国農業地域)							
北海道	(2)	152,400	120,300	25,800	6,210	181,700	144,800
都府県	(3)	…	…	…	…	…	…
東北	(4)	157,600	119,700	30,600	7,340	…	…
北陸	(5)	51,000	26,800	24,100	55	…	…
関東・東山	(6)	…	…	…	…	…	…
東海	(7)	…	…	…	…	25,600	23,800
近畿	(8)	…	…	…	…	…	…
中国	(9)	…	…	…	…	…	…
四国	(10)	…	…	…	…	…	…
九州	(11)	…	…	…	…	…	…
沖縄	(12)	…	…	…	…	2,030	2,010
(都道府県)							
北海道	(13)	152,400	120,300	25,800	6,210	181,700	144,800
青森	(14)	110,800	82,200	21,600	7,050	36,800	32,700
岩手	(15)	17,400	14,300	2,970	120	1,780	1,350
宮城	(16)	3,890	3,030	853	−	…	…
秋田	(17)	7,730	5,020	2,700	12	…	…
山形	(18)	8,820	6,700	1,970	156	…	…
福島	(19)	8,910	8,450	460	0	805	802
茨城	(20)	46,400	18,100	28,200	49	24,200	20,400
栃木	(21)	11,400	10,400	1,000	−	…	…
群馬	(22)	21,400	15,300	5,890	247	…	…
埼玉	(23)	18,900	14,600	3,860	437	15,900	15,800
千葉	(24)	132,600	123,100	8,120	1,400	87,200	82,000
東京	(25)	8,010	7,980	29	−	2,940	2,940
神奈川	(26)	70,600	67,500	3,140	−	…	…
新潟	(27)	35,900	14,800	21,100	35	5,310	3,750
富山	(28)	3,030	2,950	58	20	…	…
石川	(29)	7,010	6,880	134	−	288	284
福井	(30)	5,070	2,300	2,780	−	…	…
山梨	(31)	…	…	…	…	…	…
長野	(32)	9,020	5,500	3,520	2	…	…
岐阜	(33)	15,000	13,300	1,620	84	5,040	4,810
静岡	(34)	15,500	11,200	4,180	73	2,030	1,990
愛知	(35)	19,800	17,800	2,040	4	17,900	16,300
三重	(36)	…	…	…	…	619	609
滋賀	(37)	2,490	2,050	433	8	…	…
京都	(38)	…	…	…	…	…	…
大阪	(39)	…	…	…	…	…	…
兵庫	(40)	6,610	6,600	5	4	2,560	2,530
奈良	(41)	2,000	1,960	24	15	…	…
和歌山	(42)	8,310	7,500	805	3	2,510	2,490
鳥取	(43)	…	…	…	…	1,630	1,490
島根	(44)	…	…	…	…	…	…
岡山	(45)	6,710	5,760	929	27	789	734
広島	(46)	5,830	5,430	401	2	…	…
山口	(47)	7,330	6,690	645	−	…	…
徳島	(48)	23,600	23,100	500	3	46,800	45,900
香川	(49)	6,150	6,150	−	−	2,670	2,660
愛媛	(50)	…	…	…	…	…	…
高知	(51)	…	…	…	…	…	…
福岡	(52)	12,200	11,700	435	73	…	…
佐賀	(53)	…	…	…	…	…	…
長崎	(54)	46,700	41,000	5,570	200	29,100	27,500
熊本	(55)	20,800	20,000	808	8	16,100	15,100
大分	(56)	9,570	9,280	93	191	2,430	2,230
宮崎	(57)	64,800	8,100	56,200	430	14,200	4,430
鹿児島	(58)	85,300	37,800	46,900	615	16,300	14,500
沖縄	(59)	…	…	…	…	2,030	2,010
関東農政局	(60)	…	…	…	…	…	…
東海農政局	(61)	…	…	…	…	23,600	21,800
中国四国農政局	(62)	…	…	…	…	…	…

(3)　ばれいしょ（じゃがいも）

単位：t　　　　　　　　　　　　　　　　単位：t

加工向	業務用向	出荷量計	生食向	加工向	業務用向	
64,600	**6,270**	**2,027,000**	**624,900**	**1,402,000**	**…**	(1)
32,800	4,030	1,697,000	362,000	1,335,000	…	(2)
…	…	…	…	…	…	(3)
…	…	…	…	…	…	(4)
…	…	…	…	…	…	(5)
…	…	…	…	…	…	(6)
1,220	625	…	…	…	…	(7)
…	…	…	…	…	…	(8)
…	…	…	…	…	…	(9)
…	…	…	…	…	…	(10)
…	…	…	…	…	…	(11)
18	–	…	…	…	…	(12)
32,800	4,030	1,697,000	362,000	1,335,000	…	(13)
3,750	367	11,800	7,830	3,970	…	(14)
119	309	…	…	…	…	(15)
…	…	2,090	650	1,440	…	(16)
…	…	…	…	…	…	(17)
…	…	…	…	…	…	(18)
3	0	2,330	2,330	–	…	(19)
3,770	2	40,800	14,000	26,800	…	(20)
…	…	…	…	…	…	(21)
…	…	…	…	…	…	(22)
115	7	…	…	…	…	(23)
5,240	–	24,500	17,400	7,100	…	(24)
–	–	…	…	…	…	(25)
…	…	…	…	…	…	(26)
1,540	35	…	…	…	…	(27)
…	…	…	…	…	…	(28)
4	–	…	…	…	…	(29)
…	…	…	…	…	…	(30)
…	…	…	…	…	…	(31)
…	…	1,690	1,650	44	…	(32)
216	9	…	…	…	…	(33)
1	39	12,400	12,200	218	…	(34)
995	570	…	…	…	…	(35)
3	7	1,420	861	557	…	(36)
…	…	…	…	…	…	(37)
…	…	…	…	…	…	(38)
…	…	…	…	…	…	(39)
–	21	…	…	…	…	(40)
…	…	…	…	…	…	(41)
14	3	…	…	…	…	(42)
136	3	…	…	…	…	(43)
…	…	…	…	…	…	(44)
53	2	630	630	–	…	(45)
…	…	1,790	1,520	271	…	(46)
…	…	…	…	…	…	(47)
973	–	…	…	…	…	(48)
10	–	…	…	…	…	(49)
…	…	…	…	…	…	(50)
…	…	…	…	…	…	(51)
…	…	…	…	…	…	(52)
…	…	1,880	720	1,160	…	(53)
1,570	–	79,200	76,800	2,390	…	(54)
1,070	–	9,930	6,120	3,810	…	(55)
190	–	…	…	…	…	(56)
9,300	485	10,400	2,750	7,690	…	(57)
1,750	98	87,000	75,500	11,500	…	(58)
18	–	…	…	…	…	(59)
…	…	…	…	…	…	(60)
1,210	586	…	…	…	…	(61)
…	…	…	…	…	…	(62)

5 令和元年産都道府県別の用途別出荷量（続き）

(4) さといも　　(5) はくさい

単位：t

全国農業地域・都道府県	(4) さといも 出荷量計	(4) さといも 生食向	(4) さといも 加工向	(4) さといも 業務用向	(5) はくさい 出荷量計	(5) はくさい 生食向
全国 (1)	**92,100**	**87,700**	**4,350**	**30**	**726,500**	**681,200**
(全国農業地域)						
北海道 (2)	…	…	…	…	23,900	22,000
都府県 (3)	…	…	…	…	…	…
東北 (4)	…	…	…	…	20,500	19,400
北陸 (5)	…	…	…	…	…	…
関東・東山 (6)	…	…	…	…	…	…
東海 (7)	6,520	6,510	5	1	…	…
近畿 (8)	…	…	…	…	…	…
中国 (9)	…	…	…	…	…	…
四国 (10)	…	…	…	…	…	…
九州 (11)	…	…	…	…	…	…
沖縄 (12)	48	48	−	−	…	…
(都道府県)						
北海道 (13)	…	…	…	…	23,900	22,000
青森 (14)	…	…	…	…	3,510	3,510
岩手 (15)	372	372	−	−	3,510	3,350
宮城 (16)	…	…	…	…	3,170	2,700
秋田 (17)	…	…	…	…	2,310	2,200
山形 (18)	834	740	92	2	2,540	2,270
福島 (19)	835	835	−	−	5,410	5,300
茨城 (20)	1,690	1,630	65	−	216,400	210,900
栃木 (21)	5,210	5,210	−	−	14,900	13,200
群馬 (22)	1,240	1,240	−	−	22,800	20,700
埼玉 (23)	13,300	13,300	9	3	17,300	13,400
千葉 (24)	10,600	10,600	50	−	4,590	4,590
東京 (25)	2,260	2,260	−	−	…	…
神奈川 (26)	3,650	3,650	−	−	…	…
新潟 (27)	3,130	3,120	10	−	3,680	3,680
富山 (28)	982	965	9	8	1,000	966
石川 (29)	…	…	…	…	…	…
福井 (30)	1,460	1,330	134	−	…	…
山梨 (31)	…	…	…	…	…	…
長野 (32)	…	…	…	…	207,900	194,000
岐阜 (33)	1,090	1,090	−	1	3,190	3,080
静岡 (34)	2,510	2,510	2	−	…	…
愛知 (35)	2,160	2,160	−	−	19,200	18,300
三重 (36)	755	752	3	−	6,150	4,640
滋賀 (37)	…	…	…	…	3,260	2,600
京都 (38)	…	…	…	…	…	…
大阪 (39)	769	740	29	−	…	…
兵庫 (40)	…	…	…	…	16,600	16,500
奈良 (41)	…	…	…	…	…	…
和歌山 (42)	…	…	…	…	8,200	7,560
鳥取 (43)	…	…	…	…	1,890	1,890
島根 (44)	…	…	…	…	…	…
岡山 (45)	…	…	…	…	11,100	8,940
広島 (46)	…	…	…	…	1,360	1,360
山口 (47)	897	897	−	−	3,170	3,170
徳島 (48)	…	…	…	…	3,460	3,430
香川 (49)	…	…	…	…	…	…
愛媛 (50)	7,450	7,350	96	−	3,430	3,430
高知 (51)	…	…	…	…	…	…
福岡 (52)	875	875	−	−	5,280	5,200
佐賀 (53)	…	…	…	…	…	…
長崎 (54)	…	…	…	…	20,400	19,700
熊本 (55)	3,890	3,870	22	−	15,700	14,800
大分 (56)	1,700	1,640	61	−	20,000	19,300
宮崎 (57)	9,980	6,600	3,380	−	9,340	8,760
鹿児島 (58)	6,660	6,430	216	10	19,500	14,700
沖縄 (59)	48	48	−	−	…	…
関東農政局 (60)	…	…	…	…	…	…
東海農政局 (61)	4,010	4,010	3	1	28,500	26,000
中国四国農政局 (62)	…	…	…	…	…	…

(6) キャベツ

単位：t　　　　　　　　　　　　　　　　　　　　　　単位：t

加工向	業務用向	出荷量計	生食向	加工向	業務用向	
38,400	6,960	1,325,000	1,081,000	155,100	88,900	(1)
1,860	24	55,000	29,100	25,500	327	(2)
…	…	…	…	…	…	(3)
938	196	…	…	…	…	(4)
…	…	…	…	…	…	(5)
…	…	…	…	…	…	(6)
…	…	282,200	216,900	31,000	34,300	(7)
…	…	…	…	…	…	(8)
…	…	33,400	24,400	7,650	1,370	(9)
…	…	…	…	…	…	(10)
…	…	186,800	155,300	25,300	6,190	(11)
…	…	…	…	…	…	(12)
1,860	24	55,000	29,100	25,500	327	(13)
-	-	15,000	11,000	4,030	20	(14)
171	-	27,000	24,600	1,830	600	(15)
473	-	5,210	4,470	726	12	(16)
60	52	5,880	4,270	1,450	164	(17)
226	44	…	…	…	…	(18)
8	100	3,560	3,420	0	135	(19)
5,430	51	99,200	88,700	9,510	1,030	(20)
1,720	-	…	…	…	…	(21)
1,520	594	249,000	195,500	14,300	39,200	(22)
3,800	100	13,800	11,300	1,930	590	(23)
0	-	103,300	100,800	2,470	30	(24)
…	…	6,900	6,900	-	-	(25)
…	…	61,200	60,900	309	-	(26)
0	0	…	…	…	…	(27)
31	7	2,300	1,030	1,010	257	(28)
…	…	…	…	…	…	(29)
…	…	2,830	594	2,140	97	(30)
…	…	2,910	1,670	387	853	(31)
8,640	5,320	64,000	57,100	3,610	3,280	(32)
110	3	4,890	3,710	1,180	-	(33)
…	…	15,000	9,090	3,980	1,880	(34)
699	159	253,300	197,200	24,300	31,700	(35)
1,510	5	9,020	6,830	1,510	685	(36)
585	82	8,730	2,930	5,770	27	(37)
…	…	5,700	5,240	445	7	(38)
…	…	9,720	9,090	452	171	(39)
78	2	24,700	21,600	3,060	25	(40)
…	…	…	…	…	…	(41)
610	27	6,560	6,060	494	11	(42)
-	-	2,480	2,480	-	-	(43)
…	…	4,830	3,910	861	55	(44)
2,030	173	11,500	5,450	5,750	340	(45)
-	2	7,580	5,880	742	967	(46)
-	-	7,040	6,740	293	10	(47)
17	9	5,240	3,520	1,710	-	(48)
…	…	9,010	4,960	4,050	-	(49)
-	-	12,100	8,260	3,820	-	(50)
…	…	…	…	…	…	(51)
80	-	24,500	22,600	736	1,080	(52)
…	…	7,870	5,670	1,300	898	(53)
579	132	10,300	6,820	2,610	853	(54)
850	-	40,800	33,900	4,620	2,320	(55)
670	-	12,500	11,600	924	-	(56)
577	-	21,300	15,400	5,940	28	(57)
4,770	-	69,500	59,400	9,150	1,010	(58)
…	…	…	…	…	…	(59)
…	…	…	…	…	…	(60)
2,320	167	267,200	207,800	27,000	32,400	(61)
…	…	…	…	…	…	(62)

5　令和元年産都道府県別の用途別出荷量（続き）

(7)　ほうれんそう　　　　(8)　レタス

単位：t

全国農業地域・都道府県		出荷量計	生食向	加工向	業務用向	出荷量計	生食向
全国	(1)	184,900	163,800	19,700	1,420	545,600	471,900
(全国農業地域)							
北海道	(2)	4,670	3,930	744	-	11,800	10,500
都府県	(3)	…	…	…	…	…	…
東北	(4)	…	…	…	…	…	…
北陸	(5)	…	…	…	…	…	…
関東・東山	(6)	…	…	…	…	…	…
東海	(7)	…	…	…	…	…	…
近畿	(8)	…	…	…	…	…	…
中国	(9)	…	…	…	…	…	…
四国	(10)	…	…	…	…	…	…
九州	(11)	…	…	…	…	…	…
沖縄	(12)	…	…	…	…	4,260	4,210
(都道府県)							
北海道	(13)	4,670	3,930	744	-	11,800	10,500
青森	(14)	…	…	…	…	1,900	1,490
岩手	(15)	2,860	2,840	13	12	9,480	7,640
宮城	(16)	1,490	1,490	-	-	…	…
秋田	(17)	1,090	1,090	-	-	…	…
山形	(18)	…	…	…	…	…	…
福島	(19)	1,900	1,790	44	71	…	…
茨城	(20)	14,400	13,000	1,320	92	83,300	78,600
栃木	(21)	4,900	4,850	55	-	4,810	4,780
群馬	(22)	18,500	18,400	44	30	48,600	30,900
埼玉	(23)	20,100	20,000	20	48	3,380	3,050
千葉	(24)	17,200	16,600	613	20	7,260	6,680
東京	(25)	3,220	3,220	-	-	…	…
神奈川	(26)	7,520	7,520	-	-	…	…
新潟	(27)	…	…	…	…	…	…
富山	(28)	280	273	-	7	…	…
石川	(29)	…	…	…	…	…	…
福井	(30)	575	575	-	-	…	…
山梨	(31)	…	…	…	…	…	…
長野	(32)	2,520	2,450	63	3	191,500	167,300
岐阜	(33)	10,200	9,370	658	174	…	…
静岡	(34)	…	…	…	…	23,700	21,500
愛知	(35)	4,380	4,380	-	-	4,990	4,990
三重	(36)	…	…	…	…	…	…
滋賀	(37)	809	790	8	11	…	…
京都	(38)	4,450	4,380	0	70	…	…
大阪	(39)	…	…	…	…	365	365
兵庫	(40)	2,300	2,300	3	0	28,700	28,400
奈良	(41)	2,820	2,820	1	1	376	376
和歌山	(42)	796	793	3	-	…	…
鳥取	(43)	1,140	1,140	-	-	…	…
島根	(44)	…	…	…	…	…	…
岡山	(45)	…	…	…	…	1,350	1,270
広島	(46)	3,600	3,590	-	10	…	…
山口	(47)	1,300	1,300	-	-	…	…
徳島	(48)	3,480	3,480	-	-	5,720	5,220
香川	(49)	…	…	…	…	16,800	15,700
愛媛	(50)	1,050	1,050	2	-	1,820	1,790
高知	(51)	…	…	…	…	…	…
福岡	(52)	8,680	8,590	83	7	17,000	16,400
佐賀	(53)	600	600	-	-	1,530	1,290
長崎	(54)	1,460	1,360	105	-	32,600	27,700
熊本	(55)	5,060	2,460	2,600	-	16,600	8,360
大分	(56)	…	…	…	…	1,980	1,800
宮崎	(57)	14,300	966	12,700	634	…	…
鹿児島	(58)	…	…	…	…	5,020	3,490
沖縄	(59)	…	…	…	…	4,260	4,210
関東農政局	(60)	…	…	…	…	…	…
東海農政局	(61)	…	…	…	…	…	…
中国四国農政局	(62)	…	…	…	…	…	…

(9) ねぎ

単位：t　　　　単位：t

加工向	業務用向	出荷量計	生食向	加工向	業務用向	
40,400	33,300	382,500	362,800	13,900	5,740	(1)
1,260	25	19,200	19,000	46	153	(2)
…	…	…	…	…	…	(3)
…	…	45,400	43,200	1,550	672	(4)
…	…	12,200	12,000	194	19	(5)
…	…	…	…	…	…	(6)
…	…	18,500	17,200	752	580	(7)
…	…	…	…	…	…	(8)
…	…	…	…	…	…	(9)
…	…	10,500	8,260	2,060	184	(10)
…	…	36,400	35,300	704	433	(11)
31	26	…	…	…	…	(12)
1,260	25	19,200	19,000	46	153	(13)
360	51	9,650	9,500	147	-	(14)
469	1,360	5,170	5,090	3	65	(15)
…	…	5,970	5,570	354	48	(16)
…	…	11,000	9,760	752	454	(17)
…	…	6,710	6,670	17	22	(18)
…	…	6,940	6,580	278	83	(19)
3,180	1,550	45,600	42,700	1,420	1,500	(20)
30	0	9,070	9,000	63	7	(21)
8,100	9,590	16,100	15,600	295	140	(22)
198	140	47,000	46,100	288	587	(23)
581	-	58,200	57,900	210	4	(24)
…	…	…	…	…	…	(25)
…	…	7,540	7,540	-	-	(26)
…	…	7,130	6,960	157	14	(27)
…	…	2,370	2,330	37	5	(28)
…	…	812	812	-	-	(29)
…	…	1,900	1,900	-	-	(30)
…	…	…	…	…	…	(31)
14,400	9,780	9,700	9,700	-	1	(32)
…	…	1,110	1,100	-	3	(33)
1,340	853	8,310	7,050	685	573	(34)
-	-	6,240	6,240	-	2	(35)
…	…	2,820	2,750	67	2	(36)
…	…	…	…	…	…	(37)
…	…	6,380	5,080	652	648	(38)
-	-	6,270	3,640	2,630	6	(39)
254	0	3,680	2,900	777	2	(40)
-	-	2,320	1,570	562	194	(41)
…	…	…	…	…	…	(42)
…	…	11,800	11,700	107	3	(43)
…	…	1,480	1,480	2	1	(44)
67	11	1,830	1,660	163	7	(45)
…	…	6,420	5,960	414	45	(46)
…	…	…	…	…	…	(47)
470	30	2,800	1,130	1,670	-	(48)
200	951	3,300	2,800	375	138	(49)
33	-	1,560	1,530	12	19	(50)
…	…	2,870	2,840	-	27	(51)
9	517	5,910	5,900	-	11	(52)
144	98	1,930	1,930	-	-	(53)
3,980	891	2,390	2,320	55	18	(54)
4,280	3,920	3,130	3,090	-	32	(55)
3	177	14,600	14,000	206	372	(56)
…	…	1,600	1,590	2	-	(57)
277	1,250	6,840	6,400	441	-	(58)
31	26	…	…	…	…	(59)
…	…	…	…	…	…	(60)
…	…	10,200	10,100	67	7	(61)
…	…	…	…	…	…	(62)

5　令和元年産都道府県別の用途別出荷量（続き）

(10)　たまねぎ　　　　　　(11)　きゅうり

単位：t

全国農業地域・都道府県		(10) たまねぎ 出荷量計	生食向	加工向	業務用向	(11) きゅうり 出荷量計	生食向
全国	(1)	1,211,000	958,000	231,500	21,100	474,700	468,600
(全国農業地域)							
北海道	(2)	794,100	587,400	193,000	13,700	14,700	14,400
都府県	(3)	…	…	…	…	…	…
東北	(4)	…	…	…	…	77,100	75,400
北陸	(5)	…	…	…	…	…	…
関東・東山	(6)	…	…	…	…	…	…
東海	(7)	40,200	36,500	3,520	204	…	…
近畿	(8)	…	…	…	…	13,100	12,800
中国	(9)	…	…	…	…	…	…
四国	(10)	…	…	…	…	40,600	40,300
九州	(11)	…	…	…	…	111,200	110,000
沖縄	(12)	…	…	…	…	…	…
(都道府県)							
北海道	(13)	794,100	587,400	193,000	13,700	14,700	14,400
青森	(14)	…	…	…	…	4,860	4,740
岩手	(15)	…	…	…	…	10,900	10,600
宮城	(16)	…	…	…	…	10,500	10,300
秋田	(17)	…	…	…	…	6,450	6,450
山形	(18)	…	…	…	…	10,200	9,970
福島	(19)	…	…	…	…	34,200	33,200
茨城	(20)	4,490	2,650	1,780	58	21,400	20,700
栃木	(21)	10,400	9,850	546	-	9,770	9,770
群馬	(22)	7,560	6,280	1,270	6	52,900	52,500
埼玉	(23)	3,170	2,680	87	400	41,100	40,900
千葉	(24)	4,520	4,510	15	-	26,100	26,100
東京	(25)	…	…	…	…	…	…
神奈川	(26)	…	…	…	…	10,500	10,500
新潟	(27)	…	…	…	…	5,490	5,250
富山	(28)	9,200	7,270	1,740	195	520	520
石川	(29)	…	…	…	…	1,390	1,390
福井	(30)	…	…	…	…	…	…
山梨	(31)	…	…	…	…	3,820	3,820
長野	(32)	2,440	1,920	166	350	10,000	9,740
岐阜	(33)	1,930	1,430	478	19	4,050	4,050
静岡	(34)	11,300	11,100	98	80	…	…
愛知	(35)	25,100	22,300	2,750	49	12,000	11,700
三重	(36)	1,870	1,620	192	56	1,460	1,440
滋賀	(37)	…	…	…	…	2,450	2,430
京都	(38)	…	…	…	…	3,810	3,610
大阪	(39)	3,690	3,500	150	45	1,770	1,770
兵庫	(40)	90,900	83,700	7,090	78	1,260	1,230
奈良	(41)	…	…	…	…	1,470	1,450
和歌山	(42)	4,160	3,120	990	52	2,290	2,250
鳥取	(43)	…	…	…	…	…	…
島根	(44)	1,860	1,690	162	11	1,160	1,150
岡山	(45)	4,810	2,400	2,390	18	2,000	1,990
広島	(46)	…	…	…	…	3,130	3,130
山口	(47)	4,770	4,760	10	4	2,460	2,460
徳島	(48)	…	…	…	…	6,610	6,490
香川	(49)	8,860	7,570	1,250	41	3,210	3,200
愛媛	(50)	8,970	3,510	5,380	78	7,500	7,370
高知	(51)	…	…	…	…	23,300	23,200
福岡	(52)	3,090	3,080	9	-	8,610	8,580
佐賀	(53)	128,800	122,500	4,450	1,880	12,200	12,200
長崎	(54)	31,800	24,200	4,450	3,110	6,830	5,740
熊本	(55)	11,300	11,000	306	-	12,500	12,500
大分	(56)	…	…	…	…	2,450	2,450
宮崎	(57)	1,210	1,060	125	30	59,600	59,500
鹿児島	(58)	…	…	…	…	9,050	9,050
沖縄	(59)	…	…	…	…	…	…
関東農政局	(60)	…	…	…	…	…	…
東海農政局	(61)	28,900	25,400	3,420	124	17,500	17,200
中国四国農政局	(62)	…	…	…	…	…	…

(12) なす

単位：t　　　　　　　　　　　　単位：t

加工向	業務用向	出荷量計	生食向	加工向	業務用向	
4,950	1,180	239,500	236,200	2,950	275	(1)
−	206	…	…	…	…	(2)
…	…	…	…	…	…	(3)
1,730	20	…	…	…	…	(4)
…	…	…	…	…	…	(5)
…	…	…	…	…	…	(6)
…	…	…	…	…	…	(7)
261	45	…	…	…	…	(8)
…	…	…	…	…	…	(9)
340	−	48,500	48,500	32	−	(10)
1,180	55	58,700	58,600	124	20	(11)
…	…	…	…	…	…	(12)
−	206	…	…	…	…	(13)
119	−	…	…	…	…	(14)
230	−	1,760	1,760	−	−	(15)
198	7	1,300	1,240	41	20	(16)
−	−	2,150	2,100	50	−	(17)
207	−	2,710	2,460	252	−	(18)
972	13	2,440	2,430	10	−	(19)
18	659	14,000	13,800	47	80	(20)
−	−	11,700	11,300	357	−	(21)
420	25	23,100	22,700	279	31	(22)
241	−	7,160	6,960	197	−	(23)
−	−	4,110	4,110	−	−	(24)
…	…	…	…	…	…	(25)
−	−	3,110	3,110	−	−	(26)
242	−	2,600	2,270	291	47	(27)
−	−	434	432	2	−	(28)
−	−	…	…	…	…	(29)
…	…	510	510	−	−	(30)
−	−	4,840	4,830	7	−	(31)
221	80	791	785	6	−	(32)
−	−	1,420	1,420	−	−	(33)
…	…	…	…	…	…	(34)
192	81	11,200	11,200	36	−	(35)
13	−	1,330	1,330	−	−	(36)
10	11	849	807	40	2	(37)
188	5	7,140	6,790	345	3	(38)
2	2	6,440	5,910	520	10	(39)
29	2	1,110	1,110	0	1	(40)
0	20	4,570	4,450	66	55	(41)
32	5	…	…	…	…	(42)
…	…	…	…	…	…	(43)
5	−	679	673	6	−	(44)
12	2	4,250	4,090	161	1	(45)
−	−	2,380	2,380	1	−	(46)
−	−	1,620	1,620	−	−	(47)
120	−	5,880	5,870	12	−	(48)
6	−	1,260	1,240	20	−	(49)
126	−	2,640	2,640	−	−	(50)
88	−	38,700	38,700	−	−	(51)
27	5	16,900	16,900	78	−	(52)
−	−	2,840	2,840	−	−	(53)
1,040	50	1,540	1,540	−	−	(54)
56	−	32,700	32,600	46	20	(55)
−	−	1,240	1,240	−	−	(56)
58	−	2,030	2,030	−	−	(57)
−	−	1,400	1,400	−	−	(58)
…	…	…	…	…	…	(59)
…	…	…	…	…	…	(60)
205	81	14,000	14,000	36	−	(61)
…	…	…	…	…	…	(62)

5　令和元年産都道府県別の用途別出荷量（続き）

(13)　トマト　　　　　　　　　　　　(14)　ピーマン

単位：t

全国農業地域・都道府県		トマト 出荷量計	トマト 生食向	トマト 加工向	トマト 業務用向	ピーマン 出荷量計	ピーマン 生食向
全国	(1)	653,800	621,700	28,600	3,500	129,500	129,300
(全国農業地域)							
北海道	(2)	56,200	53,600	2,230	358	4,700	4,530
都府県	(3)	…	…	…	…	…	…
東北	(4)	67,900	64,500	3,030	389	…	…
北陸	(5)	12,200	11,500	653	12	…	…
関東・東山	(6)	…	…	…	…	…	…
東海	(7)	84,800	83,400	1,220	148	…	…
近畿	(8)	…	…	…	…	…	…
中国	(9)	21,800	21,700	103	12	2,550	2,550
四国	(10)	19,400	19,300	115	-	…	…
九州	(11)	193,500	191,000	199	2,320	…	…
沖縄	(12)	2,900	2,890	6	6	2,260	2,240
(都道府県)							
北海道	(13)	56,200	53,600	2,230	358	4,700	4,530
青森	(14)	16,400	16,300	78	-	3,310	3,270
岩手	(15)	8,040	7,220	818	-	6,820	6,820
宮城	(16)	8,120	7,500	274	347	…	…
秋田	(17)	6,270	5,960	308	-	292	292
山形	(18)	9,210	8,630	564	13	685	684
福島	(19)	19,900	18,800	984	29	2,240	2,240
茨城	(20)	41,100	28,900	12,200	-	31,800	31,800
栃木	(21)	32,800	31,800	1,050	-	…	…
群馬	(22)	22,300	21,700	579	95	…	…
埼玉	(23)	13,600	13,600	8	3	…	…
千葉	(24)	28,700	28,700	35	-	1,180	1,180
東京	(25)	…	…	…	…	…	…
神奈川	(26)	11,700	11,700	-	-	…	…
新潟	(27)	6,570	5,980	583	12	396	394
富山	(28)	948	948	-	-	…	…
石川	(29)	2,700	2,660	39	-	…	…
福井	(30)	1,950	1,910	31	-	…	…
山梨	(31)	5,470	5,450	25	-	…	…
長野	(32)	13,600	6,530	7,100	-	1,300	1,300
岐阜	(33)	22,100	21,200	793	83	358	358
静岡	(34)	13,200	13,100	125	27	…	…
愛知	(35)	41,000	40,700	279	38	360	360
三重	(36)	8,500	8,480	20	-	199	199
滋賀	(37)	2,550	2,450	2	97	…	…
京都	(38)	3,930	3,880	8	41	1,700	1,690
大阪	(39)	…	…	…	…	…	…
兵庫	(40)	7,140	7,130	10	4	1,520	1,520
奈良	(41)	3,250	3,200	32	21	…	…
和歌山	(42)	3,750	3,720	24	-	1,200	1,200
鳥取	(43)	2,450	2,430	10	10	350	350
島根	(44)	2,790	2,750	40	-	497	497
岡山	(45)	3,920	3,910	9	2	553	553
広島	(46)	8,870	8,870	3	-	826	826
山口	(47)	3,730	3,690	41	-	324	324
徳島	(48)	4,130	4,130	-	-	423	423
香川	(49)	2,810	2,810	-	-	…	…
愛媛	(50)	5,840	5,820	25	-	1,190	1,190
高知	(51)	6,610	6,520	90	-	13,200	13,200
福岡	(52)	17,500	16,200	82	1,220	…	…
佐賀	(53)	2,930	2,930	-	-	…	…
長崎	(54)	11,800	11,000	10	758	…	…
熊本	(55)	128,800	128,600	34	200	3,270	3,270
大分	(56)	10,100	10,000	42	19	6,090	6,090
宮崎	(57)	17,900	17,900	31	50	26,200	26,100
鹿児島	(58)	4,440	4,370	-	68	12,000	12,000
沖縄	(59)	2,900	2,890	6	6	2,260	2,240
関東農政局	(60)	…	…	…	…	…	…
東海農政局	(61)	71,600	70,400	1,090	121	917	917
中国四国農政局	(62)	41,200	41,000	218	12	…	…

単位：t

加工向	業務用向	
65	**196**	(1)
-	170	(2)
…	…	(3)
…	…	(4)
…	…	(5)
…	…	(6)
…	…	(7)
…	…	(8)
0	0	(9)
…	…	(10)
…	…	(11)
11	-	(12)
-	170	(13)
42	-	(14)
-	-	(15)
…	…	(16)
-	-	(17)
1	-	(18)
-	-	(19)
4	2	(20)
…	…	(21)
…	…	(22)
…	…	(23)
-	-	(24)
…	…	(25)
…	…	(26)
2	-	(27)
…	…	(28)
…	…	(29)
…	…	(30)
…	…	(31)
-	1	(32)
-	-	(33)
…	…	(34)
-	-	(35)
-	-	(36)
…	…	(37)
5	6	(38)
…	…	(39)
-	0	(40)
…	…	(41)
-	-	(42)
-	-	(43)
-	-	(44)
0	0	(45)
-	-	(46)
-	-	(47)
-	-	(48)
…	…	(49)
-	-	(50)
-	-	(51)
…	…	(52)
…	…	(53)
…	…	(54)
-	-	(55)
-	1	(56)
-	16	(57)
-	-	(58)
11	-	(59)
…	…	(60)
-	-	(61)
…	…	(62)

6 令和元年産市町村別の作付面積、収穫量及び出荷量

(1) だいこん

ア 春だいこん

主要産地 市町村	作付面積	収穫量	出荷量
	ha	t	t
北海道			
七飯町	105	5,460	5,230
青森県			
三沢市	43	2,350	1,970
栃木県			
小山市	12	528	478
下野市	5	236	208
野木町	2	91	87
埼玉県			
川越市	21	1,080	982
所沢市	12	607	486
狭山市	15	1,270	1,140
三芳町	10	509	468
千葉県			
銚子市	444	25,000	24,500
東金市	1	46	36
旭市	66	3,720	3,420
市原市	72	6,230	6,050
山武市	7	330	265
大網白里市	1	47	43
九十九里町	1	47	43
芝山町	2	92	81
横芝光町	1	47	43
愛知県			
江南市	25	1,190	1,090
愛西市	43	2,030	1,910
山口県			
萩市	36	1,160	1,030
香川県			
坂出市	44	3,490	3,230
長崎県			
島原市	179	14,200	13,400
雲仙市	41	3,350	3,170
熊本県			
大津町	15	366	292
南小国町	5	158	140
小国町	40	1,200	1,100

イ 夏だいこん

主要産地 市町村	作付面積	収穫量	出荷量
	ha	t	t
北海道			
函館市	25	1,130	1,070
旭川市	3	65	41
帯広市	369	18,100	17,400
網走市	17	749	669
千歳市	33	1,320	1,230
富良野市	5	148	125
恵庭市	79	4,410	4,120
北広島市	26	1,220	1,140
七飯町	6	270	247
厚沢部町	32	1,570	1,500
乙部町	10	480	460
今金町	20	1,000	956
ニセコ町	5	235	221
真狩村	186	11,600	11,100
留寿都村	277	17,500	16,600
喜茂別町	3	203	193
京極町	1	69	66
倶知安町	4	247	235
東神楽町	3	99	93
上川町	79	2,950	2,730
上富良野町	x	x	x
中富良野町	x	x	x
南富良野町	26	1,300	1,260
芽室町	75	2,740	2,630
大樹町	56	2,550	2,450
広尾町	x	x	x
幕別町	168	7,960	7,640
豊頃町	7	356	340
浦幌町	31	1,500	1,440
釧路町	121	6,640	6,310
標茶町	135	7,250	6,920
鶴居村	x	x	x
中標津町	96	4,900	4,670
青森県			
黒石市	40	1,730	1,710
三沢市	98	3,630	3,020
むつ市	60	2,890	2,850
平川市	58	3,050	2,710
東北町	102	4,170	3,750
六ヶ所村	173	7,800	7,310
おいらせ町	175	8,580	8,320
東通村	23	1,310	1,260
五戸町	19	770	628
新郷村	34	1,460	1,250
岩手県			
盛岡市	6	133	75
宮古市	15	300	210
八幡平市	36	1,090	1,000
滝沢市	63	2,240	2,120
雫石町	25	848	764
葛巻町	31	760	660
岩手町	104	3,040	2,870
岩泉町	3	63	51
田野畑村	13	273	210
栃木県			
日光市	5	97	87
那須塩原市	38	805	749

注：1 野菜指定産地（令和元年5月7日農林水産省告示第31号）に含まれる市町村並びにばれいしょの北海道については全市町村を対象に調査を行った。
2 ばれいしょは季節別に調査を実施していることから、品目計と季節別に掲載した。
3 秋植えばれいしょのうち北海道、青森県及び千葉県は、当該市町村において作付けがなかったことから掲載していない。

ウ 秋冬だいこん

主要産地市町村	作付面積	収穫量	出荷量
	ha	t	t
栃木県（続き）			
塩谷町	3	60	38
群馬県			
沼田市	69	2,510	2,300
片品村	126	4,690	4,080
長野県			
諏訪市	3	79	69
茅野市	28	664	622
岐阜県			
高山市	11	441	375
飛騨市	2	75	49
郡上市	127	6,560	6,190
兵庫県			
養父市	8	175	148
香美町	1	15	3
新温泉町	17	1,190	1,150
岡山県			
真庭市	46	1,540	1,370
広島県			
庄原市	40	1,050	888
山口県			
萩市	31	589	481
熊本県			
南小国町	10	215	200
小国町	37	736	622
北海道			
函館市	36	1,730	1,580
千歳市	10	485	449
恵庭市	35	1,990	1,840
北広島市	18	874	809
七飯町	10	490	414
厚沢部町	19	950	843
今金町	5	240	209
せたな町	2	86	51
青森県			
おいらせ町	157	7,130	6,310
福島県			
南相馬市	9	330	273
浪江町	-	-	-
千葉県			
銚子市	529	33,600	32,300
成田市	48	2,410	2,280
旭市	75	5,180	4,970
市原市	115	8,270	8,020
袖ケ浦市	76	3,780	3,440
八街市	28	1,260	1,200
富里市	48	2,400	2,290
香取市	25	1,280	1,130
多古町	23	1,270	1,090
神奈川県			
横須賀市	16	1,290	1,200
三浦市	661	57,800	53,700
新潟県			
新潟市	483	26,700	24,500
石川県			
金沢市	66	3,830	3,350
羽咋市	28	905	762
かほく市	14	487	340
内灘町	17	1,030	936
志賀町	6	173	43
福井県			
福井市	23	530	186
あわら市	54	2,380	2,260
坂井市	56	1,300	880
岐阜県			
岐阜市	34	1,280	972
静岡県			
御前崎市	24	1,020	805
牧之原市	34	1,580	1,270
吉田町	1	41	32
滋賀県			
高島市	12	348	233

6　令和元年産市町村別の作付面積、収穫量及び出荷量（続き）

(1)　だいこん（続き）
ウ　秋冬だいこん（続き）

主要産地 市町村	作付面積	収穫量	出荷量
	ha	t	t
兵庫県			
たつの市	62	2,240	1,880
奈良県			
桜井市	9	468	368
宇陀市	12	418	326
御杖村	1	23	1
和歌山県			
和歌山市	72	6,520	6,160
岡山県			
真庭市	41	1,480	1,080
広島県			
庄原市	35	948	692
山口県			
萩市	65	1,920	1,740
徳島県			
徳島市	14	932	894
鳴門市	201	15,900	14,600
吉野川市	27	1,760	1,590
阿波市	34	2,160	1,770
松茂町	25	2,050	1,910
北島町	4	207	180
板野町	4	251	213
香川県			
坂出市	43	2,460	2,420
福岡県			
福岡市	55	4,430	4,030
糸島市	17	917	764
長崎県			
島原市	221	18,200	17,400
雲仙市	56	4,820	4,440
熊本県			
大津町	18	556	410
南小国町	7	279	256
小国町	50	1,780	1,610
鹿児島県			
大崎町	320	14,800	14,200

(2)　にんじん
ア　春夏にんじん

主要産地 市町村	作付面積	収穫量	出荷量
	ha	t	t
北海道			
七飯町	160	5,600	5,320
青森県			
三沢市	204	6,960	6,650
七戸町	1	27	22
六戸町	126	4,610	4,380
東北町	20	680	640
六ヶ所村	11	354	255
おいらせ町	210	8,420	8,190
埼玉県			
熊谷市	69	2,390	2,300
深谷市	39	1,320	1,260
千葉県			
千葉市	30	1,090	1,020
船橋市	118	4,340	4,190
成田市	70	2,910	2,760
東金市	5	196	163
習志野市	20	716	680
八千代市	30	1,110	1,070
八街市	45	1,940	1,850
富里市	38	1,630	1,530
香取市	26	910	880
山武市	31	1,260	1,230
神崎町	2	70	63
多古町	27	972	943
芝山町	17	689	674
新潟県			
新潟市	22	521	484
新発田市	1	21	18
胎内市	7	220	217
聖籠町	1	17	7
岐阜県			
各務原市	59	2,960	2,860
静岡県			
掛川市	28	910	782
兵庫県			
たつの市	48	2,180	2,100
徳島県			
徳島市	65	3,270	3,040
鳴門市	6	232	216
阿南市	36	1,460	1,350
吉野川市	79	3,900	3,630
阿波市	14	591	538
美馬市	11	371	326
石井町	21	963	876
藍住町	305	16,800	15,200
板野町	343	19,500	17,800
上板町	69	3,400	3,060
つるぎ町	2	59	40

イ　秋にんじん

主要産地市町村	作付面積	収穫量	出荷量
	ha	t	t
長崎県			
島原市	260	10,700	10,200
雲仙市	11	326	272
南島原市	2	25	19
熊本県			
大津町	8	241	216
菊陽町	96	3,100	2,790
沖縄県			
糸満市	24	470	412
北海道			
函館市	87	2,700	2,600
帯広市	205	6,660	6,210
北見市	53	2,140	2,050
岩見沢市	37	1,060	1,030
網走市	10	487	451
美唄市	1	30	29
江別市	31	1,420	1,300
千歳市	1	34	29
富良野市	186	8,960	8,350
恵庭市	22	861	786
北広島市	19	604	550
石狩市	44	1,600	1,460
北斗市	24	720	689
当別町	13	288	260
七飯町	8	240	214
厚沢部町	-	-	-
今金町	35	1,370	1,320
せたな町	5	150	144
ニセコ町	37	1,870	1,750
真狩村	214	10,500	9,840
留寿都村	68	3,800	3,560
京極町	170	7,100	6,660
倶知安町	39	1,630	1,530
上富良野町	22	627	572
中富良野町	89	4,210	3,920
南富良野町	312	16,100	15,100
美幌町	414	21,700	20,200
津別町	11	417	382
斜里町	450	23,400	21,500
清里町	19	878	826
小清水町	153	7,050	6,500
訓子府町	x	x	x
置戸町	x	x	x
大空町	84	4,510	4,270
豊浦町	24	874	817
洞爺湖町	55	2,170	2,030
音更町	522	17,500	16,300
新得町	48	1,840	1,710
芽室町	143	4,530	4,230
幕別町	444	15,000	14,000
足寄町	16	518	481
青森県			
黒石市	12	336	252
平川市	76	3,040	2,770
七戸町	1	20	18
東北町	11	381	366
六ヶ所村	14	445	392

6　令和元年産市町村別の作付面積、収穫量及び出荷量（続き）

(2)　にんじん（続き）

ウ　冬にんじん

主要産地 市町村	作付面積	収穫量	出荷量
	ha	t	t
青森県			
おいらせ町	52	1,770	1,760
茨城県			
水戸市	18	587	504
鉾田市	294	10,300	8,860
茨城町	49	1,540	1,320
城里町	2	61	52
埼玉県			
川越市	20	800	663
所沢市	80	3,220	2,440
狭山市	20	772	571
入間市	2	72	36
朝霞市	53	2,070	1,750
志木市	4	148	120
和光市	19	713	670
新座市	53	2,090	1,840
富士見市	6	220	152
ふじみ野市	6	224	197
三芳町	25	988	861
千葉県			
千葉市	83	2,660	2,520
成田市	99	2,970	2,820
東金市	15	423	364
八街市	551	16,500	15,900
富里市	680	22,100	21,200
香取市	95	3,020	2,830
山武市	286	8,070	7,330
神崎町	3	93	84
多古町	77	2,460	2,340
芝山町	257	6,990	6,390
横芝光町	16	451	392
新潟県			
新潟市	47	929	605
新発田市	5	91	42
胎内市	39	1,120	1,010
聖籠町	4	83	55
石川県			
小松市	18	167	148
岐阜県			
各務原市	50	1,540	1,260
愛知県			
碧南市	192	12,000	11,100
西尾市	44	1,830	1,710
愛西市	25	1,000	920
鳥取県			
米子市	38	1,280	1,170
境港市	2	46	43
香川県			
坂出市	65	1,990	1,880
長崎県			
島原市	212	8,710	8,340
諫早市	244	9,400	8,650
大村市	27	753	709
雲仙市	9	254	217
南島原市	3	34	25
熊本県			
大津町	59	1,930	1,720
菊陽町	120	3,600	3,030
鹿児島県			
枕崎市	17	527	432
指宿市	27	851	723
南さつま市	10	300	264
志布志市	100	3,960	3,470
南九州市	154	4,930	4,090
沖縄県			
糸満市	40	643	553
うるま市	10	135	115

(3) ばれいしょ（じゃがいも）
ア 計

主要産地 市町村	作付面積	収穫量	出荷量
	ha	t	t
北海道			
札幌市	x	x	x
函館市	380	11,000	10,000
小樽市	9	204	165
旭川市	155	5,460	5,140
室蘭市	x	x	x
釧路市	x	x	x
帯広市	3,570	121,000	112,000
北見市	1,820	76,000	64,700
夕張市	2	48	32
岩見沢市	58	1,800	1,060
網走市	2,680	117,700	112,800
留萌市	0	3	0
苫小牧市	x	x	x
稚内市	4	53	37
美唄市	5	118	83
芦別市	42	1,390	320
江別市	74	2,760	2,510
赤平市	0	4	0
紋別市	－	－	－
士別市	206	6,310	5,790
名寄市	155	4,590	3,870
三笠市	5	119	98
根室市	－	－	－
千歳市	148	6,050	2,920
滝川市	1	21	10
砂川市	1	12	3
歌志内市	0	0	－
深川市	50	1,760	770
富良野市	170	5,870	5,530
登別市	－	－	－
恵庭市	239	8,970	7,300
伊達市	51	1,840	1,530
北広島市	41	1,370	1,030
石狩市	136	4,670	3,850
北斗市	35	945	801
当別町	54	1,740	1,490
新篠津村	x	x	x
松前町	5	95	85
福島町	5	95	86
知内町	4	84	75
木古内町	5	105	93
七飯町	20	500	450
鹿部町	1	9	1
森町	180	5,760	5,250
八雲町	55	1,650	736
長万部町	1	11	4
江差町	60	1,560	1,390
上ノ国町	19	456	409
厚沢部町	428	14,100	5,940
乙部町	20	480	437
奥尻町	1	18	10
今金町	390	12,100	9,290
せたな町	155	4,650	3,840
島牧村	3	46	20
寿都町	x	x	x
黒松内町	99	3,790	2,010
蘭越町	72	2,360	1,890
ニセコ町	247	7,730	6,970
真狩村	471	15,000	13,900
留寿都村	441	16,500	15,900
北海道（続き）			
喜茂別町	300	10,200	8,510
京極町	674	24,400	21,700
倶知安町	1,220	38,800	33,100
共和町	270	8,190	7,270
岩内町	1	34	23
泊村	0	3	0
神恵内村	0	3	0
積丹町	11	332	292
古平町	2	43	37
仁木町	3	69	59
余市町	4	88	75
赤井川村	22	740	634
南幌町	4	99	74
奈井江町	0	5	0
上砂川町	0	0	－
由仁町	172	6,520	2,800
長沼町	97	3,260	1,950
栗山町	194	7,020	844
月形町	10	258	202
浦臼町	11	291	266
新十津川町	1	26	6
妹背牛町	0	8	0
秩父別町	0	5	0
雨竜町	0	8	0
北竜町	0	8	0
沼田町	7	186	175
鷹栖町	1	17	2
東神楽町	5	156	129
当麻町	2	51	30
比布町	1	27	2
愛別町	0	5	0
上川町	30	870	812
東川町	x	x	x
美瑛町	826	30,400	26,800
上富良野町	408	14,400	12,400
中富良野町	117	3,530	3,150
南富良野町	241	8,580	5,390
占冠村	0	10	5
和寒町	13	409	379
剣淵町	203	6,820	6,140
下川町	0	5	0
美深町	31	799	715
音威子府村	x	x	x
中川町	x	x	x
幌加内町	9	220	198
増毛町	x	x	x
小平町	1	9	4
苫前町	x	x	x
羽幌町	x	x	x
初山別村	0	9	7
遠別町	14	253	244
天塩町	x	x	x
猿払村	－	－	－
浜頓別町	－	－	－
中頓別町	x	x	x
枝幸町	x	x	x
豊富町	－	－	－
礼文町	－	－	－
利尻町	－	－	－
利尻富士町	－	－	－

6 令和元年産市町村別の作付面積、収穫量及び出荷量（続き）

(3) ばれいしょ（じゃがいも）（続き）

ア 計（続き）

主要産地 市町村	作付面積	収穫量	出荷量
	ha	t	t
北海道（続き）			
幌延町	0	0	−
美幌町	1,390	51,500	47,400
津別町	589	23,100	20,900
斜里町	2,830	115,500	111,000
清里町	1,850	77,600	74,300
小清水町	2,250	101,900	98,800
訓子府町	730	33,900	27,400
置戸町	295	13,400	9,340
佐呂間町	x	x	x
遠軽町	65	2,060	1,930
湧別町	44	1,270	1,200
滝上町	1	17	16
興部町	−	−	−
西興部村	−	−	−
雄武町	x	x	x
大空町	1,970	86,100	74,700
豊浦町	36	1,250	1,130
壮瞥町	15	533	491
白老町	−	−	−
厚真町	60	2,120	1,850
洞爺湖町	221	7,990	7,240
安平町	26	951	906
むかわ町	90	2,890	2,590
日高町	15	375	333
平取町	x	x	x
新冠町	x	x	x
浦河町	2	14	3
様似町	0	4	0
えりも町	0	2	0
新ひだか町	2	16	4
音更町	2,100	82,000	74,700
士幌町	2,130	83,500	76,300
上士幌町	762	28,800	26,700
鹿追町	1,030	33,400	27,400
新得町	151	5,970	4,770
清水町	850	27,600	24,700
芽室町	3,120	108,200	101,200
中札内村	999	45,500	41,800
更別村	1,950	84,300	79,500
大樹町	315	10,700	6,990
広尾町	42	1,750	1,740
幕別町	2,400	81,600	75,900
池田町	314	12,400	11,100
豊頃町	917	37,400	34,800
本別町	542	19,400	18,300
足寄町	134	5,300	5,290
陸別町	x	x	x
浦幌町	798	29,800	28,300
釧路町	−	−	−
厚岸町	−	−	−
浜中町	−	−	−
標茶町	−	−	−
弟子屈町	409	16,700	15,900
鶴居村	−	−	−
白糠町	x	x	x
別海町	−	−	−
中標津町	384	13,500	10,200
標津町	30	980	845
羅臼町	−	−	−

主要産地 市町村	作付面積	収穫量	出荷量
	ha	t	t
青森県			
五所川原市	14	158	105
三沢市	89	2,400	2,140
中泊町	3	41	32
野辺地町	3	76	63
七戸町	1	21	21
六戸町	5	128	126
横浜町	144	4,570	4,470
東北町	83	2,650	2,390
六ヶ所村	14	448	420
千葉県			
山武市	10	268	212
九十九里町	1	25	16
芝山町	45	1,140	969
横芝光町	8	198	126
静岡県			
浜松市	280	8,160	7,420
三島市	25	697	628
湖西市	40	1,020	917
三重県			
四日市市	28	305	225
広島県			
竹原市	64	663	104
東広島市	126	1,450	489
佐賀県			
唐津市	19	374	261
玄海町	5	74	24
長崎県			
諫早市	619	19,200	17,200
大村市	15	341	296
平戸市	41	1,020	554
五島市	26	415	364
雲仙市	1,480	42,400	37,100
南島原市	975	22,800	20,500
熊本県			
八代市	114	2,860	2,830
天草市	26	344	256
氷川町	24	515	473
苓北町	5	63	44
鹿児島県			
西之表市	98	2,750	2,610
いちき串木野市	20	223	171
長島町	1,090	29,100	26,600
錦江町	48	1,400	1,330
南大隅町	120	3,410	3,080
中種子町	25	538	495
南種子町	17	283	249
天城町	303	5,520	5,260
和泊町	641	7,080	6,440
知名町	577	7,770	7,390

イ　春植えばれいしょ

主要産地 市町村	作付面積	収穫量	出荷量
	ha	t	t
北海道			
札幌市	x	x	x
函館市	380	11,000	10,000
小樽市	9	204	165
旭川市	155	5,460	5,140
室蘭市	x	x	x
釧路市	x	x	x
帯広市	3,570	121,000	112,000
北見市	1,820	76,000	64,700
夕張市	2	48	32
岩見沢市	58	1,800	1,060
網走市	2,680	117,700	112,800
留萌市	0	3	0
苫小牧市	x	x	x
稚内市	4	53	37
美唄市	5	118	83
芦別市	42	1,390	320
江別市	74	2,760	2,510
赤平市	0	4	0
紋別市	-	-	-
士別市	206	6,310	5,790
名寄市	155	4,590	3,870
三笠市	5	119	98
根室市	-	-	-
千歳市	148	6,050	2,920
滝川市	1	21	10
砂川市	1	12	3
歌志内市	0	0	-
深川市	50	1,760	770
富良野市	170	5,870	5,530
登別市	-	-	-
恵庭市	239	8,970	7,300
伊達市	51	1,840	1,530
北広島市	41	1,370	1,030
石狩市	136	4,670	3,850
北斗市	35	945	801
当別町	54	1,740	1,490
新篠津村	x	x	x
松前町	5	95	85
福島町	5	95	86
知内町	4	84	75
木古内町	5	105	93
七飯町	20	500	450
鹿部町	1	9	1
森町	180	5,760	5,250
八雲町	55	1,650	736
長万部町	1	11	4
江差町	60	1,560	1,390
上ノ国町	19	456	409
厚沢部町	428	14,100	5,940
乙部町	20	480	437
奥尻町	1	18	10
今金町	390	12,100	9,290
せたな町	155	4,650	3,840
島牧村	3	46	20
寿都町	x	x	x
黒松内町	99	3,790	2,010
蘭越町	72	2,360	1,890
ニセコ町	247	7,730	6,970
真狩村	471	15,000	13,900
留寿都村	441	16,500	15,900
北海道（続き）			
喜茂別町	300	10,200	8,510
京極町	674	24,400	21,700
倶知安町	1,220	38,800	33,100
共和町	270	8,190	7,270
岩内町	1	34	23
泊村	0	3	0
神恵内村	0	3	0
積丹町	11	332	292
古平町	2	43	37
仁木町	3	69	59
余市町	4	88	75
赤井川村	22	740	634
南幌町	4	99	74
奈井江町	0	5	0
上砂川町	0	0	-
由仁町	172	6,520	2,800
長沼町	97	3,260	1,950
栗山町	194	7,020	844
月形町	10	258	202
浦臼町	11	291	266
新十津川町	1	26	6
妹背牛町	0	8	0
秩父別町	0	5	0
雨竜町	0	8	0
北竜町	0	8	0
沼田町	7	186	175
鷹栖町	1	17	2
東神楽町	5	156	129
当麻町	2	51	30
比布町	1	27	2
愛別町	0	5	0
上川町	30	870	812
東川町	x	x	x
美瑛町	826	30,400	26,800
上富良野町	408	14,400	12,400
中富良野町	117	3,530	3,150
南富良野町	241	8,580	5,390
占冠村	0	10	5
和寒町	13	409	379
剣淵町	203	6,820	6,140
下川町	0	5	0
美深町	31	799	715
音威子府村	x	x	x
中川町	x	x	x
幌加内町	9	220	198
増毛町	x	x	x
小平町	1	9	4
苫前町	x	x	x
羽幌町	x	x	x
初山別村	0	9	7
遠別町	14	253	244
天塩町	x	x	x
猿払村	-	-	-
浜頓別町	-	-	-
中頓別町	x	x	x
枝幸町	x	x	x
豊富町	-	-	-
礼文町	-	-	-
利尻町	-	-	-
利尻富士町	-	-	-

6　令和元年産市町村別の作付面積、収穫量及び出荷量（続き）

(3)　ばれいしょ（じゃがいも）（続き）

イ　春植えばれいしょ（続き）

主要産地 市町村	作付 面積	収穫量	出荷量
	ha	t	t
北海道（続き）			
幌延町	0	0	−
美幌町	1,390	51,500	47,400
津別町	589	23,100	20,900
斜里町	2,830	115,500	111,000
清里町	1,850	77,600	74,300
小清水町	2,250	101,900	98,800
訓子府町	730	33,900	27,400
置戸町	295	13,400	9,340
佐呂間町	x	x	x
遠軽町	65	2,060	1,930
湧別町	44	1,270	1,200
滝上町	1	17	16
興部町	−	−	−
西興部村	−	−	−
雄武町	x	x	x
大空町	1,970	86,100	74,700
豊浦町	36	1,250	1,130
壮瞥町	15	533	491
白老町	−	−	−
厚真町	60	2,120	1,850
洞爺湖町	221	7,990	7,240
安平町	26	951	906
むかわ町	90	2,890	2,590
日高町	15	375	333
平取町	x	x	x
新冠町	x	x	x
浦河町	2	14	3
様似町	0	4	0
えりも町	0	2	0
新ひだか町	2	16	4
音更町	2,100	82,000	74,700
士幌町	2,130	83,500	76,300
上士幌町	762	28,800	26,700
鹿追町	1,030	33,400	27,400
新得町	151	5,970	4,770
清水町	850	27,600	24,700
芽室町	3,120	108,200	101,200
中札内村	999	45,500	41,800
更別村	1,950	84,300	79,500
大樹町	315	10,700	6,990
広尾町	42	1,750	1,740
幕別町	2,400	81,600	75,900
池田町	314	12,400	11,100
豊頃町	917	37,400	34,800
本別町	542	19,400	18,300
足寄町	134	5,300	5,290
陸別町	x	x	x
浦幌町	798	29,800	28,300
釧路町	−	−	−
厚岸町	−	−	−
浜中町	−	−	−
標茶町	−	−	−
弟子屈町	409	16,700	15,900
鶴居村	−	−	−
白糠町	x	x	x
別海町	−	−	−
中標津町	384	13,500	10,200
標津町	30	980	845
羅臼町	−	−	−
青森県			
五所川原市	14	158	105
三沢市	89	2,400	2,140
中泊町	3	41	32
野辺地町	3	76	63
七戸町	1	21	21
六戸町	5	128	126
横浜町	144	4,570	4,470
東北町	83	2,650	2,390
六ヶ所村	14	448	420
千葉県			
山武市	10	268	212
九十九里町	1	25	16
芝山町	45	1,140	969
横芝光町	8	198	126
静岡県			
浜松市	265	7,930	7,220
三島市	25	695	628
湖西市	39	1,010	907
三重県			
四日市市	26	296	222
広島県			
竹原市	30	310	35
東広島市	75	983	364
佐賀県			
唐津市	13	278	202
玄海町	3	50	14
長崎県			
諫早市	490	16,800	15,100
大村市	11	276	244
平戸市	33	890	520
五島市	23	378	338
雲仙市	1,100	33,100	28,900
南島原市	707	17,600	15,700
熊本県			
八代市	110	2,820	2,800
天草市	19	271	218
氷川町	22	502	463
苓北町	3	49	35
鹿児島県			
西之表市	98	2,740	2,610
いちき串木野市	18	194	151
長島町	680	20,300	18,800
錦江町	48	1,400	1,330
南大隅町	120	3,410	3,080
中種子町	24	528	491
南種子町	16	272	245
天城町	303	5,520	5,260
和泊町	641	7,080	6,440
知名町	577	7,770	7,390

ウ　秋植えばれいしょ

主要産地市町村	作付面積	収穫量	出荷量
	ha	t	t
静岡県			
浜松市	15	232	199
三島市	0	2	0
湖西市	1	13	10
三重県			
四日市市	2	9	3
広島県			
竹原市	34	353	69
東広島市	51	462	125
佐賀県			
唐津市	6	96	59
玄海町	2	24	10
長崎県			
諫早市	129	2,350	2,120
大村市	4	65	52
平戸市	8	125	34
五島市	3	37	26
雲仙市	381	9,270	8,150
南島原市	268	5,240	4,750
熊本県			
八代市	4	40	29
天草市	7	73	38
氷川町	2	13	10
苓北町	2	14	9
鹿児島県			
西之表市	0	7	3
いちき串木野市	2	29	20
長島町	410	8,820	7,760
中種子町	1	10	4
南種子町	1	11	4
天城町	−	−	−
和泊町	−	−	−
知名町	−	−	−

(4)　さといも

秋冬さといも

主要産地市町村	作付面積	収穫量	出荷量
	ha	t	t
岩手県			
北上市	50	280	182
埼玉県			
川越市	75	2,020	1,410
所沢市	143	3,950	3,080
飯能市	5	114	64
狭山市	125	3,530	2,980
入間市	21	546	361
富士見市	7	184	110
日高市	15	395	215
ふじみ野市	10	276	178
三芳町	31	831	557
千葉県			
袖ヶ浦市	22	176	107
新潟県			
新潟市	105	1,130	720
五泉市	112	1,270	1,110
富山県			
滑川市	7	58	32
砺波市	9	96	52
南砺市	39	370	269
上市町	13	128	100
立山町	7	79	45
福井県			
大野市	101	1,300	760
勝山市	37	480	237
岐阜県			
関市	23	244	147
美濃市	6	57	30
各務原市	19	197	124
静岡県			
磐田市	36	515	409
大阪府			
貝塚市	1	8	7
泉佐野市	7	121	108
泉南市	7	126	113
阪南市	1	14	13
熊取町	3	44	38
熊本県			
西原村	33	455	387
山都町	37	466	373
宮崎県			
小林市	86	837	719
高原町	16	118	98

6 令和元年産市町村別の作付面積、収穫量及び出荷量（続き）

(5) はくさい

ア 春はくさい

主要産地 市町村	作付面積	収穫量	出荷量
	ha	t	t
茨城県			
結城市	95	7,650	7,400
坂東市	100	7,830	7,570
八千代町	204	15,900	15,400
長野県			
松本市	9	449	409
小諸市	53	3,660	3,280
塩尻市	10	596	557
佐久市	65	4,590	4,130
小海町	44	3,420	3,100
川上村	24	2,020	1,820
南牧村	62	5,580	5,060
南相木村	3	228	205
北相木村	0	8	7
佐久穂町	7	523	471
軽井沢町	2	154	132
御代田町	10	671	586
立科町	1	30	18
山形村	2	91	84
朝日村	14	716	677
筑北村	4	191	178
愛知県			
一宮市	13	880	840
稲沢市	4	223	210
長崎県			
島原市	149	12,100	11,500
南島原市	20	961	877

イ 夏はくさい

主要産地 市町村	作付面積	収穫量	出荷量
	ha	t	t
北海道			
北見市	18	784	740
岩見沢市	97	3,280	3,180
美唄市	1	35	32
幕別町	40	1,880	1,760
群馬県			
長野原町	78	5,540	5,050
嬬恋村	18	1,240	1,070
昭和村	16	905	821
長野県			
松本市	4	221	97
上田市	55	2,720	2,450
小諸市	49	3,120	2,780
塩尻市	12	695	606
佐久市	119	8,020	7,160
東御市	10	494	427
小海町	252	21,400	19,800
川上村	495	46,000	42,000
南牧村	546	50,600	46,200
南相木村	87	6,880	6,220
北相木村	21	1,640	1,490
佐久穂町	41	3,140	2,820
軽井沢町	2	94	83
御代田町	8	563	477
立科町	1	52	48
長和町	3	158	136
上松町	0	24	17
木祖村	36	2,390	2,230
木曽町	35	2,270	2,100
麻績村	1	27	15
山形村	2	117	104
朝日村	17	1,010	942
筑北村	4	227	193

ウ　秋冬はくさい

主要産地 市町村	作付面積	収穫量	出荷量
	ha	t	t
北海道			
岩見沢市	72	2,620	2,480
美唄市	1	44	39
宮城県			
色麻町	6	111	59
加美町	20	589	397
茨城県			
古河市	270	18,300	17,300
結城市	550	38,200	36,100
下妻市	100	7,020	6,640
常総市	180	12,700	12,000
坂東市	140	9,700	9,170
八千代町	660	46,500	44,000
群馬県			
伊勢崎市	57	3,030	2,570
館林市	16	1,230	1,040
長野原町	82	3,750	3,450
嬬恋村	5	161	148
玉村町	3	135	113
板倉町	4	300	248
明和町	2	149	121
千代田町	7	601	547
大泉町	2	173	149
邑楽町	47	3,960	3,620
富山県			
高岡市	17	255	140
愛知県			
豊橋市	145	8,660	8,140
一宮市	13	580	490
豊川市	22	1,020	905
豊田市	29	1,290	1,050
江南市	14	440	305
稲沢市	23	1,010	910
みよし市	7	640	590
三重県			
四日市市	29	1,480	1,230
鈴鹿市	27	1,390	1,130
菰野町	5	200	120
滋賀県			
近江八幡市	14	553	323
東近江市	42	1,680	1,410
兵庫県			
洲本市	17	777	653
南あわじ市	236	14,000	12,300
淡路市	3	117	45
和歌山県			
和歌山市	69	5,800	5,350
岩出市	9	626	570
岡山県			
岡山市	30	1,750	1,560
玉野市	1	27	16
瀬戸内市	79	6,010	5,220
吉備中央町	4	166	140
山口県			
萩市	24	574	530
阿武町	6	151	132
愛媛県			
大洲市	46	2,250	1,950
大分県			
日田市	87	7,200	6,550
鹿児島県			
曽於市	143	13,000	12,500

6 令和元年産市町村別の作付面積、収穫量及び出荷量（続き）

(6) キャベツ

ア 春キャベツ

主要産地 市町村	作付 面積	収穫量	出荷量
	ha	t	t
宮城県			
登米市	37	449	392
千葉県			
銚子市	942	42,400	40,000
野田市	30	1,640	1,560
旭市	65	2,930	2,690
神奈川県			
横浜市	77	2,840	2,750
横須賀市	140	6,710	6,490
藤沢市	23	873	845
三浦市	555	27,700	26,800
葉山町	1	35	35
長野県			
松本市	11	556	474
小諸市	12	655	611
塩尻市	25	1,400	1,310
佐久市	4	183	164
軽井沢町	5	249	236
御代田町	9	438	400
山形村	3	147	137
朝日村	34	1,940	1,840
愛知県			
稲沢市	26	940	880
田原市	594	32,000	30,500
三重県			
津市	72	1,610	1,300
四日市市	30	790	670
松阪市	1	17	3
いなべ市	4	88	60
菰野町	5	125	100
大阪府			
貝塚市	1	26	25
泉佐野市	12	444	425
泉南市	4	138	132
阪南市	2	57	55
熊取町	3	118	113
田尻町	1	18	17
兵庫県			
神戸市	54	1,680	1,550
明石市	31	924	850
豊岡市	17	376	252
加古川市	5	153	141
南あわじ市	134	5,570	5,300
稲美町	13	491	458
香美町	2	29	11
新温泉町	2	26	7
和歌山県			
和歌山市	56	1,800	1,650
紀の川市	3	110	101
岩出市	3	83	76
山口県			
下関市	22	535	441
香川県			
三豊市	50	2,410	2,260
福岡県			
北九州市	57	1,680	1,520
宗像市	5	162	152
福津市	18	623	582
糸島市	46	1,500	1,390
芦屋町	4	147	133
遠賀町	1	19	17
熊本県			
熊本市	63	1,750	1,360
鹿児島県			
曽於市	55	2,180	2,030

イ　夏秋キャベツ

主要産地市町村	作付面積	収穫量	出荷量
	ha	t	t
北海道			
岩見沢市	27	913	883
江別市	11	643	592
千歳市	19	936	862
恵庭市	67	3,520	3,250
伊達市	48	1,580	1,470
北広島市	19	921	850
厚沢部町	16	592	558
南幌町	52	2,640	2,560
美幌町	39	2,530	2,470
むかわ町	48	2,230	2,090
鹿追町	70	5,810	5,640
芽室町	82	4,330	4,200
幕別町	72	3,240	3,150
青森県			
黒石市	8	386	316
三沢市	39	1,290	1,170
平川市	16	672	581
おいらせ町	115	4,120	3,490
岩手県			
盛岡市	20	532	446
二戸市	4	108	60
八幡平市	80	2,660	2,490
滝沢市	5	145	109
雫石町	17	436	344
葛巻町	11	342	322
岩手町	426	17,800	16,900
一戸町	83	2,710	2,570
宮城県			
登米市	52	1,200	1,060
群馬県			
中之条町	4	236	215
長野原町	232	13,200	11,600
嬬恋村	3,070	232,400	212,200
草津町	50	3,190	2,660
昭和村	124	5,940	5,410
神奈川県			
横浜市	20	550	520
山梨県			
富士吉田市	3	70	56
鳴沢村	46	1,200	1,050
長野県			
長野市	31	974	662
松本市	21	751	529
上田市	14	632	535
小諸市	96	4,170	3,840
茅野市	58	2,470	2,320
塩尻市	90	4,020	3,700
佐久市	170	7,900	7,310
東御市	10	408	363
小海町	52	2,630	2,440
川上村	70	3,830	3,560
南牧村	256	14,200	13,300
長野県（続き）			
北相木村	3	99	91
佐久穂町	28	1,350	1,240
軽井沢町	120	5,390	5,020
御代田町	97	4,010	3,720
立科町	1	18	6
長和町	5	200	174
富士見町	39	1,210	1,140
原村	51	1,350	1,280
麻績村	1	39	22
山形村	4	147	119
朝日村	96	4,710	4,420
筑北村	10	403	357
信濃町	17	636	576
飯綱町	5	159	124
鳥取県			
倉吉市	32	697	600
北栄町	4	47	45
熊本県			
阿蘇市	152	3,590	3,300
高森町	65	1,650	1,500
山都町	157	3,310	3,090

6 令和元年産市町村別の作付面積、収穫量及び出荷量（続き）

(6) キャベツ（続き）

ウ 冬キャベツ

主要産地 市町村	作付面積	収穫量	出荷量
	ha	t	t
北海道			
和寒町	74	4,330	4,050
剣淵町	13	768	704
千葉県			
銚子市	916	37,500	36,000
野田市	80	3,680	3,550
旭市	87	3,390	3,200
神奈川県			
横浜市	51	1,460	1,360
横須賀市	192	9,500	8,810
三浦市	177	8,720	8,080
葉山町	1	40	38
福井県			
あわら市	34	987	927
坂井市	14	394	340
愛知県			
豊橋市	1,630	86,400	81,400
半田市	2	56	44
豊川市	53	2,700	2,360
常滑市	34	1,800	1,370
稲沢市	25	650	455
東海市	5	136	69
大府市	46	2,320	1,760
知多市	9	173	141
田原市	2,070	105,800	101,000
阿久比町	5	174	107
東浦町	6	169	140
南知多町	37	1,410	1,240
美浜町	5	134	82
武豊町	7	195	131
三重県			
津市	92	2,330	1,750
四日市市	25	643	540
松阪市	10	233	146
いなべ市	14	370	130
東員町	1	26	18
菰野町	10	246	86
滋賀県			
近江八幡市	59	2,300	2,130
高島市	20	400	224
東近江市	103	4,060	3,880
大阪府			
貝塚市	9	383	352
泉佐野市	128	5,950	5,480
泉南市	15	698	642
阪南市	6	260	239
熊取町	5	202	186
田尻町	2	72	66
兵庫県			
神戸市	122	5,120	4,620
明石市	32	1,290	1,230
加古川市	15	503	456
兵庫県（続き）			
南あわじ市	128	5,520	5,190
稲美町	40	1,690	1,580
和歌山県			
和歌山市	93	3,560	3,220
紀の川市	4	141	120
岩出市	5	160	150
鳥取県			
倉吉市	36	936	688
琴浦町	2	51	27
北栄町	11	231	86
島根県			
松江市	43	1,240	1,120
出雲市	18	502	452
岡山県			
岡山市	29	1,240	1,140
玉野市	1	37	30
瀬戸内市	48	2,420	2,150
山口県			
下関市	31	887	740
宇部市	23	715	655
山口市	48	1,880	1,570
山陽小野田市	2	56	47
福岡県			
北九州市	124	5,870	5,330
福岡市	28	1,070	975
宗像市	4	136	126
福津市	21	665	616
糸島市	53	2,410	2,250
芦屋町	10	526	475
岡垣町	1	63	50
遠賀町	3	167	140
佐賀県			
白石町	108	3,680	3,340
熊本県			
八代市	200	7,660	6,660
山都町	24	941	870
氷川町	66	2,340	2,130
鹿児島県			
大崎町	88	4,410	4,160

(7) ほうれんそう

主要産地市町村	作付面積	収穫量	出荷量
	ha	t	t
北海道			
富良野市	31	276	253
北斗市	39	468	448
知内町	12	144	135
七飯町	34	442	425
上富良野町	x	x	x
中富良野町	1	10	5
厚真町	14	99	94
安平町	7	68	66
むかわ町	29	279	269
音更町	16	209	200
岩手県			
盛岡市	19	84	59
久慈市	109	565	504
八幡平市	187	985	878
滝沢市	10	50	38
雫石町	13	64	47
葛巻町	17	87	78
岩手町	26	118	86
普代村	15	71	60
野田村	17	82	69
洋野町	82	371	301
宮城県			
大崎市	28	208	104
富谷市	1	2	1
大和町	6	25	12
大郷町	10	43	22
大衡村	3	15	8
涌谷町	22	171	111
美里町	8	63	41
秋田県			
大仙市	19	114	92
仙北市	20	110	72
美郷町	6	30	13
福島県			
会津若松市	17	139	87
磐梯町	21	207	192
飯舘村	-	-	-
栃木県			
日光市	110	1,320	1,260
小山市	10	103	63
那須塩原市	120	1,340	1,280
下野市	120	1,090	902
上三川町	15	158	110
野木町	4	41	30
塩谷町	7	72	61
那須町	29	286	278
群馬県			
前橋市	164	1,550	1,470
高崎市	51	510	357
桐生市	19	194	161
伊勢崎市	300	2,700	2,570
太田市	490	5,720	5,280
渋川市	149	1,360	1,290
みどり市	123	1,270	1,160
群馬県（続き）			
昭和村	368	4,270	4,180
玉村町	2	18	17
埼玉県			
川越市	220	2,750	2,380
所沢市	195	2,440	2,020
狭山市	150	1,880	1,570
富士見市	42	517	405
ふじみ野市	67	824	645
三芳町	99	1,220	970
福井県			
福井市	33	367	224
岐阜県			
高山市	918	8,810	8,340
飛騨市	87	746	643
郡上市	18	86	44
愛知県			
一宮市	17	216	146
稲沢市	36	481	422
清須市	20	197	125
北名古屋市	2	21	13
滋賀県			
草津市	22	246	169
兵庫県			
神戸市	51	760	687
奈良県			
奈良市	16	218	173
大和高田市	5	79	63
天理市	54	837	778
橿原市	5	79	53
桜井市	14	197	162
葛城市	5	73	56
宇陀市	54	470	408
山添村	4	29	22
川西町	4	51	44
三宅町	1	15	11
田原本町	12	178	146
曽爾村	37	263	239
御杖村	32	234	208
和歌山県			
和歌山市	25	360	292
鳥取県			
倉吉市	12	142	100
湯梨浜町	12	113	91
琴浦町	6	56	45
北栄町	37	417	315
広島県			
府中市	3	20	14
三次市	12	91	64

6 令和元年産市町村別の作付面積、収穫量及び出荷量（続き）

(7) ほうれんそう（続き）

主要産地 市町村	作付 面積	収穫量	出荷量
	ha	t	t
広島県（続き）			
庄原市	69	410	287
徳島県			
徳島市	216	2,140	1,890
吉野川市	14	126	76
阿波市	21	209	144
美馬市	7	57	21
佐那河内村	1	7	5
石井町	122	1,120	999
北島町	3	20	17
藍住町	4	32	30
上板町	15	123	101
つるぎ町	0	3	2
愛媛県			
西条市	29	256	166
福岡県			
久留米市	360	4,770	4,550
佐賀県			
佐賀市	50	386	321
神埼市	18	126	101
熊本県			
阿蘇市	3	24	22
南小国町	39	289	274
小国町	64	461	438
産山村	18	135	131
高森町	1	6	5
山都町	15	192	178

(8) レタス

ア 春レタス

主要産地 市町村	作付 面積	収穫量	出荷量
	ha	t	t
岩手県			
盛岡市	3	78	57
花巻市	11	233	167
紫波町	1	23	17
矢巾町	5	126	95
茨城県			
古河市	180	5,060	4,940
結城市	195	5,450	5,310
坂東市	549	15,400	15,000
境町	182	5,110	4,990
栃木県			
小山市	47	1,130	1,110
下野市	4	96	93
野木町	5	118	109
群馬県			
沼田市	58	1,770	1,650
昭和村	142	4,350	4,040
埼玉県			
本庄市	8	162	140
神川町	1	7	5
長野県			
松本市	23	898	848
上田市	14	395	349
飯田市	4	98	65
小諸市	60	2,220	2,130
塩尻市	183	7,580	7,410
佐久市	24	826	757
東御市	7	205	190
佐久穂町	3	105	99
軽井沢町	7	256	252
御代田町	54	1,740	1,580
立科町	1	32	29
青木村	1	12	8
松川町	1	17	8
高森町	4	90	67
阿智村	1	15	8
下條村	2	39	34
泰阜村	1	16	12
喬木村	2	37	26
豊丘村	1	20	11
山形村	6	208	201
朝日村	66	2,870	2,800
兵庫県			
南あわじ市	298	6,740	6,490
岡山県			
岡山市	18	277	233
玉野市	0	4	3
瀬戸内市	1	20	17

イ　夏秋レタス

主要産地 市町村	作付面積	収穫量	出荷量
	ha	t	t
徳島県			
阿波市	41	943	896
美馬市	7	149	113
板野町	0	4	3
上板町	2	41	36
香川県			
丸亀市	6	83	66
善通寺市	7	105	92
観音寺市	102	2,540	2,390
三豊市	9	174	153
琴平町	1	14	2
福岡県			
久留米市	142	2,740	2,600
小郡市	10	168	157
大刀洗町	64	1,140	1,080
沖縄県			
糸満市	26	603	526
豊見城市	2	41	33
南城市	4	79	68
八重瀬町	7	147	129

主要産地 市町村	作付面積	収穫量	出荷量
	ha	t	t
北海道			
伊達市	33	777	724
幕別町	53	1,710	1,570
青森県			
黒石市	24	662	550
平川市	11	327	303
岩手県			
盛岡市	7	140	119
八幡平市	5	111	78
滝沢市	2	30	21
雫石町	5	94	75
葛巻町	1	20	12
岩手町	59	1,550	1,450
紫波町	2	39	22
矢巾町	5	101	71
一戸町	270	6,720	6,370
茨城県			
古河市	122	2,810	2,730
結城市	118	2,740	2,660
坂東市	315	7,290	7,080
境町	66	1,530	1,490
群馬県			
沼田市	203	8,360	8,030
長野原町	90	3,400	2,720
嬬恋村	9	185	165
片品村	35	1,580	1,540
昭和村	634	27,300	26,500
長野県			
松本市	83	1,650	1,510
上田市	349	13,100	12,700
小諸市	304	7,930	7,730
茅野市	7	159	154
塩尻市	682	14,100	13,500
佐久市	95	2,450	2,360
東御市	19	608	577
小海町	59	1,760	1,700
川上村	2,220	85,000	83,100
南牧村	704	26,900	26,200
南相木村	31	1,020	983
北相木村	12	393	384
佐久穂町	31	839	781
軽井沢町	55	1,490	1,470
御代田町	453	10,700	9,980
立科町	8	237	227
長和町	4	114	105
富士見町	77	2,450	2,440
原村	11	312	310
山形村	23	531	501
朝日村	280	6,530	6,240
大分県			
竹田市	31	380	357

6 令和元年産市町村別の作付面積、収穫量及び出荷量（続き）

(8) レタス（続き）

ウ 冬レタス

主要産地 市町村	作付面積	収穫量	出荷量
	ha	t	t
茨城県			
古河市	200	4,630	4,380
結城市	132	3,210	3,040
筑西市	31	769	727
坂東市	449	10,300	9,780
境町	160	3,680	3,480
栃木県			
小山市	47	1,370	1,300
真岡市	10	272	248
下野市	7	190	187
上三川町	4	99	94
益子町	0	3	3
茂木町	1	9	9
芳賀町	1	15	12
野木町	6	171	167
埼玉県			
本庄市	35	878	770
千葉県			
館山市	31	580	542
木更津市	23	460	425
旭市	85	1,540	1,500
君津市	14	210	172
袖ヶ浦市	49	875	844
静岡県			
浜松市	74	1,460	1,360
三島市	28	860	808
島田市	134	3,390	3,250
磐田市	19	576	544
焼津市	25	583	551
掛川市	29	780	702
藤枝市	23	713	684
袋井市	10	292	273
御前崎市	7	165	150
菊川市	135	4,130	3,960
牧之原市	126	3,580	3,550
函南町	4	111	106
吉田町	79	2,380	2,280
森町	107	3,100	3,000
愛知県			
東海市	2	26	14
知多市	14	240	184
田原市	77	1,420	1,200
兵庫県			
洲本市	23	591	585
南あわじ市	797	20,800	20,100
淡路市	12	292	269
岡山県			
岡山市	29	487	432
玉野市	1	15	11
瀬戸内市	1	15	11
徳島県			
阿波市	195	4,290	4,030
美馬市	15	225	205
徳島県（続き）			
板野町	3	51	45
上板町	11	228	214
香川県			
高松市	17	396	332
丸亀市	17	458	429
坂出市	55	1,420	1,320
善通寺市	46	1,070	885
観音寺市	468	10,100	9,640
さぬき市	5	89	46
東かがわ市	18	371	259
三豊市	46	1,070	1,010
三木町	2	62	29
琴平町	5	112	71
多度津町	1	10	4
まんのう町	1	10	4
愛媛県			
伊予市	23	364	344
松前町	19	408	393
福岡県			
久留米市	334	5,650	5,480
柳川市	18	281	268
八女市	57	1,230	1,190
筑後市	4	46	44
行橋市	2	23	20
豊前市	18	349	314
小郡市	106	1,640	1,590
大刀洗町	71	1,090	1,050
広川町	2	28	26
みやこ町	1	18	16
吉富町	x	x	x
上毛町	7	111	98
築上町	36	632	569
佐賀県			
白石町	37	649	571
長崎県			
島原市	141	4,510	4,190
諫早市	118	4,740	4,400
雲仙市	337	13,900	12,300
熊本県			
八代市	177	6,920	6,510
上天草市	44	1,620	1,490
天草市	42	1,040	976
氷川町	x	x	x
苓北町	124	3,530	3,330
鹿児島県			
南九州市	16	266	260
沖縄県			
糸満市	138	2,650	2,250
豊見城市	4	76	67
南城市	16	390	334
八重瀬町	19	365	338

(9) ねぎ

ア 春ねぎ

主要産地 市町村	作付面積	収穫量	出荷量
	ha	t	t
茨城県			
坂東市	220	7,590	7,140
群馬県			
太田市	18	468	419
千葉県			
東金市	5	138	121
旭市	8	288	268
匝瑳市	7	252	234
山武市	61	2,060	1,970
大網白里市	3	95	90
九十九里町	2	63	48
芝山町	1	32	26
横芝光町	26	910	846
鳥取県			
米子市	40	1,060	1,010
境港市	19	520	505
日吉津村	1	16	15
大山町	9	175	166
南部町	3	49	42
伯耆町	3	51	47
広島県			
安芸高田市	50	770	717
徳島県			
徳島市	26	421	372
佐那河内村	2	20	18
香川県			
高松市	4	54	37
丸亀市	6	77	70
坂出市	1	9	5
善通寺市	12	161	153
観音寺市	23	341	325
さぬき市	10	108	86
東かがわ市	11	91	79
三豊市	3	40	32
多度津町	1	17	15
まんのう町	1	8	4
高知県			
高知市	4	35	33
南国市	7	112	107
土佐市	8	104	98
香南市	5	85	80
香美市	54	540	510
福岡県			
朝倉市	73	875	830
佐賀県			
唐津市	37	360	314

イ 夏ねぎ

主要産地 市町村	作付面積	収穫量	出荷量
	ha	t	t
北海道			
北斗市	50	1,650	1,580
七飯町	73	2,630	2,540
八雲町	1	35	33
厚沢部町	-	-	-
南幌町	27	682	661
長沼町	27	878	847
青森県			
八戸市	9	318	244
五所川原市	3	57	40
十和田市	49	1,550	1,460
つがる市	32	832	744
中泊町	1	17	16
七戸町	4	86	82
東北町	9	205	174
三戸町	4	131	108
五戸町	9	320	278
田子町	1	31	28
南部町	6	217	201
階上町	10	368	325
新郷村	2	68	56
岩手県			
盛岡市	19	341	304
花巻市	26	387	326
北上市	16	220	189
遠野市	2	40	29
八幡平市	6	108	91
滝沢市	5	85	45
雫石町	11	197	176
岩手町	2	36	20
紫波町	5	86	68
矢巾町	20	372	338
山形県			
新庄市	14	408	360
金山町	1	16	14
最上町	5	179	158
舟形町	5	147	133
真室川町	6	168	151
大蔵村	3	134	129
鮭川村	3	101	87
戸沢村	2	70	60
茨城県			
坂東市	276	7,000	6,570
境町	53	1,260	1,190
群馬県			
渋川市	11	166	141
埼玉県			
吉川市	26	616	566
新潟県			
新潟市	52	660	554

6　令和元年産市町村別の作付面積、収穫量及び出荷量（続き）

(9)　ねぎ（続き）

イ　夏ねぎ（続き）

主要産地 市町村	作付面積	収穫量	出荷量
	ha	t	t
富山県			
富山市	10	113	72
高岡市	2	26	9
氷見市	8	88	71
滑川市	1	14	9
黒部市	6	105	93
砺波市	3	29	18
南砺市	4	60	44
射水市	4	58	49
舟橋村	1	6	6
上市町	3	26	20
立山町	4	42	33
入善町	1	12	6
長野県			
松本市	43	1,410	1,240
塩尻市	6	145	104
麻績村	1	18	7
山形村	23	665	626
朝日村	2	67	58
筑北村	1	26	5
鳥取県			
米子市	83	940	865
境港市	30	570	554
日吉津村	1	11	7
大山町	12	217	206
南部町	3	26	22
伯耆町	13	112	106
日南町	4	39	33
日野町	1	8	6
江府町	3	33	32
広島県			
安芸高田市	56	764	737
北広島町	1	8	4
香川県			
高松市	9	82	58
丸亀市	6	80	61
坂出市	1	16	10
善通寺市	9	105	83
観音寺市	45	629	588
さぬき市	8	85	79
東かがわ市	5	72	68
三豊市	3	43	33
多度津町	1	10	9
まんのう町	1	10	6
福岡県			
朝倉市	70	701	668

ウ　秋冬ねぎ

主要産地 市町村	作付面積	収穫量	出荷量
	ha	t	t
北海道			
北斗市	44	1,500	1,410
七飯町	60	2,400	2,300
八雲町	7	483	460
厚沢部町	6	180	164
青森県			
八戸市	8	232	193
五所川原市	5	121	73
十和田市	50	1,620	1,530
つがる市	32	880	736
深浦町	3	73	65
中泊町	1	24	23
七戸町	3	73	70
東北町	4	86	85
三戸町	8	264	261
五戸町	10	290	250
田子町	3	97	86
南部町	13	442	419
階上町	8	289	285
新郷村	1	26	24
岩手県			
盛岡市	34	561	461
花巻市	33	510	421
北上市	15	228	194
遠野市	3	53	37
八幡平市	8	126	89
滝沢市	6	97	71
雫石町	19	300	255
岩手町	10	156	114
宮城県			
石巻市	35	461	333
東松島市	30	495	424
色麻町	14	205	154
加美町	25	377	287
秋田県			
能代市	103	3,290	2,860
大館市	14	286	180
鹿角市	9	252	186
由利本荘市	6	116	42
北秋田市	8	182	109
にかほ市	20	340	240
小坂町	1	17	8
山形県			
鶴岡市	37	809	468
酒田市	50	854	638
新庄市	20	439	358
金山町	3	57	38
最上町	8	200	149
舟形町	7	217	183
真室川町	9	257	220
大蔵村	5	158	134
鮭川村	5	127	105
戸沢村	4	132	112
三川町	8	155	114
庄内町	6	141	72
遊佐町	8	146	87

主要産地 市町村	作付 面積	収穫量	出荷量
	ha	t	t
福島県			
いわき市	47	985	833
茨城県			
坂東市	145	3,880	3,670
栃木県			
大田原市	80	1,950	1,760
那須塩原市	25	568	485
那須町	10	234	214
群馬県			
太田市	199	3,790	2,890
渋川市	47	1,030	794
富岡市	52	818	720
下仁田町	32	330	282
南牧村	2	16	6
甘楽町	21	244	178
埼玉県			
熊谷市	257	6,140	5,180
千葉県			
茂原市	69	1,680	1,500
東金市	18	439	406
旭市	18	418	349
匝瑳市	35	980	878
山武市	190	5,150	4,770
大網白里市	8	199	182
九十九里町	10	244	221
芝山町	4	98	91
横芝光町	113	2,930	2,620
新潟県			
新潟市	144	3,380	2,930
新発田市	27	459	323
村上市	24	543	449
胎内市	18	281	219
聖籠町	5	82	68
関川村	1	14	1
富山県			
富山市	40	609	504
高岡市	8	139	100
氷見市	17	198	164
滑川市	5	77	65
黒部市	9	192	171
砺波市	11	110	86
南砺市	8	87	57
射水市	18	181	161
舟橋村	2	22	20
上市町	5	82	68
立山町	14	163	142
入善町	8	98	82
朝日町	4	34	27
長野県			
松本市	58	1,690	1,200
伊那市	41	924	687
長野県（続き）			
駒ヶ根市	12	307	194
塩尻市	12	282	161
辰野町	5	96	33
箕輪町	9	194	95
飯島町	11	261	184
南箕輪村	13	303	272
中川村	7	165	135
宮田村	4	85	72
麻績村	1	29	15
山形村	22	724	662
朝日村	3	83	70
筑北村	2	60	24
岐阜県			
岐阜市	9	89	27
岐南町	11	108	39
笠松町	1	13	8
静岡県			
磐田市	75	1,350	1,100
袋井市	14	243	212
愛知県			
一宮市	18	419	170
江南市	14	366	222
岩倉市	2	42	18
三重県			
伊勢市	45	784	564
玉城町	2	28	18
南伊勢町	2	28	18
兵庫県			
朝来市	29	380	267
奈良県			
大和高田市	10	252	230
御所市	4	80	53
葛城市	22	616	577
鳥取県			
鳥取市	41	699	510
米子市	95	1,900	1,810
倉吉市	39	800	776
境港市	38	1,360	1,240
岩美町	5	80	51
若桜町	3	46	32
智頭町	2	32	23
八頭町	13	343	238
湯梨浜町	1	14	8
琴浦町	16	376	351
北栄町	20	543	458
日吉津村	2	46	43
大山町	32	880	836
南部町	7	113	104
伯耆町	17	528	502
日南町	5	120	92
日野町	1	33	24
江府町	2	55	48

6　令和元年産市町村別の作付面積、収穫量及び出荷量（続き）

(9)　ねぎ（続き）
ウ　秋冬ねぎ（続き）

主要産地 市町村	作付 面積	収穫量	出荷量
	ha	t	t
広島県			
安芸高田市	92	1,530	1,170
北広島町	7	115	57
徳島県			
徳島市	50	773	681
佐那河内村	3	32	25
香川県			
高松市	11	138	117
丸亀市	8	134	127
坂出市	3	34	23
善通寺市	24	269	233
観音寺市	25	511	428
さぬき市	18	194	174
東かがわ市	17	193	169
三豊市	7	77	66
多度津町	3	43	39
まんのう町	1	22	19
高知県			
高知市	4	64	58
南国市	22	297	273
土佐市	10	200	182
香南市	5	140	133
香美市	55	781	742
福岡県			
朝倉市	108	1,500	1,410
佐賀県			
唐津市	50	583	489
鹿児島県			
伊佐市	31	512	481
湧水町	6	73	71

(10)　たまねぎ

主要産地 市町村	作付 面積	収穫量	出荷量
	ha	t	t
北海道			
札幌市	293	12,500	11,300
旭川市	6	281	247
帯広市	189	9,010	8,450
北見市	3,830	239,200	227,600
岩見沢市	1,160	49,500	45,400
美唄市	42	1,790	1,640
江別市	40	1,610	1,450
士別市	165	7,580	7,000
名寄市	43	2,020	1,860
三笠市	195	8,470	7,770
滝川市	38	1,540	1,400
砂川市	103	4,830	4,470
深川市	x	x	x
富良野市	1,480	83,700	78,400
新篠津村	137	6,800	6,130
南幌町	27	1,440	1,320
由仁町	139	6,670	6,120
長沼町	269	14,300	13,100
栗山町	339	14,700	13,500
新十津川町	27	1,110	1,030
妹背牛町	x	x	x
雨竜町	x	x	x
美瑛町	157	7,520	7,130
上富良野町	40	1,650	1,530
中富良野町	851	49,500	46,200
南富良野町	12	600	560
美幌町	1,000	58,700	56,000
津別町	388	24,000	22,700
斜里町	81	5,270	5,010
清里町	58	2,480	2,350
小清水町	168	5,970	5,660
訓子府町	1,400	101,300	96,400
置戸町	184	12,600	12,000
湧別町	549	37,900	36,000
大空町	247	17,300	16,300
音更町	98	4,880	4,580
芽室町	98	5,000	4,690
幕別町	262	13,600	12,700
池田町	100	4,310	4,040
栃木県			
宇都宮市	17	750	451
真岡市	53	2,320	2,200
下野市	49	2,340	2,280
上三川町	23	1,600	1,300
芳賀町	10	519	484
群馬県			
富岡市	49	2,200	1,960
下仁田町	1	15	11
甘楽町	8	316	270
埼玉県			
本庄市	20	940	790
千葉県			
長生村	5	225	207
白子町	27	1,220	1,120

主要産地 市町村	作付 面積	収穫量	出荷量
	ha	t	t
富山県			
砺波市	137	6,350	6,030
南砺市	64	2,970	2,800
長野県			
長野市	37	942	480
松本市	7	240	82
千曲市	14	338	184
安曇野市	35	1,390	1,160
岐阜県			
大垣市	4	143	60
海津市	7	331	310
養老町	3	124	82
揖斐川町	2	34	8
大野町	8	213	143
池田町	2	39	21
静岡県			
浜松市	236	10,200	9,500
湖西市	9	351	325
愛知県			
碧南市	136	12,100	11,500
西尾市	40	1,980	1,830
常滑市	8	360	340
東海市	82	3,510	3,310
大府市	58	2,900	2,740
知多市	37	1,590	1,210
阿久比町	3	115	100
東浦町	5	166	113
南知多町	26	1,210	1,140
美浜町	5	240	217
武豊町	5	200	189
大阪府			
岸和田市	10	413	373
貝塚市	7	298	269
泉佐野市	47	2,010	1,820
泉南市	19	804	725
阪南市	4	161	145
熊取町	3	114	103
田尻町	2	56	51
兵庫県			
洲本市	110	6,460	5,620
南あわじ市	1,330	83,400	78,400
淡路市	61	3,570	2,960
和歌山県			
紀の川市	81	4,130	3,710
岩出市	4	181	141
島根県			
出雲市	26	870	797
岡山県			
岡山市	41	2,000	1,580
玉野市	2	70	28
岡山県（続き）			
瀬戸内市	4	136	101
吉備中央町	3	104	74
山口県			
山口市	37	1,300	914
萩市	26	962	677
防府市	22	524	370
阿武町	2	62	44
香川県			
高松市	9	304	141
丸亀市	6	216	155
坂出市	4	137	85
善通寺市	11	429	413
観音寺市	132	6,610	6,240
さぬき市	8	328	302
三豊市	31	1,010	899
三木町	3	105	79
綾川町	7	320	256
琴平町	2	51	34
多度津町	1	38	25
まんのう町	6	198	159
愛媛県			
松山市	49	1,430	1,300
西条市	96	3,690	3,440
伊予市	9	386	340
東温市	23	1,100	783
松前町	4	190	126
砥部町	4	183	163
福岡県			
久留米市	40	1,610	1,230
佐賀県			
佐賀市	142	7,110	6,640
唐津市	267	13,700	12,800
鳥栖市	11	441	366
多久市	9	446	405
伊万里市	42	1,990	1,850
武雄市	31	1,890	1,750
鹿島市	219	14,200	13,500
小城市	36	1,770	1,640
嬉野市	5	232	191
神埼市	12	422	313
吉野ヶ里町	2	69	42
基山町	2	86	59
上峰町	6	229	192
みやき町	10	398	291
玄海町	32	1,580	1,470
有田町	11	401	371
大町町	5	245	229
江北町	84	5,070	4,690
白石町	1,330	85,600	80,000
太良町	51	2,190	2,010
長崎県			
諫早市	292	10,700	9,760
平戸市	44	1,480	1,340

6　令和元年産市町村別の作付面積、収穫量及び出荷量（続き）

(10)　たまねぎ（続き）

主要産地市町村	作付面積	収穫量	出荷量
	ha	t	t
長崎県（続き）			
雲仙市	146	6,600	6,230
南島原市	287	13,500	12,800
熊本県			
水俣市	42	1,760	1,550
芦北町	20	707	587
津奈木町	11	421	396

(11)　きゅうり
ア　冬春きゅうり

主要産地市町村	作付面積	収穫量	出荷量
	ha	t	t
宮城県			
石巻市	9	943	834
岩沼市	6	632	562
登米市	31	2,100	1,890
東松島市	7	713	607
亘理町	1	113	98
山形県			
山形市	15	1,490	1,390
上山市	x	x	x
中山町	x	x	x
福島県			
福島市	21	2,070	1,960
白河市	2	109	97
須賀川市	20	1,320	1,240
二本松市	7	487	460
伊達市	15	1,030	977
本宮市	2	118	111
桑折町	1	60	57
国見町	1	34	31
大玉村	1	49	46
鏡石町	7	398	372
天栄村	0	18	17
泉崎村	1	107	97
矢吹町	4	237	220
玉川村	1	29	24
浅川町	0	25	24
茨城県			
下妻市	4	316	301
常総市	11	859	817
筑西市	39	4,420	4,210
桜川市	8	839	798
栃木県			
小山市	8	1,030	1,020
下野市	12	1,730	1,650
野木町	2	290	258
群馬県			
前橋市	54	6,370	5,860
高崎市	14	1,680	1,570
桐生市	12	1,940	1,830
伊勢崎市	34	3,330	3,110
太田市	11	1,050	966
館林市	58	7,040	6,630
富岡市	5	710	670
みどり市	4	463	449
甘楽町	6	792	745
玉村町	3	303	273
板倉町	71	9,740	9,170
明和町	7	821	751
邑楽町	1	82	73
埼玉県			
熊谷市	16	1,580	1,460
行田市	1	114	103
加須市	29	3,420	3,090
本庄市	38	4,680	4,360
羽生市	11	1,360	1,260

主要産地 市町村	作付 面積	収穫量	出荷量
	ha	t	t
埼玉県（続き）			
鴻巣市	8	883	806
深谷市	87	9,880	9,180
美里町	8	909	846
神川町	6	603	558
上里町	9	1,080	997
千葉県			
東金市	1	86	80
旭市	102	12,900	12,400
匝瑳市	5	700	672
山武市	1	96	90
大網白里市	5	480	456
九十九里町	12	1,250	1,200
神奈川県			
平塚市	8	803	771
大磯町	3	295	283
新潟県			
新潟市	25	1,520	1,380
山梨県			
南アルプス市	9	600	580
中央市	9	483	434
岐阜県			
海津市	12	1,790	1,670
愛知県			
岡崎市	1	61	57
碧南市	5	1,280	1,210
刈谷市	1	255	235
安城市	14	3,610	3,450
西尾市	16	3,500	3,360
和歌山県			
御坊市	1	71	66
美浜町	8	586	557
日高町	1	75	69
印南町	1	75	68
徳島県			
徳島市	3	505	475
小松島市	8	1,310	1,210
阿南市	9	1,880	1,800
勝浦町	1	95	89
海陽町	8	1,390	1,280
香川県			
観音寺市	5	255	220
三豊市	5	261	255
愛媛県			
今治市	3	235	204
西条市	8	842	790
大洲市	3	244	213
西予市	7	454	401
内子町	2	92	89
高知県			
高知市	54	11,800	11,200
室戸市	1	220	209
南国市	3	396	376
土佐市	11	1,870	1,780
須崎市	26	5,410	5,140
宿毛市	x	x	x
土佐清水市	5	848	806
四万十市	1	247	235
香南市	7	780	741
いの町	2	200	190
中土佐町	1	268	255
四万十町	1	378	359
黒潮町	13	1,550	1,470
福岡県			
久留米市	7	878	835
朝倉市	4	659	622
糸島市	11	1,670	1,590
筑前町	5	932	884
佐賀県			
佐賀市	13	1,730	1,640
唐津市	10	1,320	1,250
伊万里市	11	1,540	1,470
武雄市	7	914	871
鹿島市	2	204	194
小城市	4	578	550
嬉野市	3	294	276
大町町	2	224	212
江北町	2	196	179
長崎県			
南島原市	12	1,370	1,290
熊本県			
熊本市	31	3,130	3,000
山鹿市	5	216	200
宇土市	10	910	820
宇城市	4	322	295
宮崎県			
宮崎市	277	30,800	29,600
都城市	24	3,730	3,550
日南市	5	501	496
日向市	5	460	414
串間市	12	1,740	1,650
西都市	65	3,740	3,180
三股町	2	275	267
国富町	57	5,550	5,160
綾町	36	4,160	3,950
川南町	6	761	723
都農町	4	564	530
門川町	1	55	49
美郷町	1	36	23
鹿児島県			
鹿屋市	2	359	344
東串良町	27	5,550	5,220
肝付町	4	601	570

6 令和元年産市町村別の作付面積、収穫量及び出荷量（続き）

(11) きゅうり（続き）

イ 夏秋きゅうり

主要産地 市町村	作付 面積	収穫量	出荷量
	ha	t	t
北海道			
北斗市	15	915	872
鷹栖町	14	1,420	1,320
青森県			
八戸市	5	251	234
十和田市	10	470	413
三戸町	3	141	121
五戸町	9	428	302
田子町	4	204	183
南部町	5	245	239
階上町	1	45	16
新郷村	4	181	165
岩手県			
盛岡市	22	1,230	1,030
大船渡市	2	56	29
花巻市	17	870	740
北上市	8	349	237
遠野市	4	187	137
一関市	31	1,230	886
陸前高田市	4	167	140
二戸市	25	2,100	1,980
八幡平市	6	289	223
奥州市	24	1,330	1,080
滝沢市	3	154	114
雫石町	12	676	621
葛巻町	2	67	46
岩手町	3	123	80
紫波町	22	1,050	894
矢巾町	8	429	369
金ケ崎町	5	222	193
平泉町	2	37	10
住田町	4	192	160
軽米町	1	54	38
一戸町	3	116	91
宮城県			
白石市	7	90	52
角田市	6	89	39
登米市	64	2,290	1,790
栗原市	45	839	465
蔵王町	14	296	217
大河原町	2	22	10
村田町	4	70	46
柴田町	6	88	62
丸森町	5	63	30
秋田県			
横手市	59	1,810	1,250
湯沢市	24	1,070	932
鹿角市	24	1,780	1,610
大仙市	18	475	185
小坂町	1	33	24
美郷町	17	505	280
羽後町	12	536	460
東成瀬村	1	19	10

主要産地 市町村	作付 面積	収穫量	出荷量
	ha	t	t
山形県			
山形市	82	2,850	2,210
鶴岡市	25	497	255
新庄市	7	169	94
上山市	10	138	35
山辺町	3	76	33
中山町	3	91	48
金山町	3	133	101
最上町	4	187	143
舟形町	3	238	204
真室川町	4	170	141
大蔵村	2	157	120
鮭川村	5	430	359
戸沢村	2	83	64
福島県			
福島市	51	1,830	1,600
会津若松市	14	657	511
郡山市	29	1,230	985
白河市	8	640	576
須賀川市	83	5,550	5,190
喜多方市	22	1,750	1,550
相馬市	3	90	69
二本松市	77	3,630	3,280
南相馬市	6	190	157
伊達市	93	5,720	5,350
本宮市	11	311	238
桑折町	6	175	140
国見町	5	227	193
川俣町	4	118	75
大玉村	6	285	241
鏡石町	23	1,320	1,230
天栄村	8	604	563
下郷町	3	53	12
南会津町	5	86	26
北塩原村	5	481	442
西会津町	5	270	228
会津坂下町	13	744	648
湯川村	2	79	58
柳津町	3	90	69
三島町	1	7	0
会津美里町	22	1,340	1,200
西郷村	1	10	0
泉崎村	4	366	337
中島村	2	109	98
矢吹町	12	808	756
棚倉町	3	102	77
矢祭町	4	152	132
塙町	6	501	463
鮫川村	1	9	0
石川町	4	108	72
玉川村	7	340	302
平田村	1	31	13
浅川町	3	93	70
古殿町	1	22	10
三春町	3	139	128
新地町	1	44	32
飯舘村	-	-	-

主要産地市町村	作付面積	収穫量	出荷量
	ha	t	t
茨城県			
下妻市	6	192	189
常総市	15	592	584
栃木県			
小山市	27	790	643
下野市	23	760	629
野木町	9	260	246
群馬県			
前橋市	74	4,310	3,710
高崎市	37	1,130	780
桐生市	19	927	805
伊勢崎市	71	4,150	3,730
太田市	38	1,190	1,040
館林市	56	2,390	2,040
富岡市	10	442	360
みどり市	25	1,000	866
甘楽町	10	642	530
玉村町	5	287	258
板倉町	74	3,230	2,890
明和町	15	551	491
千代田町	2	36	3
邑楽町	4	92	52
埼玉県			
行田市	2	68	60
加須市	18	872	754
本庄市	45	2,510	2,250
羽生市	7	323	275
鴻巣市	5	218	188
深谷市	102	5,460	4,870
美里町	7	371	329
神川町	5	239	208
上里町	9	458	405
千葉県			
茂原市	3	74	55
一宮町	5	115	69
睦沢町	1	22	14
長生村	3	83	45
白子町	3	80	62
長柄町	1	12	7
長南町	1	12	8
神奈川県			
平塚市	16	427	399
大磯町	5	131	122
新潟県			
新潟市	84	1,710	1,250
山梨県			
甲府市	6	247	237
韮崎市	1	17	11
南アルプス市	21	740	632
北杜市	8	133	83
甲斐市	3	85	68
笛吹市	8	210	155
長野県			
長野市	47	1,030	548
松本市	27	1,070	827
上田市	18	464	229
飯田市	29	1,910	1,700
須坂市	4	80	35
伊那市	17	348	208
駒ヶ根市	3	93	32
中野市	13	595	503
飯山市	16	726	636
塩尻市	8	274	191
東御市	6	129	48
安曇野市	13	423	200
青木村	2	47	23
長和町	2	36	8
飯島町	6	175	123
南箕輪村	1	30	11
中川村	4	109	85
松川町	4	182	114
高森町	9	566	511
阿智村	4	270	241
下條村	4	222	206
泰阜村	1	35	26
喬木村	8	514	480
豊丘村	3	115	77
山形村	2	58	43
朝日村	1	18	2
小布施町	3	76	53
高山村	2	40	20
山ノ内町	1	27	2
木島平村	7	280	253
野沢温泉村	2	104	93
小川村	1	21	6
飯綱町	3	68	18
栄村	1	58	44
岐阜県			
海津市	12	574	527
養老町	2	37	16
輪之内町	2	45	33
大阪府			
富田林市	17	916	849
太子町	1	55	51
河南町	3	130	121
千早赤阪村	1	47	44
奈良県			
桜井市	8	272	204
五條市	8	188	148
御所市	2	41	31
宇陀市	7	95	75
高取町	2	44	34
明日香村	3	74	56
和歌山県			
橋本市	2	91	81
紀の川市	11	531	511
かつらぎ町	4	167	137

6　令和元年産市町村別の作付面積、収穫量及び出荷量（続き）

(11)　きゅうり（続き）

イ　夏秋きゅうり（続き）

主要産地 市町村	作付面積	収穫量	出荷量
	ha	t	t
香川県			
高松市	14	462	347
観音寺市	18	561	530
三豊市	15	450	424
三木町	6	211	186
綾川町	4	186	165
まんのう町	3	88	70
愛媛県			
松山市	19	527	420
今治市	34	786	694
宇和島市	9	187	124
新居浜市	3	95	74
西条市	31	1,170	1,050
大洲市	21	768	677
伊予市	8	236	195
西予市	22	852	780
砥部町	3	53	40
内子町	17	639	540
松野町	2	42	24
鬼北町	6	112	87
福岡県			
糸島市	11	865	812
佐賀県			
唐津市	28	1,780	1,600
伊万里市	17	976	873
武雄市	8	470	434
鹿島市	1	82	63
嬉野市	2	152	140
大町町	2	106	89
江北町	2	104	85
熊本県			
熊本市	41	1,220	1,170
人吉市	4	127	115
山鹿市	6	115	96
菊池市	3	49	38
上天草市	7	250	230
阿蘇市	3	172	142
天草市	8	471	378
合志市	13	240	207
美里町	1	69	59
南小国町	10	423	370
小国町	6	280	240
益城町	4	95	68
山都町	16	558	490
錦町	4	154	127
多良木町	15	782	757
湯前町	5	158	153
水上村	2	60	52
相良村	2	58	49
山江村	1	25	23
あさぎり町	16	799	796
大分県			
竹田市	12	176	126
宮崎県			
宮崎市	11	428	411
都城市	8	261	240
小林市	10	348	327
西都市	13	257	234
えびの市	1	55	51
三股町	1	20	19
高原町	0	10	9
国富町	1	42	40
綾町	10	318	302
高千穂町	9	572	525
日之影町	1	50	44
五ヶ瀬町	3	175	161

(12) なす

ア 冬春なす

主要産地 市町村	作付面積	収穫量	出荷量
	ha	t	t
栃木県			
真岡市	8	1,140	1,060
益子町	1	79	77
茂木町	0	21	19
市貝町	1	48	43
芳賀町	0	26	22
群馬県			
桐生市	8	432	410
伊勢崎市	38	2,430	2,290
太田市	11	624	593
みどり市	25	1,330	1,240
玉村町	6	355	334
埼玉県			
加須市	7	414	389
羽生市	1	40	35
鴻巣市	2	123	116
愛知県			
豊橋市	18	1,980	1,890
岡崎市	6	974	924
一宮市	9	1,250	1,190
碧南市	2	215	200
安城市	1	71	62
西尾市	2	200	186
稲沢市	4	355	330
弥富市	4	240	230
幸田町	4	530	500
大阪府			
岸和田市	6	523	514
貝塚市	3	237	233
泉佐野市	8	673	662
富田林市	20	1,630	1,610
泉南市	1	85	84
太子町	2	126	124
河南町	6	532	523
千早赤阪村	1	82	81
奈良県			
大和高田市	1	62	60
大和郡山市	2	158	151
天理市	1	79	75
桜井市	1	81	77
葛城市	1	69	66
斑鳩町	1	67	64
田原本町	2	168	161
高取町	1	67	64
広陵町	6	501	482
岡山県			
岡山市	18	2,030	1,850
玉野市	2	208	190
徳島県			
吉野川市	8	691	595
阿波市	7	631	580
板野町	1	47	41
高知県			
高知市	4	480	456
室戸市	13	2,340	2,230
安芸市	152	20,200	19,200
南国市	3	282	268
土佐市	0	33	31
宿毛市	x	x	x
土佐清水市	x	x	x
四万十市	1	72	68
香南市	12	1,680	1,610
東洋町	2	198	188
奈半利町	5	720	684
田野町	9	1,050	1,000
安田町	25	3,600	3,420
北川村	1	80	76
芸西村	60	8,340	7,930
大月町	5	504	479
黒潮町	x	x	x
福岡県			
柳川市	23	3,250	3,090
八女市	16	2,230	2,130
筑後市	7	925	881
大川市	x	x	x
みやま市	52	7,570	7,220
大木町	x	x	x
佐賀県			
佐賀市	8	1,060	1,000
多久市	1	102	96
小城市	3	478	456
神埼市	1	151	142
熊本県			
熊本市	131	19,800	18,400
荒尾市	x	x	x
玉名市	17	3,030	2,950
山鹿市	3	205	184
宇土市	3	441	416
宇城市	15	2,130	1,980
南関町	x	x	x
和水町	4	472	458
宮崎県			
宮崎市	16	1,020	960

6　令和元年産市町村別の作付面積、収穫量及び出荷量（続き）

(12)　なす（続き）

ア　夏秋なす

主要産地 市町村	作付面積	収穫量	出荷量
	ha	t	t
岩手県			
一関市	38	1,380	957
平泉町	2	46	25
宮城県			
大崎市	32	515	329
福島県			
郡山市	7	184	133
須賀川市	11	340	306
二本松市	20	418	275
田村市	7	136	100
伊達市	14	202	92
本宮市	5	90	44
大玉村	2	26	6
鏡石町	1	11	5
天栄村	2	64	55
中島村	2	65	56
矢吹町	2	102	89
石川町	1	56	47
玉川村	2	50	46
三春町	3	90	83
小野町	1	19	10
栃木県			
小山市	16	532	464
真岡市	46	1,810	1,350
大田原市	30	1,410	1,330
那須塩原市	15	831	763
下野市	18	691	659
益子町	11	318	247
茂木町	6	192	150
市貝町	6	146	118
芳賀町	5	124	119
野木町	4	130	110
那須町	9	453	350
群馬県			
前橋市	52	2,400	2,030
高崎市	31	1,540	1,310
桐生市	23	1,140	1,000
伊勢崎市	58	2,720	2,340
館林市	20	1,040	875
藤岡市	15	1,020	955
富岡市	24	1,450	1,300
みどり市	26	1,440	1,270
下仁田町	2	132	118
甘楽町	16	1,070	960
玉村町	8	353	304
板倉町	14	531	417
明和町	3	93	66
千代田町	3	82	37
大泉町	2	31	13
邑楽町	5	187	144
埼玉県			
本庄市	30	1,290	1,100
美里町	8	301	244
神川町	7	244	206
上里町	7	238	175

主要産地 市町村	作付面積	収穫量	出荷量
	ha	t	t
新潟県			
新潟市	95	1,350	639
富山県			
高岡市	18	278	62
山梨県			
甲府市	36	2,070	1,950
笛吹市	31	1,310	1,170
中央市	19	845	693
市川三郷町	3	143	132
昭和町	3	188	176
岐阜県			
関市	10	175	102
中津川市	14	283	143
美濃市	4	84	51
恵那市	9	118	34
美濃加茂市	9	120	81
可児市	6	118	84
坂祝町	1	19	7
富加町	2	29	19
川辺町	3	36	15
七宗町	1	8	4
八百津町	2	25	10
白川町	2	25	12
東白川村	1	14	6
御嵩町	2	33	17
愛知県			
岡崎市	15	580	450
幸田町	8	655	580
京都府			
城陽市	1	59	41
八幡市	5	315	229
京田辺市	9	747	620
久御山町	4	239	171
大阪府			
岸和田市	6	391	379
貝塚市	4	282	274
泉佐野市	9	499	484
泉南市	3	199	193
阪南市	1	59	57
熊取町	2	119	115
田尻町	1	62	60
奈良県			
奈良市	4	227	195
大和高田市	1	63	52
大和郡山市	5	333	285
天理市	7	475	430
橿原市	1	37	24
桜井市	3	192	165
五條市	12	598	570
御所市	1	34	18
葛城市	4	210	182
宇陀市	4	129	100
山添村	1	26	15

(13)　トマト

ア　冬春トマト

主要産地 市町村	作付 面積	収穫量	出荷量
	ha	t	t
奈良県（続き）			
斑鳩町	2	83	57
田原本町	7	419	355
高取町	2	104	83
明日香村	1	31	19
広陵町	11	619	511
吉野町	1	18	12
大淀町	1	25	14
山口県			
下関市	25	433	300
徳島県			
吉野川市	7	489	445
阿波市	36	2,810	2,580
美馬市	8	504	433
三好市	6	354	304
板野町	3	171	148
上板町	1	35	32
つるぎ町	0	24	20
東みよし町	5	273	234
香川県			
観音寺市	16	376	233
三豊市	6	126	112
愛媛県			
松山市	20	650	411
伊予市	14	389	271
東温市	6	201	133
松前町	3	73	60
砥部町	6	140	121
熊本県			
熊本市	45	1,560	1,400
荒尾市	3	123	110
玉名市	8	420	408
南関町	4	257	220
和水町	18	788	671
大分県			
佐伯市	11	160	134
豊後大野市	18	380	338
北海道			
平取町	41	5,230	4,880
新冠町	x	x	x
新ひだか町	15	710	660
福島県			
南相馬市	2	663	628
新地町	2	241	229
茨城県			
結城市	8	727	681
取手市	2	169	158
坂東市	15	1,360	1,280
つくばみらい市	6	488	457
境町	5	327	306
栃木県			
宇都宮市	27	3,050	2,920
足利市	25	4,520	4,340
栃木市	27	5,060	4,850
鹿沼市	15	2,470	2,300
小山市	20	2,390	2,270
真岡市	18	2,400	2,360
大田原市	8	634	557
那須塩原市	2	196	186
下野市	1	145	136
上三川町	13	1,680	1,640
市貝町	1	83	78
芳賀町	7	714	670
壬生町	9	1,620	1,590
野木町	13	1,440	1,400
群馬県			
高崎市	9	992	962
桐生市	3	244	240
伊勢崎市	48	4,920	4,670
館林市	5	473	454
藤岡市	12	1,880	1,700
みどり市	17	1,830	1,810
玉村町	2	201	183
板倉町	2	113	105
埼玉県			
加須市	10	1,850	1,780
本庄市	9	936	869
上里町	8	832	764
千葉県			
銚子市	11	792	745
野田市	7	588	560
茂原市	3	220	178
旭市	45	3,240	3,050
匝瑳市	10	720	680
横芝光町	3	232	220
一宮町	31	2,320	2,250
睦沢町	x	x	x
長生村	7	504	459
白子町	26	2,100	1,950
長柄町	x	x	x

6　令和元年産市町村別の作付面積、収穫量及び出荷量（続き）

(13)　トマト（続き）

ア　冬春トマト（続き）

主要産地 市町村	作付 面積	収穫量	出荷量
	ha	t	t
神奈川県			
藤沢市	21	1,830	1,780
茅ヶ崎市	7	533	517
海老名市	7	525	509
寒川町	1	50	49
新潟県			
新潟市	37	1,910	1,770
石川県			
小松市	8	615	560
加賀市	1	80	71
白山市	8	258	237
山梨県			
南アルプス市	5	170	143
中央市	11	553	535
岐阜県			
海津市	26	4,390	3,990
養老町	5	787	721
輪之内町	1	181	156
静岡県			
三島市	7	412	401
島田市	1	36	33
焼津市	14	455	419
掛川市	17	1,890	1,850
藤枝市	2	65	59
御前崎市	10	894	869
菊川市	17	1,220	1,200
伊豆の国市	18	2,120	2,080
函南町	6	529	518
愛知県			
豊橋市	113	12,500	11,800
豊川市	64	5,450	5,210
津島市	2	171	162
田原市	107	12,600	11,900
愛西市	20	1,980	1,890
弥富市	25	2,160	2,060
飛島村	2	210	198
三重県			
桑名市	9	1,030	958
木曽岬町	29	3,760	3,500
兵庫県			
神戸市	12	791	648
奈良県			
奈良市	3	242	228
大和郡山市	4	330	315
天理市	11	998	970
田原本町	2	169	156
和歌山県			
御坊市	4	251	241
美浜町	1	38	36
日高町	3	208	191
和歌山県（続き）			
由良町	x	x	x
印南町	16	949	901
みなべ町	2	98	94
日高川町	5	262	250
香川県			
高松市	5	194	145
丸亀市	1	30	22
坂出市	1	64	62
善通寺市	2	102	86
さぬき市	9	854	752
東かがわ市	2	190	162
三木町	1	17	12
多度津町	4	261	220
まんのう町	1	43	35
愛媛県			
今治市	13	728	677
新居浜市	1	40	34
大洲市	13	1,080	1,040
四国中央市	1	71	62
福岡県			
福岡市	10	1,650	1,570
久留米市	8	1,170	1,110
柳川市	7	1,170	1,110
八女市	13	1,830	1,730
筑後市	10	1,420	1,350
大川市	x	x	x
うきは市	19	3,720	3,530
朝倉市	5	641	607
みやま市	4	452	426
筑前町	0	27	25
広川町	x	x	x
佐賀県			
佐賀市	11	867	804
小城市	0	17	14
長崎県			
南島原市	46	5,020	4,780
熊本県			
八代市	427	62,700	61,500
荒尾市	x	x	x
玉名市	213	31,500	31,000
宇土市	13	1,170	1,140
宇城市	78	6,830	6,640
長洲町	14	1,930	1,850
和水町	x	x	x
氷川町	17	1,820	1,580
宮崎県			
宮崎市	70	7,210	6,710
日向市	8	634	600
高鍋町	5	366	354
新富町	11	971	871
木城町	1	79	74

イ 夏秋トマト

主要産地市町村	作付面積	収穫量	出荷量
	ha	t	t
宮崎県（続き）			
川南町	14	1,420	1,330
都農町	41	4,090	3,960
門川町	9	749	689
美郷町	3	237	218
沖縄県			
豊見城市	23	1,900	1,670
北海道			
小樽市	9	583	533
旭川市	9	530	400
砂川市	15	947	837
富良野市	24	1,180	1,020
北斗市	40	3,200	3,100
知内町	4	320	304
木古内町	2	120	114
七飯町	1	80	74
森町	19	1,430	1,370
蘭越町	13	868	791
ニセコ町	3	258	235
真狩村	1	35	32
喜茂別町	5	480	439
京極町	1	95	87
倶知安町	1	57	51
仁木町	78	3,790	3,460
余市町	42	3,040	2,780
奈井江町	12	847	755
浦臼町	4	193	171
新十津川町	6	297	257
東神楽町	4	231	194
当麻町	20	1,120	992
美瑛町	43	5,570	5,030
上富良野町	7	355	300
中富良野町	9	526	451
南富良野町	3	144	124
日高町	8	933	870
平取町	58	7,470	6,980
新冠町	x	x	x
新ひだか町	18	896	833
青森県			
青森市	20	750	615
弘前市	27	983	868
八戸市	9	387	343
黒石市	16	1,010	884
五所川原市	29	1,590	1,460
十和田市	2	97	90
つがる市	36	1,610	1,500
平川市	28	1,850	1,710
平内町	2	58	57
今別町	1	21	18
蓬田村	11	563	540
外ヶ浜町	2	44	21
鰺ヶ沢町	2	120	100
深浦町	14	468	445
藤崎町	6	283	235
大鰐町	13	715	605
田舎館村	16	976	827
板柳町	8	304	256
鶴田町	3	164	147
中泊町	10	483	412
七戸町	18	1,160	1,080
東北町	4	239	186
三戸町	20	1,240	1,210
五戸町	2	79	77
田子町	9	450	421
南部町	13	595	478
階上町	1	16	10
新郷村	3	136	124

6 令和元年産市町村別の作付面積、収穫量及び出荷量（続き）

(13) トマト（続き）

イ 夏秋トマト（続き）

主要産地 市町村	作付 面積	収穫量	出荷量
	ha	t	t
岩手県			
盛岡市	26	1,290	1,130
花巻市	12	400	296
北上市	6	363	302
一関市	38	1,880	1,580
二戸市	9	427	379
八幡平市	13	803	721
奥州市	23	1,080	907
滝沢市	3	117	88
雫石町	8	268	174
葛巻町	1	28	12
岩手町	5	272	245
紫波町	9	270	210
矢巾町	3	124	103
金ヶ崎町	3	88	70
平泉町	2	85	51
九戸村	5	296	271
一戸町	11	748	696
宮城県			
石巻市	30	886	671
名取市	7	187	154
東松島市	10	275	200
秋田県			
横手市	28	896	503
湯沢市	33	1,380	1,120
鹿角市	14	678	580
大仙市	28	1,170	880
仙北市	4	100	68
小坂町	2	63	47
美郷町	16	720	583
羽後町	13	556	450
東成瀬村	5	196	158
山形県			
山形市	20	1,270	1,120
鶴岡市	29	1,060	884
大蔵村	13	1,290	1,160
鮭川村	2	165	140
戸沢村	3	160	135
三川町	2	48	37
庄内町	3	73	32
福島県			
福島市	7	212	156
会津若松市	13	608	440
郡山市	19	988	856
白河市	21	1,120	1,000
須賀川市	9	268	190
喜多方市	18	674	506
相馬市	2	45	22
二本松市	14	422	328
田村市	15	717	627
南相馬市	6	269	227
伊達市	14	368	305
本宮市	5	124	73
桑折町	1	24	15
川俣町	4	106	90
大玉村	2	51	34
福島県（続き）			
鏡石町	4	139	120
天栄村	1	16	6
下郷町	3	195	170
只見町	10	863	802
南会津町	29	2,250	2,090
北塩原村	1	26	10
西会津町	2	34	15
磐梯町	2	125	105
猪苗代町	7	409	363
会津坂下町	6	210	150
湯川村	3	96	75
柳津町	4	211	184
三島町	0	6	2
昭和村	0	9	3
会津美里町	9	464	386
西郷村	1	31	19
泉崎村	8	502	457
中島村	10	978	910
矢吹町	20	1,320	1,230
棚倉町	2	80	44
矢祭町	2	77	51
塙町	3	99	69
鮫川村	2	46	32
石川町	5	194	166
玉川村	4	180	156
平田村	1	27	20
浅川町	1	58	49
古殿町	4	117	105
三春町	2	79	70
小野町	1	41	34
新地町	2	236	208
飯舘村	-	-	-
茨城県			
筑西市	90	2,920	2,770
桜川市	39	1,430	1,360
行方市	35	1,900	1,810
鉾田市	281	13,200	12,500
茨城町	24	1,250	1,190
栃木県			
宇都宮市	19	893	804
小山市	15	714	680
真岡市	3	159	136
下野市	11	537	518
益子町	7	566	560
市貝町	2	87	76
芳賀町	1	40	30
野木町	2	86	78
群馬県			
沼田市	31	2,710	2,600
片品村	32	2,710	2,590
川場村	4	296	284
昭和村	21	1,540	1,470
みなかみ町	8	510	452
千葉県			
銚子市	40	1,760	1,670

主要産地 市町村	作付 面積	収穫量	出荷量
	ha	t	t
千葉県（続き）			
東金市	1	13	9
旭市	68	2,860	2,720
八街市	58	1,100	1,050
富里市	42	554	500
匝瑳市	10	250	238
山武市	33	957	880
大網白里市	10	270	240
九十九里町	11	294	264
芝山町	35	976	937
横芝光町	9	207	186
一宮町	6	275	270
長生村	4	91	68
白子町	15	480	460
富山県			
富山市	25	491	307
石川県			
小松市	17	758	676
福井県			
福井市	10	230	184
あわら市	8	187	86
坂井市	9	200	107
山梨県			
韮崎市	1	27	11
北杜市	19	1,330	1,130
長野県			
長野市	23	714	444
松本市	28	1,670	1,450
上田市	8	275	118
飯田市	8	277	194
伊那市	12	448	254
駒ヶ根市	5	181	114
中野市	6	212	143
飯山市	9	428	379
塩尻市	11	750	680
東御市	6	265	222
青木村	1	19	3
長和町	3	110	91
箕輪町	3	96	29
飯島町	3	94	47
南箕輪村	5	192	161
宮田村	1	25	8
松川町	2	50	27
阿南町	2	83	70
売木村	1	39	32
泰阜村	1	46	35
喬木村	1	31	18
豊丘村	1	30	19
山形村	5	370	352
木島平村	1	53	46
信濃町	5	218	196
小川村	1	20	9
栄村	3	175	168
岐阜県			
高山市	134	10,800	10,300
中津川市	27	1,630	1,410
恵那市	12	547	444
飛騨市	18	1,170	1,100
郡上市	14	534	482
下呂市	15	1,080	1,010
七宗町	2	33	19
白川町	7	301	245
東白川村	6	317	259
岡山県			
高梁市	23	1,470	1,330
新見市	15	654	543
吉備中央町	2	70	57
広島県			
安芸高田市	5	108	82
北広島町	15	726	636
神石高原町	17	1,180	1,140
山口県			
山口市	18	544	511
萩市	12	623	483
阿武町	1	26	20
香川県			
高松市	6	179	117
丸亀市	1	29	10
坂出市	2	59	42
善通寺市	2	53	30
さぬき市	9	248	218
東かがわ市	3	78	46
多度津町	2	78	53
まんのう町	3	106	82
愛媛県			
松山市	9	177	154
伊予市	15	342	264
久万高原町	21	1,450	1,330
砥部町	4	143	130
熊本県			
熊本市	32	838	800
八代市	95	5,400	5,190
宇土市	8	186	173
宇城市	56	1,980	1,920
阿蘇市	52	4,810	4,650
産山村	x	x	x
高森町	6	404	393
南阿蘇村	21	1,710	1,660
御船町	3	91	73
嘉島町	3	91	81
益城町	5	165	151
山都町	66	4,680	4,470
氷川町	4	297	289
大分県			
竹田市	66	5,220	5,080
由布市	3	92	84

6　令和元年産市町村別の作付面積、収穫量及び出荷量（続き）

(13)　トマト（続き）
イ　夏秋トマト（続き）

主要産地 市町村	作付面積	収穫量	出荷量
	ha	t	t
大分県（続き）			
九重町	18	1,210	1,110
玖珠町	6	336	280
宮崎県			
高千穂町	12	890	843
日之影町	1	63	57
五ヶ瀬町	5	248	230

(14)　ピーマン
ア　冬春ピーマン

主要産地 市町村	作付面積	収穫量	出荷量
	ha	t	t
茨城県			
神栖市	223	21,600	20,400
高知県			
高知市	2	176	168
室戸市	2	244	233
安芸市	7	1,050	1,000
南国市	18	1,650	1,570
土佐市	28	4,500	4,290
須崎市	7	559	534
四万十市	2	180	171
香南市	6	873	833
香美市	0	35	33
奈半利町	x	x	x
田野町	0	26	25
安田町	3	221	211
芸西村	14	2,520	2,410
四万十町	2	230	220
黒潮町	x	x	x
宮崎県			
宮崎市	46	4,900	4,680
日南市	11	1,340	1,290
小林市	10	666	636
串間市	8	901	865
西都市	93	9,860	9,370
高原町	1	119	113
国富町	14	1,660	1,590
高鍋町	3	460	442
新富町	29	3,240	3,120
木城町	1	95	89
鹿児島県			
鹿屋市	15	2,030	1,880
志布志市	31	4,140	4,000
大崎町	1	195	189
東串良町	28	4,170	4,020
肝付町	2	192	186
沖縄県			
南城市	2	137	120
八重瀬町	19	1,560	1,360

イ 夏秋ピーマン

主要産地 市町村	作付面積	収穫量	出荷量
	ha	t	t
青森県			
青森市	8	166	130
八戸市	12	594	560
平内町	5	88	74
三戸町	11	564	503
五戸町	6	298	278
田子町	3	183	155
南部町	11	490	475
階上町	1	28	23
新郷村	6	272	271
岩手県			
盛岡市	8	223	163
大船渡市	2	83	62
花巻市	19	853	730
北上市	5	170	110
遠野市	8	382	316
一関市	20	1,160	1,020
八幡平市	11	354	302
奥州市	44	2,180	1,900
滝沢市	3	80	57
雫石町	5	136	108
葛巻町	1	32	16
岩手町	29	922	830
紫波町	4	107	86
矢巾町	2	53	40
金ヶ崎町	2	68	55
大槌町	2	77	69
福島県			
二本松市	10	219	189
田村市	14	918	864
伊達市	5	103	89
本宮市	2	61	51
大玉村	1	9	7
三春町	8	446	418
小野町	3	171	159
茨城県			
神栖市	187	7,840	7,240
長野県			
長野市	13	287	178
松本市	6	136	106
飯田市	6	147	113
中野市	2	53	23
飯山市	5	158	127
塩尻市	8	176	159
松川町	1	36	27
高森町	1	24	15
阿南町	1	40	36
阿智村	1	16	12
根羽村	0	4	3
下條村	2	43	39
天龍村	1	9	8
泰阜村	1	40	37
喬木村	1	23	18
豊丘村	1	19	11
麻績村	0	8	7
山形村	1	20	18
長野県（続き）			
筑北村	1	10	5
木島平村	2	39	32
野沢温泉村	1	13	10
信濃町	2	35	27
小川村	1	12	6
飯綱町	1	26	12
栄村	1	11	8
兵庫県			
豊岡市	20	636	465
養父市	4	125	87
朝来市	4	114	46
香美町	2	67	48
新温泉町	3	89	75
愛媛県			
松山市	4	57	37
伊予市	3	88	78
西予市	5	104	76
久万高原町	15	609	557
内子町	5	230	204
熊本県			
高森町	2	39	35
南阿蘇村	1	21	15
御船町	1	30	29
山都町	27	1,280	1,210
大分県			
大分市	7	182	178
中津市	5	94	73
臼杵市	24	2,130	2,090
竹田市	13	700	675
豊後大野市	32	1,990	1,920
九重町	2	259	251
玖珠町	9	304	290
宮崎県			
小林市	9	403	369
えびの市	4	218	195
高原町	2	94	85

［付］ 調 査 票

別記様式第９号

4	3	5	2

秘	統計法に基づく基幹統計
農林水産省	作 物 統 計

年 産	都道府県	管理番号	市区町村	客体番号
20				

統計法に基づく国の統計調査です。調査票情報の秘密の保護に万全を期します。

令和　　年産

野菜作付面積調査・収穫量調査調査票（団体用）

春植えばれいしょ用

○ この調査票は、秘密扱いとし、統計以外の目的に使うことは絶対ありませんので、ありのままを記入してください。

○ 黒色の鉛筆又はシャープペンシルで記入し、間違えた場合は、消しゴムできれいに消してください。

○ 調査及び調査票の記入に当たって、不明な点等がありましたら、下記の「問い合わせ先」にお問い合わせください。

★ 数字は、１マスに１つずつ、枠からはみ出さないように右づめで記入してください。

記入例	8	8	8	9	8	7	6	5	4	0

つなげる　すきまをあける

★ 該当する場合は、記入例のように点線をなぞってください。

記入例	⁄	→	／

★ マスが足りない場合は、一番左のマスにまとめて記入してください。

記入例	11	2	3

記入していただいた調査票は、　　月　　日までに提出してください。

調査票の記入及び提出は、インターネットでも可能です。

詳しくは同封の「オンライン調査システム操作ガイド」を御覧ください。

【問い合わせ先】

【１】貴団体で集荷している春植えばれいしょの作付面積及び出荷量について

記入上の注意
- ○ 主たる収穫・出荷期間は、北海道は9月から10月まで、都府県は4月から8月までですが、この期間以降に出荷を予定している量も含めて記入してください。
- ○ 作付面積の単位は「ha」とし、小数点第一位（10a単位）まで記入してください。0.05ha未満の結果は「0.0」と記入してください。
- ○ 作付面積及び出荷量には種ばれいしょを含めないでください。
- ○ 出荷量の「うち加工向け」はでんぷん原料用及び加工食品用です。

作物名		作付面積	出荷量	うち加工向け
春植えばれいしょ	前年産	ha	t	t
	本年産	888888.8	888888888	888888888

【２】作付面積の増減要因等について

作付面積の主な増減要因について記入してください。

主な増減地域と増減面積について記入してください。

貴団体において、貴団体に出荷されない管内の作付団地等の状況（作付面積、作付地域等）を把握していれば記入してください。

【３】収穫量の増減要因等について

前年産と比べた本年産の作柄の良否、被害の多少、主な被害の要因について該当する項目の点線をなぞってください。

作物名	作柄の良否			被害の多少		
	良	並	悪	少	並	多
春植えばれいしょ	／	／	／	／	／	／

主な被害の要因（複数回答可）									
高温	低温	日照不足	多雨	少雨	台風	病害	虫害	鳥獣害	その他
／	／	／	／	／	／	／	／	／	／

被害以外の増減要因（品種、栽培方法などの変化）があれば、記入してください。

⇦ ⇦ ⇦ 入 力 方 向

別記様式第10号

4	3	6	2

秘	統計法に基づく基幹統計
農林水産省	作 物 統 計

統計法に基づく国の統計調査です。調査票情報の秘密の保護に万全を期します。

年 産	都道府県	管理番号	市区町村	客体番号
2 0				

令和　　年産

野菜作付面積調査・収穫量調査調査票（団体用）

○ この調査票は、秘密扱いとし、統計以外の目的に使うことは絶対ありませんので、ありのままを記入してください。
○ 黒色の鉛筆又はシャープペンシルで記入し、間違えた場合は、消しゴムできれいに消してください。
○ 調査及び調査票の記入に当たって、不明な点等がありましたら、下記の「問い合わせ先」にお問い合わせください。

★ 右づめで記入し、マスが足りない場合は一番左のマスにまとめて記入してください。
★ 該当する場合は、記入例のように点線をなぞってください。

記入例	11	9	8	6	5	8
記入例	⁄	→	／			

つなげる　すきまをあける

記入していただいた調査票は、　　月　　日までに提出してください。
調査票の記入及び提出は、インターネットでも可能です。
詳しくは同封の「オンライン調査システム操作ガイド」を御覧ください。

【問い合わせ先】

【１】 貴団体で集荷している作付面積及び出荷量について

記入上の注意
○ 「作付面積」は、は種又は植付けし、発芽又は定着した作物の利用面積を記入してください。単位は「ha」とし、小数点第一位（10a単位）まで記入してください。0.05ha未満の場合は「0.0」と記入してください。
○ 「出荷量」には、種子用や飼料用として出荷した量は含めません。
○ 「加工向け」は、加工場や加工を目的とする業者へ出荷した量を記入してください。
○ 「業務用向け」は、飲食店、学校給食、ホテルや総菜等を含む外食産業や中食産業に出荷した量を記入してください。

品目名 / 品目コード	主たる収穫・出荷期間	区分	作付面積	出荷量		
					うち加工向け	うち業務用向け
		前年産	ha	t	t	t
		本年産	.			
		前年産				
		本年産	.			
		前年産				
		本年産	.			
		前年産				
		本年産	.			

次のページに進んでください。

【１】貴団体で集荷している作付面積及び出荷量について（続き）

品目名 品目コード	主たる収穫・出荷期間	区分	作付面積	出荷量	うち加工向け	うち業務用向け
		前年産	ha	t	t	t
		本年産				
		前年産				
		本年産				
		前年産				
		本年産				
		前年産				
		本年産				
		前年産				
		本年産				
		前年産				
		本年産				
		前年産				
		本年産				
		前年産				
		本年産				
		前年産				
		本年産				
		前年産				
		本年産				
		前年産				
		本年産				
		前年産				
		本年産				
		前年産				
		本年産				
		前年産				
		本年産				

【１】貴団体で集荷している作付面積及び出荷量について（続き）

品目名 品目コード	主たる収穫・出荷期間	区分	作付面積	出荷量	うち加工向け	うち業務用向け
		前年産	ha	t	t	t
		本年産				
		前年産				
		本年産				
		前年産				
		本年産				
		前年産				
		本年産				
		前年産				
		本年産				
		前年産				
		本年産				
		前年産				
		本年産				
		前年産				
		本年産				
		前年産				
		本年産				
		前年産				
		本年産				
		前年産				
		本年産				
		前年産				
		本年産				
		前年産				
		本年産				
		前年産				
		本年産				
		前年産				
		本年産				

次のページに進んでください。

【１】 貴団体で集荷している作付面積及び出荷量について（続き）

品目名 品目コード	主たる収穫・出荷期間	区分	作付面積	出荷量	うち加工向け	うち業務用向け
		前年産	ha	t	t	t
		本年産				
		前年産				
		本年産				
		前年産				
		本年産				
		前年産				
		本年産				
		前年産				
		本年産				
		前年産				
		本年産				
		前年産				
		本年産				
		前年産				
		本年産				

【２】作付面積、生育、作柄及び被害の状況について

主な品目ごとの作付面積の増減要因について記入してください。

主な品目ごとの増減地域と増減面積について記入してください。

主な品目ごとの生育、作柄及び被害状況について記入してください。

⇦ ⇦ ⇦ 入力方向

別記様式第11号

秘	統計法に基づく基幹統計
農林水産省	作物統計

政府統計

統計法に基づく国の統計調査です。調査票情報の秘密の保護に万全を期します。

調査票		枚目のうち		枚目

4	3	6	3

年産	都道府県	管理番号	市区町村	客体番号
20				

令和　年産

野菜作付面積調査・収穫量調査調査票（団体用）

指定産地（市町村）用

○ この調査票は、秘密扱いとし、統計以外の目的に使うことは絶対ありませんので、ありのままを記入してください。

○ 黒色の鉛筆又はシャープペンシルで記入し、間違えた場合は、消しゴムできれいに消してください。

○ 調査及び調査票の記入に当たって、不明な点等がありましたら、下記の「問い合わせ先」にお問い合わせください。

★ 数字は、1マスに1つずつ、枠からはみ出さないように右づめで記入してください。

記入例	8	8	8	9	8	7	6	5	4	0

つなげる　すきまをあける

★ マスが足りない場合は、一番左のマスにまとめて記入してください。

記入例	11	2	3

記入していただいた調査票は、　月　日までに提出してください。
調査票の記入及び提出は、インターネットでも可能です。
詳しくは同封の「オンライン調査システム操作ガイド」を御覧ください。

【問い合わせ先】

【１】 貴団体で集荷している市町村別の作付面積及び出荷量について

記入上の注意

○ その品目の指定産地が存在する市町村について、指定産地の内外にかかわらず記入してください。
○ 「作付面積」は、は種又は植付けし、発芽又は定着した作物の利用面積を記入してください。単位は「ha」とし、小数点第一位（10a単位）まで記入してください。0.05ha未満の場合は「0.0」と記入してください。
○ 「作付面積」及び「出荷量」には、種子用や飼料用は含めません。

品目名 コード	主たる収穫・出荷期間	指定産地名 コード	市町村名 コード	区分	作付面積 ha	出荷量 t
				前年		
				本年	8888.8	888888
				前年		
				本年	8888.8	888888
				前年		
				本年	8888.8	888888
				前年		
				本年	8888.8	888888
				前年		
				本年	8888.8	888888
				前年		
				本年	8888.8	888888
				前年		
				本年	8888.8	888888
				前年		
				本年	8888.8	888888
				前年		
				本年	8888.8	888888
				前年		
				本年	8888.8	888888
				前年		
				本年	8888.8	888888
				前年		
				本年	8888.8	888888
				前年		
				本年	8888.8	888888

【１】貴団体で集荷している市町村別の作付面積及び出荷量について（続き）

品目名 コード	主たる収穫・出荷期間	指定産地名 コード	市町村名 コード	区分	作付面積 ha	出荷量 t
				前年		
				本年		
				前年		
				本年		
				前年		
				本年		
				前年		
				本年		
				前年		
				本年		
				前年		
				本年		
				前年		
				本年		
				前年		
				本年		
				前年		
				本年		
				前年		
				本年		
				前年		
				本年		
				前年		
				本年		
				前年		
				本年		
				前年		
				本年		
				前年		
				本年		

次のページに進んでください。

【１】貴団体で集荷している市町村別の作付面積及び出荷量について（続き）

品目名 コード	主たる収穫 ・出荷期間	指定産地名 コード	市町村名 コード	区分	作付面積 ha	出荷量 t
				前年		
				本年		
				前年		
				本年		
				前年		
				本年		
				前年		
				本年		
				前年		
				本年		
				前年		
				本年		
				前年		
				本年		
				前年		
				本年		
				前年		
				本年		
				前年		
				本年		
				前年		
				本年		
				前年		
				本年		
				前年		
				本年		
				前年		
				本年		
				前年		
				本年		

⇦ ⇦ ⇦ 入 力 方 向

別記様式第21号

4	3	7	1

秘	統計法に基づく基幹統計
農林水産省	作 物 統 計

都道府県	管理番号	市区町村	旧市区町村	農業集落	調査区	経営体

統計法に基づく国の統計調査です。調査票情報の秘密の保護に万全を期します。

令 和 　 年 産

野菜収穫量調査調査票(経営体用)

春植えばれいしょ用

○ この調査票は、秘密扱いとし、統計以外の目的に使うことは絶対ありませんので、ありのままを記入してください。
○ 黒色の鉛筆又はシャープペンシルで記入し、間違えた場合は、消しゴムできれいに消してください。
○ 調査及び調査票の記入に当たって、不明な点等がありましたら、下記の「問い合わせ先」にお問い合わせください。

★ 右づめで記入し、マスが足りない場合は一番左のマスにまとめて記入してください。
★ 該当する場合は、記入例のように点線をなぞってください。

記入例	11	9	8	6	5	8

つなげる　すきまをあける

記入例

記入していただいた調査票は、　月　日までに提出してください。

【問い合わせ先】

【１】本年の生産の状況について

本年の作付状況について教えてください。
必ず、該当する項目の点線を1つなぞってください。

本年、作付けを行った	／
本年、作付けを行わなかった	／

【２】来年以降の作付予定について

来年以降の作付予定について教えてください。
必ず、該当する項目の点線を1つなぞってください。

来年以降、作付予定がある	／
来年以降、作付予定はない	／
今のところ未定	／
農業をやめたため、農作物を作付け(栽培)する予定はない	／

・本年作付けを行った方は、【 ３ 】(裏面)に進んでください。

・本年作付けを行わなかった方はここで終了となりますので、調査票を提出していただくようお願いします。
御協力ありがとうございました。

本年、作付けを行った方のみ記入してください。

【３】作付面積、出荷量及び自家用等の量について

本年産の作付面積、出荷量及び自家用等の量について記入してください。

記入上の注意

○「作付面積」は、被害等で収穫できなかった面積（収穫量のなかった面積）も含めてください。
　また、１年間のうち、同じほ場に複数回作付けした場合（収穫後、同じ作物を新たに植えた場合）は、その延べ面積としてください。
○「収穫量」は、「箱」、「袋」、「t」等で把握されている場合は、「kg」に換算して記入してください。
　（例：10kg箱で150箱出荷した場合→1,500kgと記入）
○「出荷量」は、農協や市場へ出荷したものや、消費者に直接販売したものなど、販売した全ての量を含めてください。また、販売する予定で保管されている量も「出荷量」に含めてください。
　なお、種子用のばれいしょは出荷量に含めないでください。
○「自家用、無償の贈答用、種子用等の量」は、ご家庭で消費したもの、無償で他の方にあげたもの、翌年産の種子用にするものなどを指します。
○ 北海道は、9月～10月に主に収穫、出荷したものについて記入してください。
　なお、9月以前に出荷した量、又は10月以降に出荷が予定されている場合はその量も出荷量に含めてください。
　都府県は、4月～8月に主に収穫、出荷したものについて記入してください。
○ 1a、1kgに満たない場合は四捨五入して整数単位で記入してください。
　（例：0.4a、0.4kg以下→「0」、0.5a、0.5kg以上→「1」と記入）
○「出荷先の割合」は、記入した「出荷量」について該当する出荷先に出荷した割合を%で記入してください。
　「直売所・消費者へ直接販売」は、農協の直売所、庭先販売、宅配便、インターネット販売などをいいます。
　「その他」は、仲買業者、スーパー、外食産業などを含みます。

作物名	作付面積 (町)(反)(畝) ha a	収穫量 出荷量（販売した量及び販売目的で保管している量） t kg	収穫量 自家用、無償の贈与、種子用等の量 t kg
春植えばれいしょ			

○ 記入した出荷量について該当する出荷先に出荷した割合を記入してください。

【４】出荷先の割合について

作物名	加工業者	直売所・消費者へ直接販売	市場	農協以外の集出荷団体	農協	その他	合計
春植えばれいしょ	%	%	%	%	%	%	100%

【５】作柄及び被害の状況について

前年産と比べた本年産の作柄の良否、被害の多少、主な被害の要因について該当する項目の点線をなぞってください。

作物名	作柄の良否			被害の多少		
	良	並	悪	少	並	多
春植えばれいしょ						

主な被害の要因（複数回答可）									
高温	低温	日照不足	多雨	少雨	台風	病害	虫害	鳥獣害	その他

調査はここで終了です。御協力ありがとうございました。

別記様式第22号

4381

秘
農林水産省

統計法に基づく基幹統計
作物統計

政府統計

統計法に基づく国の統計調査です。調査票情報の秘密の保護に万全を期します。

年産				都道府県		管理番号		市区町村			旧市区町村		農業集落			調査区			経営体		
2	0																				

入力方向

令和　　年産

野菜収穫量調査調査票（経営体用）

○ この調査票は、秘密扱いとし、統計以外の目的に使うことは絶対ありませんので、ありのままを記入してください。
○ 黒色の鉛筆又はシャープペンシルで記入し、間違えた場合は、消しゴムできれいに消してください。
○ 調査及び調査票の記入に当たって、不明な点等がありましたら、下記の「問い合わせ先」にお問い合わせください

★ 右づめで記入し、マスが足りない場合は一番左のマスにまとめて記入してください。

★ 該当する場合は、記入例のように点線をなぞってください。

記入例	11	9	8	6	5	3

つなげ　すきまをあけ

記入例 ⁄ → ／

記入していただいた調査票は、　　月　　日までに提出してください。

【問い合わせ先】

【１】本年の生産の状況について

本年の作付状況について教えてください。
必ず、該当する項目の点線を1つなぞってください。

本年、作付けを行った	⁄
本年、作付けを行わなかった	⁄

【２】来年以降の作付予定について

来年以降の作付予定について教えてください。
必ず、該当する項目の点線を1つなぞってください。

来年以降、作付予定がある	⁄
来年以降、作付予定はない	⁄
今のところ未定	⁄
農業をやめたため、農作物を作付け（栽培）する予定はない	⁄

【1】本年の生産状況の確認で
・ 本年作付けを行った方は、【３】（次のページ）に進んでください。
・ 本年作付けを行わなかった方はここで終了となりますので、調査票を提出していただくようお願いします。
御協力ありがとうございました。

本年、作付けを行った方のみ記入してください。

【３】作付面積、出荷量及び自家用等の量について

本年産の作付面積、出荷量及び自家用等の量について記入してください。

記入上の注意

○ 「作付面積」は、被害等で収穫できなかった面積（収穫量のなかった面積）も含めてください。
また、１年間のうち、同じほ場に複数回作付けした場合（収穫後、同じ作物を新たに植えた場合）は、その延べ面積としてください。

○ 「収穫量」は、「箱」、「袋」、「t」等で把握されている場合は、「kg」に換算して記入してください。
（例：10kg箱で150箱出荷した場合→1,500kgと記入）

○ 「自家用、無償の贈与」は、ご家庭で消費したもの、無償で他の方にあげたもの、翌年産の種子用にするものなどを指します。

○ 1a、1kgに満たない場合は四捨五入して整数単位で記入してください。
（例：0.4a、0.4kg以下→「0」、0.5a、0.5kg以上→「1」と記入）

○ 「出荷先の割合」は、記入した「出荷量」について該当する出荷先に出荷した割合を%で記入してください。
「直売所・消費者へ直接販売」は、農協の直売所、庭先販売、宅配便、インターネット販売などをいいます。
「その他」は、仲買業者、スーパーなどを含みます。

○ 「主な被害の要因」は被害があった場合に記入してください。
（例：「高温」、「多雨」、「台風」、「病害」、「虫害」等）

品目名	主たる収穫・出荷期間	品目コード	作付面積	収穫量		出荷先の割合（各出荷先の合計が100%となるようにしてください。）							被害の多少			主な被害の要因
			(町)(反)(畝) ha a	出荷量（贈答用の販売を含む。） kg	自家用、無償の贈与 t kg	加工業者	外食産業等の業者	直売所・消費者へ直接販売	市場	農協以外の集出荷団体	農協	その他	少	並	多	

【３】作付面積、出荷量及び自家消費等の量について（続き）

品目名	主たる収穫・出荷期間	品目コード	作付面積 (町)(反)(畝) ha a	収穫量		出荷先の割合（各出荷先の合計が100%となるようにしてください。）							被害の多少			主な被害の要因
				出荷量（贈答用の販売を含む。） t kg	自家用、無償の贈与 t kg	加工業者	外食産業等の業者	直売所・消費者へ直接販売	市場	農協以外の集出荷団体	農協	その他	少	並	多	
													/	/	/	
													/	/	/	
													/	/	/	
													/	/	/	
													/	/	/	
													/	/	/	
													/	/	/	
													/	/	/	
													/	/	/	
													/	/	/	
													/	/	/	
													/	/	/	
													/	/	/	
													/	/	/	
													/	/	/	
													/	/	/	
													/	/	/	
													/	/	/	
													/	/	/	

次のページに進んでください。

【３】作付面積、出荷量及び自家消費等の量について （続き）

品目名	主たる収穫・出荷期間	品目コード	作付面積 (町)(反)(畝) ha a	収穫量		出荷先の割合 （各出荷先の合計が100%となるようにしてください。）							被害の多少			主な被害の要因
				出荷量 (贈答用の販売を含む。) t kg	自家用、無償の贈与 t kg	加工業者	外食産業等の業者	直売所・消費者へ直接販売	市場	農協以外の集出荷団体	農協	その他	少	並	多	
													/	/	/	
													/	/	/	
													/	/	/	
													/	/	/	
													/	/	/	
													/	/	/	
													/	/	/	
													/	/	/	
													/	/	/	
													/	/	/	
													/	/	/	
													/	/	/	
													/	/	/	
													/	/	/	
													/	/	/	

調査はここで終了です。御協力ありがとうございました。

令和元年産　野菜生産出荷統計

令和３年７月　発行　　　　　　　　定価は表紙に表示してあります。

編集　〒100-8950　東京都千代田区霞が関１－２－１
　　　　　　　　　農林水産省大臣官房統計部

発行　〒141-0031　東京都品川区西五反田7-22-17　TOCビル
　　　　　　　　　一般財団法人　農林統計協会
　　　　　　　　　振替　00190-5-70255　TEL 03(3492)2987

ISBN978-4-541-04330-6　C3061